地理学视角下的空域研究：交叉与创新

路 紫 等 著

科学出版社

北京

内 容 简 介

本书立足于空域研究急剧变革的时代背景，聚焦地理学视角下的空域研究，为动态空域配置创建一组数据/通信传输支持的协同作用模型，旨在解决释放空域容量、提高空域利用率的有关问题，推动国家空域配置与管理形式的转变，丰富经济地理学流理论的内涵。

全书共分9章。第1章和第2章阐述空域、人类-空域关系、空域系统等概念，综述时空连续数据支持下空域资源配置的研究进展，归纳地理学视角下空域研究的优势：航迹数据分析和航迹时空图开发。第3章至第7章分别以空中廊道、机场终端空域、多机场系统以及我国正在实施的空中大通道等为空域单元，聚焦于航空流网络结构和运行结构两个主题，进行了理论和方法论研究，其中第4章是延续第3章专门分出高密度空中廊道进行的典型案例研究。第8章和第9章关注空域研究的两个特殊方面：城市超低空空域无人机活动通道划设和航空碳排放环境损害。

本书既可作为高等院校地理及相关专业的教学参考书，也可供经济地理、空域管理领域的科研人员参考使用。

图书在版编目（CIP）数据

地理学视角下的空域研究：交叉与创新 / 路紫等著. —北京：科学出版社，2021.11

ISBN 978-7-03-070236-4

Ⅰ. ①地… Ⅱ. ①路… Ⅲ. ①航空学–地理学 Ⅳ. ①V321

中国版本图书馆 CIP 数据核字（2021）第 215125 号

责任编辑：彭胜潮 赵 晶／责任校对：何艳萍
责任印制：吴兆东／封面设计：铭轩堂

科 学 出 版 社 出版
北京东黄城根北街 16 号
邮政编码：100717
http://www.sciencep.com

北京建宏印刷有限公司 印刷
科学出版社发行 各地新华书店经销

*

2021 年 11 月第 一 版　开本：787×1092　1/16
2021 年 11 月第一次印刷　印张：15 1/4
字数：361 000

定价：138.00 元
（如有印装质量问题，我社负责调换）

前　言

　　当前，空域研究是在航空运行系统急剧变革的大背景下进行的。在这个过程中，有关部门越来越关注数据/通信传输对新的国家空域系统建立的基础作用，并针对空域资源利用中凸显矛盾的问题开展综合研发。从国际背景看，美国"新一代航空运输体系"和欧洲"同一天空"构想均是以实现实时自动化和信息交互为目标，其灵活空域使用/灵活空域管理更是以动态化为基本手段进行空中交通组织。未来有望共享空中交通数据，解决潜在的空中交通效率问题，实现空域资源的可持续利用。在我国，现有空域配置仍以非动态形式为主，随着航空交通需求急剧增长，空域资源利用面临实时动态重新配置的挑战。《民航行业发展统计公报》显示，客运航空公司执行的航班班次中不正常比例近1/3，为此，我国已将空域管理改革作为重大战略决策，旨在确定不同空域的资源利用关系与承载力等，并引导相关要素的有序流动。

　　为变革空域管理方式，提高空域开发利用效益，急需构建一套由数据/通信传输驱动的空域资源配置与协同作用模型，释放空域容量，提高空域利用率。分析以往空域研究中存在的一些缺陷，可确定以下地理学视角下空域研究的主要方向。

　　（1）认识论——构建一种异构的分布式空域认知系统，加强时空动态研究。现有对空域资源的认识多以静态为主，认为所有参数和相关状态是已知的且不变的，未来应更加关注动态形式，协调参与者、空域管理行为、空域资源开发、技术功能体系和时空要素的关系，在不同时段内实施不同的空域配置，并通过数据/通信传输的支持，把动态性表现出来。以往空域研究中未见有明显效果的解决方案，主要与空域认知系统研究不足有关。

　　（2）理论——基于空域利用率、空域容量和空域流量/密度，构建一个优化的空域资源协同作用模型。灵活空域使用/灵活空域管理是针对空域资源连续使用并克服复杂空域制度而提出的，其共同目标是对空中交通流量以及空域容量进行灵活分配。实践证明，采用灵活方式重构空域系统，动态分配空中交通流量，能减少交通失衡、空域拥堵和航班延误等问题。现有的灵活空域使用/灵活空域管理仍存在缺陷：缺乏对多目标个体的灵活管理，难以处理一些不确定参数和约束条件。该协同作用模型就是尝试解决这些不确定性问题，实现空域自由切换和优化配置。动态机制是空域资源配置的基础。

　　（3）方法论——针对动态空域配置的缺陷加入时间参数，发展一套特殊空域使用的4D动态空域配置方法。受空中交通约束条件和复杂空域结构的影响，改进动态空域配置方法并实现空域容量需求的动态平衡十分必要。通过航迹数据跟踪以及多航段、多时段计算，生成航迹横向图和热点图，掌握实时的航迹位置、方向、速度、间距和每个空域最小细胞单元的流量等，可确定空域配置的约束条件，确立空中交通变化情况下流量的均衡关系，包括拥堵时段的变化规律、空域需求度、时空方面的空域利用率、特定时间间隔内的空域结构等。

（4）应用——选择独立空域单元进行航空流运行结构和网络结构的实证研究。随着数据/通信传输在航空优化及空域操作中的应用，针对航线意外中断的空域资源利用评估成为其重要组成部分，时间机制在其中表现出特殊意义。围绕实时航迹数据和飞行计划数据，可确定受影响的空域航段和时段，构建一个包括影响时间在内的时空系统。

综合国内外研究现状，分析以往研究中存在的缺陷，可以概括地理学视角下空域研究的意义：为空域资源配置创建一组数据/通信传输支持的协同作用模型，解决目前空域配置的有关问题，以及进一步释放空域容量、提高空域资源利用率的有关问题，推动国家空域配置与管理形式向动态空域配置与灵活空域管理转变，增强我国在空域资源开发和灵活空域管理领域的研究实力，同时丰富经济地理学流理论的内涵。

全书结构如下。

第1章和第2章阐述空域、人类-空域关系、空域系统等概念，综述时空连续数据支持下空域资源配置的研究进展，归纳地理学视角下空域研究的优势：航迹数据分析和航迹时空图开发。有以下两点认识。

（1）理论与方法论变革：灵活空域使用的优势是通过空域重构实现空域配置的最大化；灵活空域使用的设计方法具有更强的实时性，而且体现了空域重构的多维度需求；通过灵活空域使用、动态空域配置以及精准时间计划，能最大限度地增大空域重构和航线更改的灵活性；多种空域类型、多个变量层次下的空域配置研究表明，灵活空域使用具有可行性。

（2）当前的研究：从基础要素的多维度表达到具体空域单元的特征分析均向实时方向深化与拓展并表现出新机制，引进时间参数开发系列高密度航空流识别方法，并与飞行路径跨时空模型相结合，形成鲜明的动态特色；相关应用与实践均体现出空域资源配置的结构性革命，推动空域拥堵、航班延误与资源分配等现实问题的解决。在同时应对空侧能力发挥和多维度参数变化时，当前研究仍面临时段-航段匹配、微观-宏观结合、终端空域-飞行航路对接、空域-地域一体化等方面的挑战。

第3章至第7章分别以空中廊道、机场终端空域、多机场系统以及我国正在实施的空中大通道等为空域单元，聚焦于航空流运行结构和网络结构的研究，其中第4章是延续第3章专门分出高密度空中廊道进行的典型案例研究。主要认识和实践如下。

（1）依据高流量航线确定空中廊道位置，并依据距离约束条件确定航线参与者，合并划设了全国空中廊道。通过时空数计算、时空图编绘、网格频数筛选及阈值设定等步骤，识别拥堵时段和拥堵区段，进而通过规模值和汇聚值两个指标分析高流量航线的拥堵影响。进一步开发了个体移动轨迹-滑动窗口方法，基于航班的航迹点数据，识别了空中廊道航空流异常流量密度（峰值高点）、异常区域（约束区域和空闲区域）和异常移动轨迹（速度变化与方向变化）。该方法在时态数据流的支持下，利用移动描述符（飞行弧）能实现个体移动点的分时段分配和时空一体化表达，揭示时空路径中航空流隐藏信息以及时空运行规律，从而支持航线更改决策制定。

（2）针对机场终端空域航空流密度及其与空域资源占用之间的关系，设计了 4D 流量热区云图模型，构建了由飞行航迹点组成的航空流经纬度/高度基本参数、角度/速度额外参数与时间参数的时空数据集，通过航迹聚类和航迹点次数叠加，用细胞单元对应的基本参数和时间参数属性识别热点空域范围，又用航迹网格识别额外参数的变化补充解释其影响。研究证明，受热区分布、热点空域峰值分布以及飞行转向、速差的影响，飞行占用时长差异引起了热点空域范围变化。4D 流量热区云图模型实现了细致准确的信息构建、热点空域变化的阶梯性表达、时空密度及其范围的多参数可视化，有助于辅助动态空域配置。

（3）依据航空流实时数据构建的小粒度滑动窗口方法，生成多机场系统终端空域热区图、时序图和流向图，可用于分析航空流动态特征：受多机场汇流的影响，流量集聚、航班时刻资源配置与机场空域容量决定了流时分异特征，在航线网络作用下呈现流向辐射特征，并且在多机场共同作用下发生变形，由此证明流量、流时与流向的时空聚类研究在新空域结构组织应用中体现出的空域灵活使用效果，其与以往平衡空域流量、平衡时刻资源等有极大不同，可支持空域资源统一调控和协同运行下全容量效益。

（4）延伸时空图技术，形成"时空图+"研究方法，构建分类、分组、分层、分相识别与检测系统，并与航迹网络相联系，可以支持空中大通道航空流运行结构的检测、描述引导过程和揭示相关机制，架构起涵盖微观流动性、流量模式、航迹热区/交叉空域、航迹网络多方面的研究框架，使航空流运行结构的检测由单流向多流（邻近流、并发流、多变量流、集体流）发展，从而深化流理论。空中大通道研究是在前期空中廊道研究基础上拓展应用领域的一个有益尝试，并将其提高到多流分时段细粒度检测的新阶段，从而揭示连续时间特性、空间细粒度特性和结构变化特性，这有助于对多流之间相关不确定性的动态理解。

第 8 章和第 9 章关注空域研究中的两个特殊方面：城市超低空空域无人机活动和航空碳排放环境损害。前者侧重于城市超低空空域无人机活动通道的划设规则与方法；后者侧重于评估两个外部性因素：航线网络模式和机型替代。

航空议题的传统地理研究由来已久，但途中航空流网络结构和运行结构的相关研究仍有较多不足。这项研究的创新之处如下：①研究对象为新的空域资源利用、灵活空域使用/灵活空域管理等问题，以实时航迹数据为基础应用动态方法可支持空域资源开发的研究目标，体现了空域资源配置研究和实践的结构性革命，即动态性。融入时间机制动态分析空域需求的实时变化，既考虑空域容量、流量/密度限制，也考虑空域资源配置利益最大化，这在空域资源灵活配置研究领域是较为先进的。②开发新的4D动态空域配置方法，引进时间参数于动态空域配置中，支持了空域容量的平衡，这不同于传统意义上的空域配置。在应用横向航线流量图和航线热点图进行实时航迹研究时，增加时间约束参数更能反映实时不确定情况，有利于通过数据链和双向传输进行成因与机制分析。③对接空域资源与地面基础设施，开拓了地理科学与空域科学的交叉研究。面对我国将进入空域资源开发与空域资源组织形式演化的关键阶段，从地理学视角揭示空域形态特征、创新方法应用、统筹基础设施及空域协调，改善宏观的空域资源利用与微观的空域管理，均是学科内容上的创新。

本书是国家自然科学基金项目"数据通信支持的空域资源配置模型与机制"（编号：41671121）和"'空中大通道'航空流网络解构与动态空域优化研究"（编号：42171176）的研究成果。参加本项研究工作的博士和硕士研究生有杜欣儒、白龙、董雅晴、高伟、张一诺、张菁、闫宇航和冯富晶。彭胜潮编审为本书编写和出版给予极大帮助，衷心表示感谢。

路　紫

2020年12月

目 录

前言
第1章 空域与空域研究 1
1.1 空域、人类-空域关系及地理学视角下的空域研究 1
1.1.1 空域 2
1.1.2 人类-空域关系 3
1.1.3 地理学视角下的空域研究 4
1.1.4 总结与展望 5
1.2 空域系统 6
1.2.1 背景 6
1.2.2 空域系统的特征 7
1.2.3 国家空域系统 9
1.2.4 空陆联动系统 11
1.2.5 5G时代的空域系统研究 14
1.2.6 总结 16
1.3 时空连续数据支持下空域研究进展评述 16
1.3.1 问题提出 17
1.3.2 文献检索 17
1.3.3 研究对象 18
1.3.4 研究方法 19
1.3.5 应用实践 20
1.3.6 总结、启示与展望 22
参考文献 23
第2章 动态空域配置 27
2.1 动态空域配置理论与方法论变革 27
2.1.1 背景 27
2.1.2 理论基础 28
2.1.3 方法论变革 31
2.1.4 总结与展望 34
2.2 信息通信技术在动态空域配置中的应用 35
2.2.1 研究背景与研究综述 35
2.2.2 基础应用：针对NextGen自动化要求的数据输入-航线输出 37

2.2.3　普遍应用：危险天气条件下一般概率网分析 ………………………… 38
　　2.2.4　特殊应用：针对已发生天气事件的航线要素与航线调整 …………… 39
　　2.2.5　总结与讨论 …………………………………………………………… 40
2.3　灵活空域使用的设计与实践及其时间替代机制 …………………………… 41
　　2.3.1　灵活空域使用概念 …………………………………………………… 41
　　2.3.2　设计方法 ……………………………………………………………… 43
　　2.3.3　应用：基于扇区拆合的空域重构 …………………………………… 44
　　2.3.4　灵活空域使用的时间替代机制 ……………………………………… 46
　　2.3.5　总结与讨论 …………………………………………………………… 47
2.4　动态空域配置与军民航协同运行 …………………………………………… 48
　　2.4.1　问题缘起 ……………………………………………………………… 48
　　2.4.2　案例选取与分析 ……………………………………………………… 49
　　2.4.3　机制建立与制度建设 ………………………………………………… 52
　　2.4.4　总结 …………………………………………………………………… 53
参考文献 ……………………………………………………………………………… 54

第3章　空中廊道航空流运行结构 ……………………………………………… 58
3.1　空中廊道航空流运行结构的集成检测与动态理解 ………………………… 58
　　3.1.1　关键问题的提出及其研究意义 ……………………………………… 58
　　3.1.2　研究内容与研究目标 ………………………………………………… 61
　　3.1.3　研究方法 ……………………………………………………………… 63
　　3.1.4　总结与讨论 …………………………………………………………… 65
3.2　中国空中廊道划设与时空拥堵识别及其航空流流量影响 ………………… 67
　　3.2.1　研究综述 ……………………………………………………………… 68
　　3.2.2　研究方法 ……………………………………………………………… 69
　　3.2.3　研究资料与处理 ……………………………………………………… 70
　　3.2.4　结果与分析 …………………………………………………………… 71
　　3.2.5　总结与展望 …………………………………………………………… 73
3.3　中国空中廊道航空流运行结构及其中美比较——基于枢纽机场时间延误成本的研究 ………………………………………………………………… 75
　　3.3.1　研究综述 ……………………………………………………………… 75
　　3.3.2　研究数据 ……………………………………………………………… 77
　　3.3.3　研究方法 ……………………………………………………………… 78
　　3.3.4　研究结果与分析 ……………………………………………………… 81
　　3.3.5　关于航空地理市场的讨论 …………………………………………… 86
　　3.3.6　总结与展望 …………………………………………………………… 88
参考文献 ……………………………………………………………………………… 89

第4章 高密度空中廊道航空流运行结构研究案例 ··· 93

4.1 京广空中廊道系统延误弹性测算与航线网络结构 ··· 93
4.1.1 研究资料 ··· 94
4.1.2 研究方法 ··· 95
4.1.3 结果与分析 ··· 96
4.1.4 总结与展望 ··· 100

4.2 京沪空中廊道航空流流量密度识别及其应用——基于滑动窗口方法的研究 ··· 101
4.2.1 研究综述 ··· 101
4.2.2 数据来源 ··· 102
4.2.3 研究方法 ··· 103
4.2.4 识别结果分析 ··· 104
4.2.5 识别结果应用 ··· 105
4.2.6 总结 ··· 106

4.3 京成空中廊道航空流网络结构和运行结构的集成检测及其在分化组织中的应用 ··· 107
4.3.1 背景 ··· 107
4.3.2 理论 ··· 108
4.3.3 方法 ··· 110
4.3.4 区域与数据 ··· 112
4.3.5 结果与分析 ··· 114
4.3.6 应用前景 ··· 117
4.3.7 讨论 ··· 119
4.3.8 总结 ··· 120

参考文献 ··· 120

第5章 机场终端空域航空流运行结构 ··· 125

5.1 中国枢纽机场时间延误成本估算与航空流影响分析及其中美比较 ··· 125
5.1.1 研究背景与研究综述 ··· 125
5.1.2 研究方法与研究数据 ··· 126
5.1.3 研究结果与分析 ··· 128
5.1.4 中美比较 ··· 131
5.1.5 关于空中维持成本与空中廊道设置的讨论 ··· 133
5.1.6 总结与展望 ··· 135

5.2 机场终端空域航空流量热区云图模型及其在北京首都机场的应用 ··· 136
5.2.1 研究背景与研究综述 ··· 136
5.2.2 研究依据和数据采集 ··· 137

  5.2.3 模型 ··· 139
  5.2.4 研究结果与验证 ··· 141
  5.2.5 总结与展望 ·· 144
 5.3 上海浦东机场航班延误时间概率分布及其与航空流运动的关系 ········ 145
  5.3.1 背景与综述 ·· 145
  5.3.2 数据采集、拟合检验与时间概率分布变化趋势描述 ············ 146
  5.3.3 航空流运动分析 ··· 149
  5.3.4 总结与展望 ·· 154
 参考文献 ··· 155

第 6 章 多机场系统航空流运行结构 ·· 159
 6.1 多机场系统航空流动态分析及其应用展望——以京津石空域为例 ········ 159
  6.1.1 研究背景 ··· 159
  6.1.2 研究方法 ··· 160
  6.1.3 研究区域与资料 ··· 161
  6.1.4 研究结果与分析 ··· 162
  6.1.5 应用展望 ··· 164
  6.1.6 总结与讨论 ·· 165
 6.2 多机场系统航空流运行结构及其中美对比——以京津石空域为例 ········ 166
  6.2.1 研究背景与研究综述 ··· 166
  6.2.2 研究框架与研究方法 ··· 167
  6.2.3 研究区域与研究数据 ··· 168
  6.2.4 研究结果与分析 ··· 169
  6.2.5 总结与展望 ·· 172
 参考文献 ··· 174

第 7 章 空中大通道与航空流网络 ··· 177
 7.1 中国空中大通道 ·· 177
  7.1.1 中国空中大通道介绍 ··· 177
  7.1.2 主要空中大通道介绍 ··· 178
  7.1.3 空中大通道航空流网络 ·· 181
 7.2 空中大通道航空流运行结构与网络结构 ································ 185
  7.2.1 引言：航空流的理论基础 ······································· 186
  7.2.2 航空流的生成与表达 ··· 187
  7.2.3 航空流运行结构与网络结构：构成形式分析 ··················· 187
  7.2.4 航空流的形成基础：航空地理市场 ··························· 191
  7.2.5 总结 ··· 192
 参考文献 ··· 192

第8章 （超）低空空域与无人机活动········195

8.1 城市（超）低空空域无人机活动通道划设规则与方法········195
- 8.1.1 研究背景与研究综述········195
- 8.1.2 通道划设规则········197
- 8.1.3 通道需求与划设方法········198
- 8.1.4 总结········201

8.2 城市超低空空域无人机活动空间和最优路径设置——以2019年石家庄马拉松线路为例········201
- 8.2.1 研究背景········202
- 8.2.2 无人机活动空间和最优路径设置········203
- 8.2.3 案例研究········205
- 8.2.4 总结与讨论········208

参考文献········209

第9章 航空碳排放环境损害········212

9.1 航线网络碳排放模型及外部性要素········212
- 9.1.1 研究背景与研究综述········212
- 9.1.2 航线网络碳排放模型········213
- 9.1.3 航线网络碳排放的外部性要素········216
- 9.1.4 结论与展望········220

9.2 航空碳排放环境损害评估及其机型替代——以京沪航线为例········220
- 9.2.1 研究背景与研究综述········221
- 9.2.2 研究方法与研究数据········222
- 9.2.3 航空碳排放环境损害评估········224
- 9.2.4 航线网络模式机型替代分析········227
- 9.2.5 总结与讨论········229

参考文献········230

第1章 空域与空域研究

1.1 空域、人类-空域关系及地理学视角下的空域研究

自人类历史上首次定期客运飞行至今的 100 多年间，人类-空域交互日益增多，随着人类实践活动空间维度的不断扩展和可用空间的不断延伸，空域已逐渐成为承载经济、政治、环境等多种关系的资源载体，形成了多方面深入的人空关系，从而也引发了地理学视角下的空域研究。研究认为：①空域属性经历了从单一自然空间向综合组织空间扩展的过程，其组织空间又经历了由块状结构向网络结构再向流网络结构演进的过程。②人类-空域关系的形成机制，是以人类对空域的需求为基础，在需求背景下依据技术变革实施空域资源要素的时空精准配置，当前还需面对人类航空经济活动与空域环境保护的博弈。③地理学视角下的空域研究具有若干独特优势：获取与应用时空连续数据的优势、基于时态地理信息系统（TGIS）开发时空图+模型的优势、以流网络结构和运行结构实证研究独立空域单元（终端空域、空中廊道）的优势。由此产生的空域研究新领域与基于航线的研究有所不同。展望未来，地理学视角下的空域研究尚需进一步加强 3 个方面的结合：动态空域配置与航空地理市场需求相结合，以支持驱动力研究；航迹细粒度数据与航线大尺度数据相结合，以支持微观流动性研究；空中廊道技术与中国空中大通道构建相结合，以提升应用效果。

自 1919 年英法第一次定期客运飞行至今已有 100 多年。从 20 世纪 60 年代大规模远程喷气客机普及应用，到 80～90 年代航空自由化运动带来低成本航空公司大规模涌入，再到 21 世纪以来国际化对航空产业的促进可以发现，空域已不再是可提供无限资源的空间。空域系统内航线拥堵和航班延误激增，空域充分开发利用和空中交通流量管理面临诸多挑战，催生空域利用与人类-空域关系发生重大变革。随着卫星导航技术、信息通信技术和互联网大数据平台的发展，个体飞行器轨迹信息的采集更加便捷，支持机场终端空域、多机场系统（multi-airport system，MAS）终端空域以及空中廊道等一系列独立空域单元的资源利用结构与配置方式优化升级。1999 年美国国家空域系统 4.0（national airspace system，NAS）的构建、2004 年欧洲"同一天空空管研究"（single European sky ATM research，SESAR）计划的启动（董雅晴等，2018）、2013 年中国"10+3"空中大通道首条（京昆）运行、2015 年中国航空系统组块升级（aviation system block upgrade，ASBU）计划的实施，均标志着空域资源充分开发利用新理念、新结构和新方

式的诞生。面对空域资源配置的变革，迫切需要全面解析空域属性，揭示人类-空域关系形成机制。在多学科交叉研究的新时代，地理学空间研究传统与空域本质的相关性最强，进一步明确地理学视角下空域研究的独特优势，对构建未来国家空域系统和对地理学从地域/海域向空域拓展具有较大意义。

1.1.1 空　　域

1. 天空：想象与利用

人类视野所达的地表上方空间被称为天空，其早期是乌托邦理想主义的精神源地和情感依托，通常见于远处的天空、自然的蓝色、自由天空等描述，被当作无形文化建构的超越陆地且没有边界的抽象世界，后来也多与自由冒险飞行有关。1783年首次公开载人气球飞行，其作为一个天空可见的新奇物体使"天空幻想"变为现实；随后1870年"巴黎围困"中载人气球作为运输工具被成功使用；1897年以瑞典北极探险气球为标志，已创造出一种空中循环载体（Cosgrove，1994）；1903年美国莱特兄弟依靠发动机并在机身重力作用下成功试飞第一架载人飞机；1906年桑托·杜蒙成功试飞第一架动力飞机并轰动整个欧洲；20世纪20年代，美国诞生了"有翼福音"，激发了对航空和航空教育的极大热情。飞行标志着以空气为载体的新颖移动方式的出现，造就了全新的物质性、运动性和体验性的独特空间，满足了从无遮挡视野审视地球的愿望，带来了观测范围、构想方式、视觉体验、制图方式、自我认知的转变，成为人类利用天空的最佳方法之一（Adey et al.，2007）。

2. 领空：地缘政治现实的塑造

飞行以及对天空的利用促使传统笛卡儿空间对领土的理解向三维扩展。1911年英国宣布国家主权领空；1919年以《巴黎航空公约》为准，形成了关于"天空主权"的国际法律框架，"领空"概念首次被纳入国际法；1944年《芝加哥国际民用航空公约》规定了国家领空范围，并建立了领陆、领海、领空的边界联系；1982年《联合国海洋法公约》出台后，沿海国领空主权延伸至其海岸线以外12 n mile[①]（Kaplan，2016）。上述一系列公约创造了国家领空的地缘政治现实，使地缘政治学从关注领陆/领海对国家的支配到同时也关注领空对国家安全和权力实施的重要性。领空是国家力量约束的权属飞行空间，划定了飞行的范围和边界，法律、政策和技术推动着领空的属地化进程，国家间飞行的自由度受政治力量和外交策略控制（Mahony，2019）。近年来，面对航线的全球扩展和超级航空网络的形成，又引发了对领空重新评估和定义的国际辩论（熊琛然等，2020）。

3. 空域：属性扩展

空域属性经历了从单一自然空间向综合组织空间的扩展。自然空间指地球表面以上支持航空器飞行的均衡和遍在空气空间，其具备固有的介质性、连续性和可再生性等物

---

① 1 n mile=1 852 m。

化特性（路紫和杜欣儒，2015）。组织空间经历了块状结构向网络结构再向流网络结构的演进过程。块状结构指垂直有限和水平有界的空气空间被分解为不规则的空间单元，这类空间具有专用的命名符号系统，实施不同级别的飞行控制以有效组织空域，是一系列技术规则、资金管理、立法监管等协调与折中分割的结果（Gerdes，2018）。网络结构指物质空间（机场、航路、终端区等）和逻辑联系（圈层与等级等）交织形成的复杂网络关系（王姣娥和景悦，2017）。流网络结构指地理位置间相互作用塑造的要素流动空间（由流量、流向和流时以及多流聚合分化构成的非单一界面）。综上，空域是在人类政治、经济、社会、技术实践不断调整基础上建构的航空流载体（Lin，2020），支持不同空间尺度、时间节点、运行方式下的航空流运动。

1.1.2 人类-空域关系

基于人类资源开发和社会发展空间的垂直扩展，也基于人类对过去实践的反思总结，以及对未来的展望，人类与空域的交互日益增强，人类-空域关系的形成机制如下。

（1）人类对空域的需求。人类对空域的需求体现在航空地理市场，需求广度和深度取决于航班频率与座位容量、航线数量与航线网络模式、航空公司数量，尤其是全服务航空公司（full-service network carrier，FSNC）、赫芬达尔-赫希曼指数（Herfindahl-Hirschman index，HHI）等共同表征的航线网络辐射强度（杜欣儒等，2019）。与航空地理市场相关的航空服务潜力/机场城市经济社会差异体现在：机场城市形象与竞争力、枢纽机场分层组织、航空服务设施覆盖范围、不同运输方式间的换乘成本和便捷性、通航航线及经转点设置、航空流流量规模和分布、流网络系统功能、航空公司集团协作和约定等，这种关系均反映为航空地理市场需求，是城市间人口流、资金流、交通流、信息流等交互的结果（马恩朴等，2020），其在人类-空域关系的形成中发挥着基础作用。

（2）人类对空域资源充分开发利用及时空要素精准配置。空域资源是国家资源的重要组成部分，不同于陆域和海域资源，它没有物质实体和可见要素，边界更趋向模糊，空气介质和动力空间等概念使资源更趋向动态，价值取决于满足各类空中移动需求所产生的时空压缩效率。当前正处于空域资源开发利用与空域组织演化的关键阶段，空域功能更依赖动态配置的精准性和实时性。人类技术进步不断激活隐藏在空域中的时空要素和资源余量（Budd and Adey，2009）。例如，全球卫星导航系统和其他机载传感器子系统与地面通信系统的数据交换，完整记录并传递了航迹数据，支持了动态流密度检测，实现了精准时间计划下的空间并行和结构优化，以及时间错峰下的流量组织和容量扩充。

（3）人类航空经济活动与空域环境保护的博弈。人类-空域关系的不断深化和发展面临着经济与环境的博弈问题。航空业大发展以及大量飞行使航空碳排放和颗粒物污染加重，国际民用航空组织预计，2050年航空碳排放占比由当前的2%增至10%，航空环境问题将成为全球性治理难题，警示人类在空域经济活动中对环境污染承担治理责任。经济与环境的博弈是人类-空域关系理念转变的重要思维拐点。地理学曾针对航空碳排放的外部性问题进行了系统研究：①以不同飞行操作阶段、机型、航线距离、航线网络模式进行航空碳排放环境损害比较，发现使用城市对航线网络模式将平均减少10%的碳排放量，同时配以大型飞机低频率飞行，将更有利于降低航空碳排放的负面影响（高伟等，2019）。②以空中廊道构建高密度航空流网络，通过并行结构、自分离、动态激活等规则支持流量与容量匹配，减少额外飞行距离过长、绕飞和延误严重产生的碳排放。③以联运网络结构优化为研究内容，以吞吐量、连接性和紧凑性为指标，量化其结构弹性，支持极端事件下空域系统恢复。由此可见，人类-空域关系的可持续发展理念已逐步形成。

1.1.3 地理学视角下的空域研究

地理学的空域研究包括发表在地理期刊上的研究成果和地理学者发表的研究成果，选取文献检索数据库 Web of Science（WOS）和中国知网（CNKI），检索主题词"airspace"和"空域"，筛选出 38 篇研究文献。梳理地理学视角下空域研究的内容，从中可大致刻画出其自身研究特色，与航空运输、航空管理等领域在数据采集与分析、方法选择与应用、目标与关键问题等方面具有明显不同，归纳地理学视角下空域研究的优势，如图 1-1 所示。

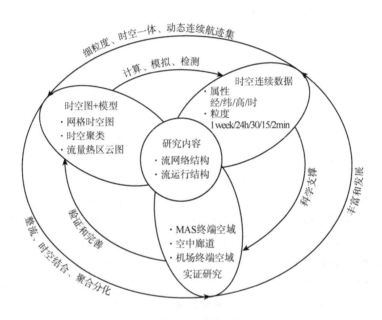

图 1-1 地理学视角下空域研究的优势

（1）构建和使用时空连续数据。导航及信息通信技术发展支持以航迹信息（经度、纬度、高度、时间）和其他附加信息（航向、航速、航迹角、拐点等）表征的航空流运动，挖掘和应用其数据新形式，这对空域细粒度和时空一体研究尤为重要，目前航迹数据在 FlightAware 和 Flightradar24 等网站已完全公开（Lin，2020）。航线/航班量数据及机场航班时刻数据适于大尺度航空网络研究，而动态空域配置及灵活空域使用的研究目标要求时空要素精准识别，因此时空连续数据成为不可或缺的基础，地理学具有提取、处理和应用时空连续数据的独特优势，具有构建复杂航空流数据集的能力。按时间粒度划分的研究可为其佐证：既有 1 周完整航班时刻编排的航迹数据构建，补充周内奇偶飞行计划和临时航班取消等导致的日航班不完整数据和航线缺失数据；也有日内 24 h 航迹循环数据构建，用于捕捉航线网络影响事件，分析其对航空流的影响，并预测演变趋势；还有航班降落前 30 min 和起飞后 30 min 航迹数据构建，支持机场和 MAS 终端空域航空流动态特征分析；此外还有以 15 min 界定的短延迟分析和以 2 min 界定的滑动窗口（sliding window，SW）分析，支持微时刻调整和航空快线加密配置（张一诺等，2019；张菁等，2019）。在此，地理学广域视角和时空范式保证了航迹时空连续数据的构建和使用。

（2）开发基于 TGIS 的时空图+模型。其不仅提供了时空约束下的轨迹计算/模拟手段，也提供了实体节点/时空路径与航空流运行关系的分析方法，使这种流具有地理空间特性的同时，又涵盖时间属性，既反映事物存在状态的同时又表达变化过程及规律。系列模型包括网格时空图方法、时空聚类方法、SW、流量热区云图方法、多级网格时空索引和轨迹冲突检测技术等（董雅晴等，2018）。时空图+模型带来空域研究的变革：①以时空资源占用、释放和流评估运行效率，代替以流量和容量固定比值的描述；②以航空流运行过程中航迹汇聚、交叉、重叠等揭示时空拥堵特征和网络传播特征，补充单一抵离延误时长的估算；③基于航空流动态密度和峰值点及其波动分布调整流量（加密与分化），实现空域需求和时空容量的匹配，替代机场低流时段时刻分配和枢纽机场流量分化。

（3）实证研究独立空域单元。各独立空域单元，如机场和 MAS 终端空域、空中廊道等均面临空域资源充分开发利用和动态空域配置问题，随着航班联动引发的延误叠加和拥堵传播向整个空中网络扩散，揭示航空流的流网络结构及运行结构（既是个别流，也是集体流；既是航空流运动，也是航空流网络关系）是独立空域单元实证研究的关键。现以空中廊道为例，说明地理学关于独立空域单元的研究优势：①整流研究优势。将两个流视为不可分割的对象，以额外飞行距离比值测量其间的紧密程度，实现空中廊道内同一方向上航迹簇网络的聚类和全国空中廊道的划设（Tao and Thill，2016）。②时空结合研究优势。将流视为一种带有时间属性的航迹空间移动，通过流运行的时空映射来识别拥堵时段/区段/区时和流量热区分布、测算航线网络系统延误弹性、集成检测航空流运行结构等（张一诺等，2020；Peng et al.，2020）。③聚合分化研究优势。通过规模值和汇聚值分析拥堵差异性以及影响因素，评估流网络的稳定性和流网络边界的可扩展性并创建主流系列。独立空域单元流网络结构及运行结构研究，支持了航空流复杂性的测算，更强调了航空流动态属性的评估（Cao et al.，2018）。

1.1.4 总结与展望

空域作为一个与陆域和海域并行的空间系统，仍有许多亟待研究的问题（贾鹏等，2013）。未来随着人类对空域资源依赖的加强，其空间资源开发和结构优化进入关键阶段。研究空域属性的扩展过程以及人类-空域关系的形成机制和理念转变等问题，对于空域资源充分开发利用具有重要意义。地理学空间研究传统、广域视角、时空范式以及地域系统理论体系，使得地理学视角下的空域研究具有独特优势，即以航迹时空连续数据为基础，并以时空图+模型为研究手段，有助于解决空域资源充分开发利用和空域资源要素动态配置问题。基于空中廊道航空流实证研究可见，其不同于传统静态研究。同时，空域研究也将扩展地理学在立体维度上的跨学科思考（徐晨晨等，2019）。

地理学的空域研究是一个全新领域。未来地理学视角下的空域研究还应进一步加强以下三个结合：第一，在动态空域配置研究中，将航空流运动与航空地理市场需求及其驱动力结合起来；第二，将航迹细粒度数据支持的航空流运动与大尺度航线网络格局结合起来；第三，将研究成果/研究方向与国家动态空域配置改革结合起来，如以相对成熟的空中廊道技术支持国家空中大通道构建，包括数据应用、方法创新、理论发展等，因为两者同为大尺度空域结构调整和高密度流组织方式，在串联干支线、扩容分流、拥堵缓解及通过能力评估等方面具有高度的近似性和互通性。

1.2 空域系统

面对空中交通需求与充分空域资源利用矛盾凸显的问题，空域系统研究成为一个迫切的基础性课题。这项研究构建了一个由空域系统的认知、国家空域系统的建立和空域系统与地面系统联动等组成的空域系统研究体系。首先，综合认知空域系统的分布式特征、互联-分散特征、异构特征和技术变革特征，将其作为动态空域重新划设与分区及其实时管理的思想基础；其次，对美国国家空域系统演进和实施方案进行总结与评述，将其作为灵活空域管理解决现有空域军民航分配、机场空域拥堵问题，实现自由飞行而制定的一种战略决策，具体又涉及政府举措、航空公司举措、机场举措以及城市举措的落实，以实现国家空域系统建设的目标；最后，将空陆联动系统与国家空域系统相结合，关注其动态空域重新划设、机场终端区土地利用与人流集疏运等问题。研究认为，通过以上对空域系统的认知、构建和优化，有助于进一步充分利用现有空域资源，改革静态的和依靠人工的空域管理基本形式，缓解空中交通拥堵和航班延误问题，改善机场人流环境。

1.2.1 背景

《中华人民共和国国民经济和社会发展第十三个五年规划纲要》提出未来五年我国计划实施的 100 个重大工程及项目，其中第九项为天地一体化信息网络，旨在将天基网络（由卫星等空间飞行器作为节点组成的天基信息系统）融入并支持地面网络（由地面站网络和互联网等组成的地球表面网络）服务，通过卫星通信系统、对地观测专用卫星系统以及卫星导航定位系统等实现多种通信业务的综合（Burleigh et al., 2014）、空间-

地面信息网络一体化和信息共享与利用（闵士权，2013）。这一国家信息网络工程将多种异构网络和各类空间密集连接起来，具有超大时空尺度属性、全覆盖天地/海陆空属性和网络协作属性，使跨维度实时数据传输在天地多维空间互联互通和互操作，给国家空域系统变革以及制定发展战略带来新机遇，对国家空域安全、空中交通管理以及对航空应急通信等发挥重大作用，进而对我国空域资源充分开发利用与航空发展提供支持。

以往国内外空域研究集中在空域规划以及空中交通管制、控制技术与监视技术的应用，以及空域拥堵治理等方面，随着空域资源利用与空中交通需求矛盾凸显，提出了针对空域资源充分利用的系统认知和空域系统实践和改革研究的需求。这项研究拟针对充分空域资源开发利用，构建数据通信支持的空域系统整体研究体系。其中，空域认知系统是思想基础，国家空域系统是战略决策，空陆联动系统是具体应用，其目的在于有效认知空域资源本质特性，进一步充分开发利用现有空域，促进静态人工空域管理形式的改革。

1.2.2 空域系统的特征

1. 空域系统的分布式特征

空域是指地球表面以上支持航空飞行器飞行的空气空间（路紫和杜欣儒，2015），空域系统包括不同的人力和技术功能（Lintern，2011），所以空域资源开发与利用即是人力（飞行管制等）与技术（通信导航、地面设施等）功能要素的协调，这些功能分布于个体内、个体间、媒介、环境、经济、社会以及空间和时间中，Hollan等（2000）界定其为分布在工作成员间或社会群体间的联合活动。以综合活动全貌的观点，审视环境、个体、表征媒体以及人工制品间的交互，以及所有要素相互依赖并完成任务，将空域实体认知为一种分布式系统，其是空气空间、人员、技术设备的集合，通过多种技术支持相互协作，可实现空域系统及资源利用的预期设计。当今，随着天基-陆基网络建设，特别是宽带、物联网、云计算、互联网+、大数据、国家政务信息化、电子商务等，空域及其相关陆域系统在数据通信基础上进一步相互影响，衍生出更复杂的分布式特征，如导航程序通过不同时间段的位置信息计算出各要素的实时动态变化，通过重复定位的方法确定飞行器的航向、航速和对前方空域的规避，这种依赖于天基-陆基网络的数据通信完成的导航程序，进一步体现了空域系统的分布式特征。

2. 空域系统的互联-分散特征

可依照Hutchins（1995）提出的空域认知系统的两个概念——"认知功能"和"认知加工"，对空域的互联-分散特征进行分析。在天基-陆基网络的数据通信支持下，分散的机场、航路、飞行器在可航空域内组成互联的航路网络，又通过扇区划设实现有序飞行，整个过程由通信、决策、规划和问题解决4个认知功能组成，支持了空中交通管制（ATC）；所有认知功能又可通过感知、分析、交换信息和操作4个认知加工来实现，技术进步加快了人类对空域的认知加工。空域认知系统的互联-分散特征充分体现在认知功能和认知加工的结构描述上（图1-2）：对商用空域认知系统而言，5个工作域间均是双向关系并相互支持，域目标（空中交通管理）及其域价值（效率和安全）通过域功能（数据通信）与传输元素（语音、图像和文本）产生联系，数据通信支持域价值的实现，传输中的物理功能又由物理资源支持（数据链路、遥感技术、双向无线电）。图1-3描述的是基于人工和技术的空中交通管理综合体所具有的互联-分散属性：通过终端区控制系统将枢纽航路、干支线航路与其他终端区连成一个互联-分散的航路网络，在整个网络中有多个交叉节点，运用天基-陆基网络和机场终端网络进行空中流量管理、规避节点上的潜在风险。

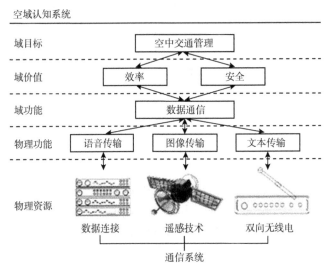

图1-2　商用空域认知系统的抽象层次关系图

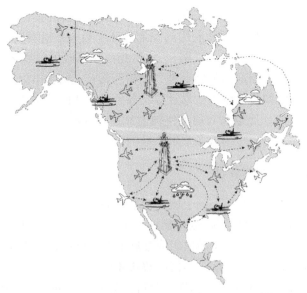

图1-3　空中交通管理综合体互联-分散认知系统
修改自参考文献（Lintern，2011）

3. 空域系统的异构特征

异构网络由相互重叠的、不同类型的网络融合而成，空域系统的异构网络包括三个层次：①宏观网络系统：由资源、经济、技术三个基础网络组成，即空域作为国家战略性自然资源和基础性社会资源，需要借助技术手段加以充分开发利用，形成复杂的空中交通异构体系。资源系统指空域自身所固有的理化属性，包括空气和运动的介质性、边界和容量的有限性、整体连续性等。经济系统指人类对空域资源的使用，包括所属和服务的公共性、飞行和国防的安全性、价值和使用的经济性。技术系统指通信、导航、监视、管理等技术形成的信息场及其能力等。②中观网络系统：供航空飞行器飞行的可航空间与管制空间，通过点（服务飞行的导航台、定位点、位置报告点）、线（飞行航路及飞行程序）、域（飞行情报区、管制区、特殊空域）的功能划分，实现空域资源充分开发与利用。③微观网络系统：满足终端业务多样性需求，集合通信、导航、监视及空中交通管理不同网络产品，实现机载电子设备与地面、空中数据交换，融合空中通信系统和地面通信系统并组成多模终端。

4. 空域系统的变革特征——数据通信新要素加入

21 世纪以来，数据通信支撑的新一代航空运输体系（next generation air transportation system，NextGen）诞生（Finke et al.，2013），NextGen 依赖于所需性能导航技术精确地控制飞行轨迹，把飞行器航路限制在指定宽度范围内，在有限的空间内安排更多的航路，其代表了地面系统利用通信、导航和监控手段进行空中交通管制的变革（路紫和杜欣儒，2015）。NextGen 空中交通管制技术不但具有时效性，还融合了全球定位系统、天气预报系统、数据网络和数字通信系统、雷达探测系统等多个空中交通管理新技术。数据通信新要素的加入，使飞行器的 4 维位置信息（经度、纬度、高度和时间）、其他附加信息（冲突告警信息、飞行员输入信息、航迹角、航路拐点等信息）以及飞行器识别信息，还包括航向、空速、风速、风向等附加信息，均可从全球卫星导航系统（GNSS）、惯性导航系统（INS）、惯性参考系统（IRS）以及飞行管理器、其他机载传感器等子系统中得到，用于信息管理系统（IMS）、协同空中交通管理系统（CATMT）等。数据通信新要素的加入，使空域系统进一步符合客观实际，并具有直接的指导意义。

1.2.3 国家空域系统

1. 国家空域系统的演变与构成

1）演变：从 NAS 到 NAS 4.0

1995 年以《FAA 战略发展计划》为指导，美国联邦航空管理局（Federal Aviation Administration，FAA）着手制定 NAS，旨在将现有的空域结构转变成支持自由飞行的空域结构。美国 1996 年公布了 NAS 2.0 版本，1997 年和 1999 年分别公布了 NAS 3.0 版本和 NAS 4.0 版本，逐步接近其先进、集成和安全的空域结构规划目标。NAS 4.0 将国家空域系统现代化的任务按时间段划分，至 2015 年已涵盖了 14 个领域①，除技术变革（导航监视、通信）、管制管理（流量管理、航路、管制能力、结构管理）、综合服务（飞行服务、航空气象）外，着重强调终端区（含沿海地区）与机场数据互联与共享。NAS 4.0 是一套典型的大系统工程规划，是优化美国空域系统和实现自由飞行目标的一项改革性计划，反映了空域用户与服务提供者需求的新理念，具有陆基与星基系统融合、服务全覆盖、数字化技术和地空数据链广泛应用、数据共享和分系统自动化、空域整体管理等一系列特征。NAS 4.0 的主要项目有：计算机更新（RHOST）、航路系统（DSR）、标准终端自动化换代（STARS）以及航路自动化更新实验（URET）计划，并已通过国家空域系统规划予以落实。在其国家空管系统中还制定了全球空管（GATM）计划。

2）综合技术系统构成及其发展

美国 NAS 的核心是综合控制技术系统（CNS/ATM），它又包括 4 个子系统：①民用通信子系统，旨在用全数字化提高容量、质量和稳定性。经过 2000 年以来实行的模拟话音通信，以及之后推行的模拟话音与数据通信混合结构，逐步进入空地数据链系统和数字语音记录仪应用。②民用导航子系统，2000 年以来分阶段减少陆基导航设备的数量，并在配置方面进行结构调整，现已全部支持航路导航和 2 400 个机场的仪表运行。③民用监视子系统，2000 年以来逐步使航路采用数字二次雷达+ADS-B 的结构。④民用空中交通管理（ATM）子系统，旨在减少对航空飞行流量的约束，目标是以 CNS/ATM 系统发展为前提实现自由飞行，并将其作为衡量 ATM 手段变化程度的准绳。至 2007 年，在美国 19 个智慧中心推广空中交通管理自动化工具，2010 年以来逐步提高了空域利用率和飞行安全水平，允许飞行员更自由地选择航路、高度和速度，允许管制员更有效、更及时地控制间隔和容量。

2. 国家空域系统的实施方案

1）方案的产生

空域系统的随机性决定其功能随时间变化，很多变化不是由意图引起的，而是应对紧急情况而产生的。因此，空域系统的功能需应对未预料到的情景而不断适应和改变，如每一个新的空域系统又很快在交通密度上超负荷。为了促进航空管理系统持续发展，在高强度流量负荷下，需要参与者发挥系统优势，制定出最有效的解决方案。1999 年美国因天气造成航班大面积延误而宣布实行《2000 春季计划》，要求 FAA、航空公司和机场增加沟通，强化舆论协调和公共信息应用。FAA 发布的改革实施方案（operational evolution plan，OEP）旨在确定延误的原因、制定解决拥堵的方案、增大国家航空运输系统的容量②。在 NAS 中共确定了 29 项措施，包括：中国气象局通过专网向 FAA 和航

---

① United States General Accounting Office: National Airspace System-Long-Term Capacity Planning Needed despite Recent Reduction in Flight Delays，2001，12.

② United States Government Accountability Office: GAO Panel National Airspace System—Experts' View on Improving the U.S. Air Traffic Control Modernization Program，2005，4.

空公司开放国家 7 项数据库数据、军用空域可接收以规避恶劣天气为目的的民航飞行、FAA 向航空公司和机场提供全国航班动态、推出一个面向社会公众和每分钟更新的国际互联网站、确定 NAS 中 31 个最繁忙机场承受飞行器起降量等。还有很多举措为中长期研究项目，如重新评估和应对极端天气、重新设计大城市周边空域、低能见度条件下最大限度地使用现有跑道、实施新程序允许航班在低空或不拥挤的空域飞行、开发新技术改进卫星导航能力使飞行器飞行间距减小、确定机场支持飞行器起降量并据此对飞行器进行调度、优化主要航空公司和空中交通管制员之间的通信。

2）航空公司、机场和城市举措

为配合 OEP 的实施，各航空公司积极参与到政府举措中。在起降安排上，避开枢纽空港航班起降的高峰时段，以减少空域和匝道拥堵；通过整个航路网络调整飞行次数；投资气象技术规避恶劣天气，为已升空的飞行器制定新的飞行方案；确定到港航路，提高枢纽机场飞行器流量；测试飞行器和空中交通管制之间的数据连接。

机场方依靠增加设施来减少延误和拥堵，包括新增跑道和滑行道，或者扩展现有的跑道，并增加快速出口；增加航站楼和廊桥以便在客流量高峰期改变安排；使用新的科技手段（天气信息体系、额外导航设备、跑道监控系统）增加机场效率，以便在低能见度的情况下最大限度地使用跑道；采取灵活规范管理方法，使航班量和机场的容量对等；在交通量高峰期收取高额落地费，以导引航班选择附近其他机场落地。

OEP 也考虑了城市举措对提高交通容量的影响，如建设新的机场或开发替代地面运输系统，解决航空公司与城市可能的利益冲突，事实证明，在大城市拥堵区域外围或边缘建设新的区域机场提供新的容量，对于难以扩容的机场发展是一个重要补充。区域机场大多距大城市空港 80km 以内，以航空中枢辐射（hub-to-spoke）系统作为其机场组织形式，形成都市区域机场体系，使用地面替代运输方式链接中枢机场和附近的区域机场来疏解客流量。

3）国家空域系统建设的目标

通过以上分析可见，OEP 主要聚焦在以下 4 个目标上：①增加到港和起飞的密度。针对繁忙机场面临的高峰期容量不足问题，增加飞行器的起降数量，所提出的新增跑道计划有效地协调了飞行器运动。②提高飞行途中适应环境的灵活性。面对空中拥堵的主要原因（地面导航、管制员工作负荷过大），提出缩小飞行器分离标准、提供进入空域的额外入口（如军用空域）等。③精确预测飞行途中不良天气。改进设备和工作程序，以便更精确地提供恶劣天气数据并预测天气，进而提升管制员的管理效率，减少延误。④保持机场的起降率。通过重新配置跑道，缩小飞行器停放间距，保持低能见度下跑道的使用率。

1.2.4 空陆联动系统

1. 空域动态重新划设

将空中与地面举措相结合扩大航班流量的最重要措施，是对机场空域实施动态划设,以重新配置枢纽机场空域资源(Jung et al., 2010)。ATC 工作负荷的增加、航班延误的实质是空域存在结构性矛盾,因此有必要借助仿真手段进行空域评估,通过扇区来分担责任,进一步优化机场周边空域结构。图 1-4(a)是日本东京国际机场周边责任空域的划分,空域结构由终端空中交通管制扇区和飞行管制扇区组成,图中以实线表示航路配置,虚线表示终端区 T,S_1、S_2、S_3 表示空中交通管制扇区边界,S_1 区的通行量大于其极限容量,意味着 S_1 当前的空域和航路配置不能满足交通需求,需对 S_1 区进行动态空域重新划设。

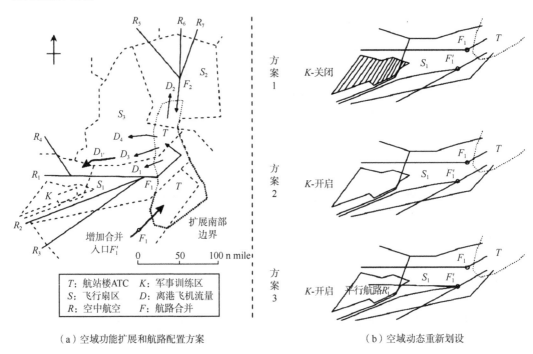

图 1-4 日本东京国际机场空域及航路功能扩展基本方案及动态重新划设方案

如图 1-4(a)所示,随机到港的不同航路、巡航高度航班从 R_m 进入 S_1 区,且通过合并方案 F_K 将它们合并到多个方向,S_1 控制航班降落到指定高度,维持间距最小值 10 n mile,并在其边界前交接给 T。离港航班需在 T 保持 D_j 间距后将控制权交给 S_1。图 1-4(a)中加粗部分显示了终端区功能扩展后的空域和航路设计方案。其中,S_1 的责任空域边界不变,T 区南部责任空域边界扩大,可调整其范围内的航路配置:S_1 区到 T 区的交接修改,即增加合并方案 F_1' 进入 T 区,两架同时到港的航班可通过 F_1 和 F_1' 进入 T;为避免冲突,将出港的 D_1 在航路上北移,与 D_3 部分方向重合,过 S_3 进入 S_1,从而西移出场空域;S_2 的空域设计不变,实时开启 S_1 西侧的空域 K。

图 1-4(b)显示了三种动态划设的方案。当超出预计流量时,在 F_1 南侧新增一个合并入口 F_1' 分流同一高度不同航路上的航班,关闭空域 K,其中来自 R_1 和 R_4 的到场航班通过 F_1,来自 R_2 和 R_3 的航班通过 F_1' 进入 S_1,能减少 F_1 的航班处理量,使不同航路、

高度的到港航班能同时进入 T 区；大面积航班延误时，航班集中在同一时段到达，开启空域 K，同时使用两个合并入口；当 S_1 区被大量同时进出场航路环绕而过于狭窄时，高峰流量经扇区内的主干航路 R_1 集中通过 F_1，需开启空域 K，穿过 K 在 R_1 的南部配置其平行航路 R_1'，一部分流量从 R_1 通过 F_1，另一部分则经 R_1' 到达 F_1'。日本东京国际机场的案例较经典地表述了依据空中交通量实时变化的空域（航路）动态重新划设。

2. 机场终端区土地需求优化

机场终端区土地资源的分配、开发和有效利用，均与控制空中交通量密切相关，目的是扩大机场容量，基本表现可归为跑道、空侧、外围三个层次。跑道土地利用受侧风、跑道视程（RVR）、低空风切变和跑道垂直能见度等气象条件影响，依赖控制技术使极端天气下各方向跑道的使用率和跑道容量大为提高，双/多跑道横向分离能减少垂直堆叠的内置式延误。按照机场隔离管制界限划分的空侧区域包括出发和到达区、行李分拣区、机务维修区、货运区、飞行区以及必要的服务区，其土地利用发展的新趋势是：减小跑道分离极小值，以解决不同流向的飞行器相互干扰及安全分离，管制员重新设计路径，确保落地交付点的分离间隔，繁忙终端区分离标准到达极限后打开一些流向通道，使交汇处随时成为入口，应用灵活的区域导航系统，使航班精确依照指定的剖面飞行等。机场外围需有开阔空间，以保障机场业务运行，机场隔离带以内的核心区不适宜发展建设用地，以外的建设控制区内除航空相关服务和修理功能外，多以村落稀疏分布为主要形态，逐步完善机场布局，使航空枢纽与产业协调发展（王法辉等，2003）。目前，国内外普遍以发展空港经济和航空产业科技园区为主要方向，形成了大城市新的产业经济增长点（张衔春等，2015）。

3. 机场集疏运模式应用

在连接航空系统和地面交通系统的机场区，建立集疏运模式是机场道路管理和航空系统规划的另一个关键问题，以往学者针对不同人群对交通方式的选择，重点研究了中枢机场与市区间多样化的大容量公共交通方式。Akar（2013）对美国俄亥俄州哥伦布国际机场研究后认为，公共交通资源匮乏使旅客主要选择私家车的弊端明显，大型枢纽机场公共交通集疏运网络建设会起到重要作用。Psaraki 和 Abacoumkin（2002）对雅典国际机场的集疏运模式调查后发现，不同居住状态、不同旅行目的（国内商务出行或国际非商务出行等）的人流对交通模式的选择有差异。Tsamboulas 和 Nikoleris（2008）认为，除了研究商务出行者选择私车以减少出行时间外，还仔细分析了其他出行相关变量，如出行人数和行李、目的、到达机场的时间与起飞时间的间隔、飞行时间、当下和返程航班的时刻、不同时段的起飞时间，以及对待汽车使用的态度对选择交通模式的影响，由此建立了一套出行者选择交通模式的评估指标，证明了机场公交线路在集疏运系统中的有效性，也为机场公共交通集疏运体系建设提供了支撑。以满足需求为目的的机场集疏运模式应用，有利于协调不同人群的选择，公共交通集疏运方式能增强机场的综合竞争力。

1.2.5 5G 时代的空域系统研究

5G（5ᵗʰ Generation）即第五代蜂窝网络技术或第五代移动通信技术，与 4G 单位面积移动数据流量比较，5G 增长 1 000 倍；5G 传输速度达到 10Gb/s，相当于 4G 的 100 倍；5G 端到端时延比 4G 缩短 1/5；5G 互联网设备比 4G 增加 10~100 倍。基于此，其依托大带宽容量、低延迟连接、高速率数据处理、强接入性的技术能力，将实现空域系统飞行器设备的全程监视管理，使其运行更为规范，从而极大地延展空域资源的开发利用和空域系统创新，服务于机场、航线及其他空系统，以使其不断迭代和优化，并建立更多的场景应用模式。所以，5G 不仅限于提升空域系统基础通信传输速率，也将丰富各类场景应用，为数字化转型提供通信技术支持，让任何用户和飞行器随时随地共享规范数据，构成一个全新的、丰富多彩的空域系统"网联世界"。梳理 5G 在空域系统变革中的应用，将有力地引领动态空域配置研究和空中廊道航空流运行结构研究的变革、转型和升级。

（1）更符合航空信息传输的要求。4G 通信难以完成飞机飞行动态信息实时交换，5G 将以 10 Tbps/km² 的流量密度和 100 万/km² 的连接数密度，满足未来空域系统相关设备接入网络和移动数据流量爆炸增长对通信的需求，保证航空业务和飞行活动用户瞬时连接；将以空口 1 ms 的时延和 20 Gbps 的峰值速率，满足空中高速飞行的飞机相互之间零时延传输飞行动态信息，保证更快速地预测冲突，并实时更改繁忙航段以及机场终端空域的飞行路径以及空中廊道的开合等。空域系统动态研究将由此发生根本改变。5G 新业务将广泛应用到空中廊道航空流组织之中。

（2）有助于建立跨域的完整空域系统。对于民用航空通信而言，如机载与地面无线通信、机机通信、雷达测控、飞行控制等，目前前舱通信都是专用频谱、专用系统、专业设备，由飞机制造商集成第三方通信系统。如空客都是集成欧洲各大专业通信公司产品，民用机场通信指挥系统、雷达系统、监测系统也都如此，一方面存在语音、数据、雷达等复杂设备的小规模设计和集成问题；另一方面普通通信设备商不了解民用航空的业务流，而民用航机和机场又都需要一个完整系统。5G 将创造一系列全新的应用场景，包括超高速体验场景、超高用户密度场景、超高速移动场景、低延时高可靠连接场景、海量终端连接场景。5G 更符合航空信息传输关于航空业务和飞行活动的需求，将增强移动网络提供机上数据回传的能力，这种转型将构建起一个更加敏捷高效的移动网络架构，解构后的空域体系可以实施跨网络部署，最终形成一个功能统一的网络。未来一体化的空域系统研究将发生重大转型。

（3）有利于海上空域资源的利用。当前航空通信基本上是脱机或者卫星通信以移动网络做回传基于地面基站向天空覆盖的技术，航班数据接入依托地面基站给机载客户终端设备（CPE）提供数据回传。但是地面移动基站覆盖航线有一个弱点，即仅能给陆地航线提供数据业务，那些跨海航线一般无法采用移动网络方案。利用 5G 超大带宽和大规模天线的优势，针对航空高速移动、广覆盖等特性进行定制开发，不仅可以给陆地局域的航线提供数据业务，在地面建设能够覆盖天空的专用 NR 基站（5G 地面对空基站及定制空口协议），构建一张地空立体覆盖的专用网络，有效解决高空立体覆盖，实现地空高速数据传送；而且未来将地面移动通信与高通量的低轨卫星通信双连接，加速 5G 航线的商业应用。这为空中大通道建设中利用海上空域闲置航路资源缓解空域拥堵奠定了基础，展现了空中大通道建设中流网络组织研究的前景。

（4）将改变航空公司网络管理方式。当边缘应用场景海量参数无法依靠人工优化时，必须依靠具备自治自律能力和自给自足算力的边缘智能来解决，自动化将成为任何网络管理策略的关键组成部分，导致航空企业拥抱超越地理的自动化。借助 5G 和人工智能技术，将使边缘计算体现出更高价值，提供面向 5G 本地业务应用的人工智能运算和分析能力，从而有助于提升运营商网络智慧化和网络自动化水平，包括航线网络模式选用、机型匹配、时刻资源配置等，进一步延伸流网络价值链。航空公司通过对网络和数据中心实现自动化的实时流量管理，使其实时数据性能和流量/速度大为提高，航空流研究中应加强与航线网络模式选用、机型匹配、时刻资源配置的协同研究。

（5）可实现空地融合蜂窝通信进而实现全空域覆盖。4G 基本只能覆盖 300 m 内的空域范围，而 5G 可以对 1 000 m 内的空域实施全覆盖，形成高空 5G 联网，飞机将通过 5G 移动通信进行全空域数据传输，在全空域范围内避免飞机交叉飞行风险。5G 作为飞机飞行动态信息交换的通信手段，将可能实现全空域通信覆盖。中国主要运营商都在考虑建设覆盖中国主要航线的 5G 网络，为航班提供数据接入。发挥地理学整体空域研究的优势构建多个应用领域是可以期待的，如大都市多机场系统终端空域、空中大通道流网络等。5G 移动通信网络，也为低空空域网联无人机系统设备赋予实时超高清图传输、远程控制等重要能力，从而使（超）低空空域利用与城市区域通用航空和无人机通道划设研究得到加强。

（6）使灵活空域管理走向实际应用阶段。5G 架构是软件定义的平台，其中网络功能通过软件而非硬件进行管理，5G 网络可以创建称为网络切片的子网结构，这些切片使空管人员可以根据用户和设备来指示网络功能，基于空域业务流程的进步，空域管理架构更灵活，可随时随地提供用户访问权限。对于航班密集区域，包括高吞吐量和繁忙航线，其应用扇区空域灵活管理的优势极大。在这方面，欧洲航空网络（European aviation network）已初露端倪，由国际海事卫星组织（International Maritime Satellite Organization，INMARSAT）牵头制定的满足欧洲领空需求的高速宽带解决方案，将高容量卫星覆盖范围与整个欧盟地面网络相结合，在各个阶段实时收集和分析交通数据，不需要调度人员干预即可自动调配机运方向，从而避免延误。5G 的实时性为改进灵活空域管理提供了一个很好的机会。

（7）将迎来无限的大数据应用和开放。依托 5G 边缘计算能力和 M2M 通信，所有飞行事件的数据将密集开放，不仅包括网络能力开放及用户信息开放，也包括 ICTs 资源管理开放和业务资源控制功能开放。尤其是用户位置信息开放，将人和数据之间的连接情景化，拓展了基于位置的精准服务及定位业务。机场无线终端的负载信息、链路质量的实时信息、网络吞吐量的统计信息开放，对实现业务及网络质量优化有极大帮助，如规划部署、策略设置、动态优化和业务编排等。

总之，5G 网络既是一种技术的收敛，又是应用的发散；5G 开启了"万物广泛互联、人机深度交互"的新时代，5G 开发是对互联网连接的移动设备数量不断增长的直接回应，未来空域系统研究将建立在 5G 基础之上。

1.2.6 总　　结

首先，对空域系统的全面认知有助于对空域概念的深入理解和研究领域的准确扩展，空域系统作为一个环绕地球的连续体，具有分布式、互联-分散和异构特征，包括宏观、中观、微观 3 个层次的网络融合，其不仅与空域系统的通信、决策、规划和问题解决 4 个功能紧密相关，也是动态空域重新划设和先进管理的思想基础。对空域系统的研究应遵从分布式认知、异构网络特征和互联-分散特征。接入陆基-星基全球定位系统、天气预报系统、数据网络和数字通信系统等新要素后，新的空域认知基本等同于基于数据通信的动态空域重新划设的精准时空应用。其次，美国国家空域系统较好地应用了全数字化，以提高容量、质量和稳定性，并在一定程度上解决了灵活使用空域和军民航协同发展。建设导航系统扩大了空域利用效益、增加了民航用户数量，监视系统建设和空中交通管理系统建设减少了航空飞行约束并增大了飞行流量。政府管理者、航空公司和机场均参与到国家空域系统建设之中，共同使用多种空域优化方案探索空域资源配置，有助于实现更有效地利用空域、更好地分配管制员工作负荷的目标。美国国家空域系统中诸多缓解空中交通压力的举措具有借鉴意义。最后，空陆联动系统既包括机场空域动态重新划设，也包括合理利用终端区的跑道、空侧和外围区域，还包括进出机场的公共交通集疏运配套。联动功能的建设有助于科学导引空中飞行、缓解机场空域拥堵，也有助于优化终端区土地利用，以及满足进出机场地面交通流量的需求。

1.3　时空连续数据支持下空域研究进展评述

固定的空中交通运行系统和功能，已难以适应航路结构和空域需求的巨大变化，这引发了空域资源配置由静态为主向灵活动态的演进，时空连续数据的挖掘和应用支持了这个过程。综述近些年国内外相关研究成果可见，从基础要素的多维度表达到具体空域单元的特征分析均向实时方向深化与拓展，并表现出新机制；引进时间参数开发了系列高密度航空流识别方法，并与飞行路径跨时空模型相结合，形成鲜明的动态特色；相关应用与实践均体现出空域资源配置的结构性革命，推动了空域拥堵、航班延误与资源分配等现实问题的解决。国外动态空域资源配置研究与实践对我国具有积极的借鉴意义。然而，在同时应对空侧能力发挥和多维度参数变化时，仍然面临时段-航段匹配、微观-宏观结合、终端空域-飞行航路对接、空域-地域一体化等方面的挑战。未来，地理学需进一步发挥自身优势，构建新的空域研究对象，并深度开展研究工作。

1.3.1 问题提出

空域指地球表面以上支持航空器飞行的空气空间（路紫和杜欣儒，2015）。空域资源配置指对有限空域按飞行器个体需要进行适当分配与优化使用，其目的是建立高效的空域结构（Lintern，2011）。空域资源配置过程较为复杂，需在人力与技术的协调下，对数量众多的航路飞行航班及进离场航班，经干线和局部航空网络以及地面交通网络导航处理，形成通航能力，并产生空中效益（Sergeeva et al.，2017）。近年来，数据挖掘技术的普遍应用使精准航迹数据，如飞机4D位置数据（经度、纬度、高度和时间）、飞行操作数据（航路拐点、航速、航向、高度角）以及附加数据（风速、风向）等得以完整获取，这又促进了以灵活动态为目标的空域结构系统改革（杜欣儒和路紫，2016），包括繁忙航路高峰期容量动态管理（Bhatia et al.，2018）、终端飞行适应环境的灵活重构（Sunil et al.，2017）、大都市多机场系统重新设计等（Mardani et al.，2016）。在这种灵活动态模式转变和空域组织形式演化的基础上，空域资源配置研究发生了较大变化。

美国国家空域系统战略的实施是空域资源配置变革的重要标志（刘方勤等，2011）。早在1995年，美国联邦航空管理局即以《FAA战略发展计划》为指导着手制定NAS，旨在将现有空域结构转变成支持自由飞行的空域结构，随后将其现代化任务按时间段划分，至NAS 4.0版本已逐步接近先进、集成和安全的空域结构规划和数据互联共享的目标，具有陆基与星基系统融合、服务全覆盖、数字化技术和地空数据链广泛应用、数据系统自动化、空域整体管理等一系列特征。2007年其在19个智慧中心推广空中交通管理自动化工具，使空域利用率明显提高——更自由地选择航路、高度和速度，更有效、及时地控制飞行间隔和容量。同年，欧洲"同一天空"的动议进入研发阶段，旨在消除欧洲空域的国境分割，同时加强军用和民用航空的协调，自此开始大量涌现关于空域资源动态配置的研究成果。

目前，我国空域资源配置与管理仍停留在独立使用和非动态管控的状态（路紫和杜欣儒，2015），致使重要空域和航路飞行密度过大，以民航单位可用空域面积所保障的飞行小时计算，我国平均飞行密度是美国的1.47倍，有限空域的大密度运行使空管系统面临巨大压力。为此，我国已将空域管理改革作为重大战略决策，2017年3月第十二届全国人民代表大会第五次会议特别提到"优化空域资源配置"，这是首次在政府工作报告中专门对"空域资源利用"提出具体要求。面对以上空域资源配置由固定静态向灵活动态转变的大背景和我国空域资源配置改革的形势，本书旨在以时空连续数据支持下的空域资源配置研究为主题，对2008年国际重大战略实施以来国内外空域资源配置研究的进展进行系统回顾、归纳和总结，尤其关注其所发生的转变及表现出的新机制，为我国空域系统战略决策的制定提供依据，并对我国未来地理学视角下的空域研究进行展望。

1.3.2 文献检索

以Web of Science（WOS）核心合辑和中国知网为文献检索源，设置时间跨度为

2008~2018 年，以"空域资源配置"/"空域资源优化"为主题和关键词进行检索，又在以上检索结果集内分别添加"时空"/"4D 轨迹"/"航迹"/"航空流"为检索条件进行筛选，进一步关注文献的研究数据、研究内容和研究方法的时空属性，最终得到相关文献 167 篇，其中国内学者文献 29 篇（包括中英文）。空域资源配置研究成果数量持续增长，其中时空连续数据支持下的空域资源配置研究增长尤为迅速。依据 WOS 分类，所获文献涉及 9 种学科类型，主要集中在交通运输、地球科学两个领域，并体现出学科交叉特征。但与 NAS 起源国学者丰富的研究成果相比，国内学者在空域资源配置问题上较多关注空域扩容模型、航班协同排序、航路耦合容量等视角（刘方勤等，2011；马园园等，2015），尚忽略跨学科系统交叉，以致缺乏对研究转向的整体把握，系统梳理近年来前沿研究热点和研究进展对我国具有借鉴意义。

分别对其关键词频率（以圆点大小表示）以及共现关系（以连线表示）进行汇总，得到示意图谱。梳理高频关键词间共现关系网络可见，时空连续数据支持下的空域资源配置研究对象集中在航空流（流量、密度、容量）、航线网络（空中廊道、高容量管）和繁忙空域（高密度空域热区、终端区、MAS）等方面，并分裂出系列要素和不同空域单元；研究方法涉及拥堵识别、航线聚类、路径规划、结构优化、最佳布线等，形成了以航空流特征识别为基础的优化建模精准分析体系；在案例研究中，空域资源灵活使用与管理、MAS 运营及其效率、动态划设/更改、航班延误缓解等关键词占据主导位置，较集中体现在缓解拥堵/减少延误、改善运营等方面。此外，以高频词结合时序衡量研究热点，可见在 2010 年前后有若干明显变化，之前较侧重通过终端空域分区布线、热区限流、航班排队等策略解决空域拥堵问题，之后逐渐细化并向多尺度研究区域推进，包括单机场终端空域、空中廊道、MAS 等，演化出优先级排序、基于策略的分配、时间替代等灵活手段解决内部运行结构问题，用于运营策略制定、航班延误缓解决策等。以下从研究对象、研究方法和应用实践 3 个方面评述 2008 年以来时空连续数据支持下空域资源配置的研究进展。

1.3.3 研 究 对 象

1. 基础要素及其多维度集合

近年来，时空连续数据支持下的空域资源配置研究更加关注基础要素，包括流量/密度和容量（Burleigh et al.，2014），并将流量/密度调控和容量释放作为空域资源配置的主要目标，因为空域划设和管理均是以其约束为前提的。同时，在时空连续数据的广泛应用中，空域资源配置基础要素表达进一步添加了高度维、时间维和方向属性，体现出多维度集合的优势，进而可以根据实时飞行数据完成航迹的按需分类、测度流量/密度动向以及瞬时容量等（Li and Ryerson，2017），由此可推演出一段时间内的航空流运动规律，服务于相邻管制单位冲突检测（Campanelli et al.，2016）、临时流量限制和航线调整（Barrnhart et al.，2012）、低风险和高流量飞行计划制定等（Andreatta et al.，2014）。

2. 空域单元及其时空连续性匹配

伴随着空域资源配置基础要素表达的多维度转变，各具体空域单元如空中廊道、机场终端空域和 MAS 均体现出时空连续性匹配的特征。

（1）空中廊道是一种新型空域资源配置系统，也被称为高容量管道（Xue and Kopardekar, 2009）、流动走廊（Yousefi and Zadeh, 2013）、天空高速公路等（Guarini et al., 2015）。Yousefi 和 Zadeh（2013）先后阐述了航线参与者优先级排序和层次设置、速度矢量划分和航班延误扩散的相互作用关系，给出了依托大流量干线框定高密度空中廊道候选空域的逻辑范式。Xue 和 Kopardekar（2009）基于航班共同/相似航迹，界定了大圆飞行轨迹距离、进入和退出廊道的垂直距离等约束条件，给出了在较少额外飞行距离下纳入较多航线参与者的空中廊道划设方式，为高密度时段/航段运行保留较充裕的空域。空中廊道位置和航线参与者两个关键因素的确定，都紧密依赖于时空序列关系。

（2）严重的航班延误，要求提高机场终端空域资源产能及其利用率（Farhadi et al., 2014）。对此，国际航空运输协会、欧盟和 FAA 以及多位学者都曾依据机场终端空域实时航迹点数据（包括高差、转向与变速等）和潜在资源占用时间，判别了不同时空尺度的热点空域（Bertsimas and Gupta, 2015），探索和测试了机场终端空域容量约束下的航空流组织模式（Sidiropoulos et al., 2017）。其共同特点是，建立起航迹点时空连续数据集在机场终端空域精准评估中的基础地位（Netjasov et al., 2011），也支持了终端空域的动态使用、重新划设与功能分区（Barrnhart et al., 2012）。

（3）MAS 的资源开发与配置在近年来也持续受到学者的关注。时空连续数据支持了 MAS 三维空域内航空流运动规律的揭示，辅助推导出无冲突动态路径，解决了航班无序流动等问题，协调了多个相邻机场的依赖关系。例如，Martín 和 Voltes-Dorta（2011）概括出影响 MAS 的两个因素：空间接近度和交通量；随后 Takebayashi（2012）就此提供了定量评测体系；Sun 等（2017）以时间度量标准界定了 MAS 范围，并描述了其规模扩张特性。以上研究证实，通过多机场协同决策（airport collaborative decision making, A-CDM）可最小化 MAS 机场间空域资源使用和时隙分配的非合作博弈。

1.3.4 研究方法

1. 高密度航空流识别

（1）空中廊道繁忙时段/航段识别方法，是针对廊道内高密度交通流进行资源动态配置而开发的。其技术路线是：由航班时刻和航迹点位置数据生成矢量航迹时空图（Xue and Zelinski, 2013），通过计算飞行距离纳入航线参与者，创建网格并在其上显示航线累计次数，进而以热格频数表征航空流峰谷波动；再通过阈值设定构建等级体系（董雅晴等，2018），从时间维、空间维以及时空交互维上动态识别空中廊道内繁忙时段/航段。其为实施空域结构评估、航线分配和拥堵疏通等策略提供了依据（Cai et al., 2017）。

（2）机场终端空域热区识别方法，是为实时模拟高密度终端航班的起降需求而开发的。其技术路线是：根据终端边界内航迹 4D 数据计算连续时间窗口内航迹点叠加次数，经时空数据集概率拟合检验，在多维参数曲面上通过热点衰减渐变色识别机场终端空域热区范围，包括方向和高度。相对于 2D 方法较少涉及多目标问题且没有关注航线高度因素（Li and Ryerson，2017）、3D 方法没有表述时间参数的具体影响且难以对不确定问题做更精准的描述（Bo et al.，2015），4D 热区识别方法较好地解决了这两个短板。

（3）MAS 航空流集簇识别方法，是以航迹数据时空聚类为基础而开发的，在流量、流时和流向系统识别方面有较大突破（Wang et al.，2014）。其技术路线是：以时空聚类（如采用间隙标准启发式时空聚类）、K 均值聚类等（Samà et al.，2015）为基础，通过计算至聚类中心的距离生成不同密度的航空流集簇（Witten and Tibshirani，2010），进一步将属于同一时间组的集簇依据抵离 MAS 的出/入口方向（角度）进行标注，用于识别 MAS 航空流的流量、流时和流向等诸方面特征，实现航迹冲突点上的时空耦合操作。这些航空流时空特征的识别为确定动态航线以及解决多机场需求不统一、流量不平衡等问题奠定了基础。

2. 飞行路径跨时空建模

在高密度航空流识别基础上，部分学者进一步致力于开发系列飞行路径跨时空模型，以解决各空域单元合理化设计问题（裴韬等，2019）。依照其逻辑关系可分为 3 类：①航班时刻模型。机场间的时刻协调被认为是提高空域资源配置效率的首选方案（Manley and Sherry，2010），该类模型为应对空域容量约束提供了一种基于时间的最优路径算法。例如，Chen 等（2009）为优化航班抵离路线开发了一个依据航班起降时间的精确布线模型；Li 等（2010）测试了多种不同的路径布局形式，并分别检验了对终端空域时隙安排的影响。②空间调配模型。该类模型包括确定最佳路径顺序的启发式调度模型（Yang and Hu，2010）以及为扩展的终端空域而设计的 MAS 最优航路模型，这两种模型分别用于飞行计划改变（Steiner et al.，2010）和 MAS 抵离航班的空间调节。③需求操作模型。该类模型用于路径冲突空域的按需分配和三维布线等。例如，D'Ariano 等（2015）在终端起降需求的配置过程中，又聚焦于时间维方面，给出了具有时间窗口约束的三维空域按需分层。这些模型均有助于解决密集区内交通汇聚与交通拥堵问题。

1.3.5 应用实践

以灵活动态为目标的空域资源配置变革引发了一系列实际应用，其核心是构建一种基于灵活空域使用（flexible use of airspace，FUA）/灵活空域管理（flexible airspace management，FAM）的新型空域组织形式（杜欣儒等，2016）。从 2015 年 FAA 和欧盟委员会运输移动总司关于灵活开发大西洋空域资源的决策[①]及 2016 年国际民航组织关于增加空中交通流量的举措[②]等来看，原来的空域资源配置解决方案未见明显效果均与 FUA/FAM

[①] https://ec.europa.eu/inea/ten-t/ten-t-projects/projects-by-country/france.

[②] https://www.icao.int/APAC/Meetings/2016 CIVMILIND/Presentation 10- Air Traffic Flow Management and Flexible Use of Airspace（AAI）.pdf.

应用不足有关（Clarke et al.，2014）。近年来，广泛使用时空连续数据统筹了空域系统相关要素的联动关系，弥补了传统空管技术的缺陷，对解决现实问题发挥了积极作用。

1. 空域拥堵/航班延误缓解

空域资源配置要素的多维度集合以及各空域单元高密度航空流识别方法的开发，为深刻揭示航空流运动规律奠定基础，进而实现优化配置空域资源，有效缓解空域拥堵/航班延误等问题。其体现出如下共同特征：协调了空域资源与人力技术行为（Bertsimas and Gupta，2015），通过调整飞行路线和分析系统网络效应，支持了空域资源与流量需求匹配（Netjasov et al.，2011）。例如，Agustín 等（2012）针对航空流管理问题评估了不同时段的空域拥堵和航线中断，提出了允许航班取消和改道的混合模型，在给定时间范围内灵活处理了航班地面滞留和空中延误；Vaaben 和 Larsen（2015）提出了一种将空域实况与飞行计划结合起来的方法，能更主动地应对由航线网络容量限制引起的空域拥堵，并将其应用到欧洲领空，理论上能降低 19%的航班延误。

航班延误事件本质上呈现为一种连续动力学过程，以上系统网络效应分析与实践，解释了航空网络中的特定链接关系及其对航班延误的调节作用。这与以前通过航班时隙资源分配保留剩余空域容量的策略相比、与以前将机场延误归因于系统容量管理程序滞后和管理效率缺陷相比、与以前给出的完善机场体系（增加机场或航线数量/培育新的枢纽机场/扩大机场基础设施建设）的航班延误破解方案相比，均体现了 FUA/FAM 特征，即通过航线自适应重构提高系统弹性保证系统效率（王莉莉和王航臣，2019），也表现出对空域资源充分开发利用的新认识，进一步说明了产生延误原因的特殊性和差异性。从中得到的启示是：应使用实时资源占用理念评估空中交通运行性能，为潜在资源使用者提供更多的选择机会。这对未来中国枢纽机场间航空网络结构改革和"空中大通道"建设[①]具有一定的借鉴意义。

2. 运营策略制定

空域资源配置应用实践的主要贡献之一是给出了一种基于动态路径的运营策略（Andreatta et al.，2011），即由先来先服务转变为基于策略的服务，以适应动态需求，其在 MAS 运营策略制定中的应用较为典型。2014 年 FAA 启动了 21 个 MAS 运营程序优化工程，这对 MAS 终端空域构建灵活共享路径有重要指示作用。在学界，Zietsman 和 Vanderschuren（2014）及 Sidiropoulos 等（2017）又基于航迹时空连续数据实质性改进了各关键性能指标，综合评估和实时模拟了圣保罗、开普敦和纽约等较复杂的 MAS，按不同业务领域提出了运营策略，使其交通流时空效率、容量等均表现出最佳状态。他们所给出的分析框架具有普遍适用性，为制定新的空中交通管理规则和可持续运营流程提供了支持。再后，Sidiropoulos 等（2017）还给出了纽约 MAS 繁忙时段终端空域设计理念，将其模拟为半径 150 km、高 7 km 的 3D 圆柱体，形成抽样时段抵离航班定向分布图，依其可检测抵离航班的集中分布和密度的时空变化。

---

① 三部门印发中国民用航空发展第十三个五年规划. http://www.gov.cn/xinwen/2017-02/16/content_5168506.htm.

MAS 终端空域资源重叠利用较单机场更加复杂，时空连续数据的深度应用，不仅有助于揭示 MAS 动态运行机制，而且有助于构建新的 MAS 空域结构。这既是一种为满足大密度复杂空域交通流需求构建的扩容简流模式（即当时间窗口流量较大、流向近似时疏解航空流，通过流量快速释放调节航班时刻资源分配矛盾）（Vincenzo and Pasqude，2014），也是一种时间异质性支配下 MAS 终端空域航空流动态组织技术，对解决多机场需求不统一和发挥空域固有能力都非常有用。这与以前注重 MAS 内部开发低密度区空域资源以及增加附加机场航班量分散大型枢纽机场压力的调整方式有较大不同，也与通过多机场时间窗口差异协调航班时刻资源的调整方式有较大不同，相对于传统 MAS 终端空域布线操作达到更高水平。从中得到的启示是：只有建立 MAS 各个机场相互依赖的新空域结构，替代静态固定扇区管理模式，使终端空域变得较为"通用"（空域共享）时，才能提高其全容量运营效益。

1.3.6　总结、启示与展望

1. 主要结论

在时空连续数据支持下，空域资源配置体现出结构性变革并形成新机制：由固定空域结构向动态空域结构转变。在研究对象上，流量/密度和容量基础要素的多维度表达以及具体空域单元的特征分析均向实时方向深化与拓展；在方法开发上，引进时间参数开发了空中廊道繁忙时段/航段识别、机场终端空域热区识别、MAS 航空流集簇识别技术，并与飞行路径跨时空模型相结合，形成鲜明的动态特色；相关应用实践均展现出 FUA/FAM 的前景，有利于解决空域拥堵/航班延误、运营策略制定与资源分配等现实问题。

2. 空域资源配置变革对我国的启示

国外研究表明，时空连续数据支持下空域资源配置变革的核心是以动态手段组织繁忙空域交通流，航空业发达国家和地区也均是基于动态空域配置的方式建立协调体制和协同管理模式。在此，动态评估、判断与操作构成了解决需求和容量不平衡问题的实现途径。实践证明，空中交通活动有序进行与空域资源充分利用之间保持协同是可行的，主动释放空域资源、形成最优空域配置是长远目标。这一点对我国建立军民航协同运行的空域配置机制具有借鉴意义：在民用空中交通受限时，利用军事闲置空域调整民用航线，使民航飞行次数最大化和航班延误最小化。具体过程是：依据不同时间窗口内民航受军事空域边界的影响程度，通过平移-旋转实现边界动态划设；依据不同时间窗口内民航拥堵程度，通过增设合并点/平行航线实现网络动态更改。其共同点是：改变传统的依赖人工经验划定静态空域边界和固定航线的做法，达到重组空域结构、分散航线流量压力的目的，满足大量民用空中交通进入特定空域的需要。

3. 面临问题与学科展望

依据相关研究成果对空中交通实时运动的描述、解释和推理，发现当前时空连续数据支持下的空域资源配置研究仍面临一些重要挑战。①时段-航段统筹：揭示不同时空单元（时间窗口或航段）内航空流异质性规律。未来需依据繁忙/空闲时段/航段系统效率的不同统筹空域资源配置各要素。②微观-宏观结合：协同宏观系统效应与微观单元验证。未来需关注宏观系统（如整体连续性以及 FUA/FAM 能力）与微观单元（如汇流点、航路段及扇区）的综合研究。③终端空域-飞行航路对接：将分散的机场终端空域、干支线航路在可航范围内组成互联的研究体系。未来需通过终端空域与航路的双向关系构建具体空域单元间及与较大空域范围的协作模型。④空域-地域一体化：构建空-地各飞行操作阶段的整体移动链。竞争环境下的网络协调不再局限于空中，而是推广到地面，未来需将空域及与其相关的陆域要素连接作为优化空域资源配置的一个重要研究方向。面对空域资源配置变革，以及文献评述中指出的国内研究缺陷，可对未来地理学视角的空域研究提出展望：①发挥综合研究优势，围绕以上重要挑战形成独特研究领域，构建新的空域研究体系。②理论建设，如依据实时航迹描述空域单元流量与容量的微时空理论、具有空间介质性和边界模糊性特征的空域资源理论、空域-地域一体化理论等。③目前我国已进入空域资源开发与组织形式演化的关键阶段，地理学参与构建空中交通时空数据集，并参与航线调整决策，这将助推国家建立快速反应的空中交通系统。

参 考 文 献

董雅晴, 路紫, 刘媛, 等. 2018. 中国空中廊道划设与时空拥堵识别及其航线流量影响. 地理学报, 73(10): 2001-2013.

杜欣儒, 路紫. 2016. 信息通信技术在空域协同管理决策中的应用——以危险天气条件下风险规避分析为例. 地球科学进展, 31(3): 269-276.

杜欣儒, 路紫, 董雅晴, 等. 2019. 机场终端空域航空流量热区云图模型及其北京首都国际机场案例研究. 地球科学进展, 34(8): 879-888.

杜欣儒, 路紫, 邸方, 等. 2016. 灵空域使用的设计方法与应用及其时间替代机制. 地球科学进展, 31(6): 643-649.

高伟, 路紫, 杜欣儒, 等. 2019. 京沪航线碳排放环境损害评估及其机型替代分析. 环境科学与技术, 42(7): 181-188.

贾鹏, 刘瑞菊, 杨忠振. 2013. 基于陆域和空域运输系统的空港可达性评价方法研究. 经济地理, 33(6): 91-97.

刘方勤, 胡明华, 张颖. 2011. 基于航路耦合容量的协同多航路资源分配. 航空学报, 32(4): 672-684.

路紫, 杜欣儒. 2015. 国外空域资源开发利用的理论基础、方法论变革与实践. 地球科学进展, 30(11): 1260-1267.

马恩朴, 蔡建明, 韩燕, 等. 2020. 人地系统远程耦合的研究进展与展望. 地理科学进展, 39(2): 310-326.

马园园, 胡明华, 张洪海, 等. 2015. 多机场终端区进场航班协同排序方法. 航空学报, 36(7): 2279-2290.

闵士权. 2013. 我国天基综合信息网构想. 航天器工程, 22(5): 1-14.

裴韬, 刘亚溪, 郭思慧, 等. 2019. 地理大数据挖掘的本质. 地理学报, 74(3): 586-598.

王法辉, 金凤君, 曾光. 2003. 中国航空客运网络的空间烟花模式研究. 地理科学, 23(10): 519-525.

王姣娥, 景悦. 2017. 中国城市网络等级结构特征及组织模式：基于铁路和航空流的比较. 地理学报, 72(8): 1508-1519.

王莉莉, 王航臣. 2019. 突发事件下大规模空中交通流量管理的组合优化模型. 航空学报, 40(8):

223-235.

熊琛然, 王礼茂, 屈秋实, 等. 2020. 地缘政治风险研究进展与展望. 地理科学进展, 39(4): 695-706.

徐晨晨, 廖小罕, 岳焕印, 等. 2019. 基于改进蚁群算法的无人机低空公共航路构建方法. 地球信息科学学报, 21(4): 570-579.

张菁, 路紫, 董雅晴. 2019. 京津石 MAS 终端空域航空流动态分析及其应用展望. 地理与地理信息科学, 35(5): 73-79, 117.

张衔春, 杨林川, 向乔玉. 2015. 空港经济区法定空间规划体系内容识别与优化策略. 地理科学进展, 34(9): 1123-1134.

张一诺, 路紫, 丁疆辉. 2020. 京广空中廊道系统延误弹性测算与航空流运行结构分析. 热带地理, 40(2): 194-205.

张一诺, 路紫, 杜欣儒, 等. 2019. 时空连续数据支持下的空域资源配置研究: 评述与展望. 地球科学进展, 34(9): 912-921.

Adey P, Budd L, Hubbard P. 2007. Flying lessons: exploring the social and cultural geographies of global air travel. Progress in Human Geography, 31(6): 773-791.

Agustín A, Alonso-Ayuso A, Escudero L F, et al. 2012. On air traffic flow management with rerouting. Part I: deterministic case. European Journal of Operational Research, 219(1): 156-166.

Akar G. 2013. Ground access to airports, case study: Port Columbus International. Journal of Air Transport Management, 30(6): 25-31.

Andreatta G, Capanna L, de Giovanni L, et al. 2014. Efficiency and robustness in a support platform for intelligent airport ground handling. Journal of Intelligent Transportation Systems, 18(1): 121-130.

Andreatta G, Dell'Olmo P, Lulli G. 2011. An aggregate stochastic programming model for air traffic flow management. European Journal of Operational Research, 215(3): 697-704.

Barrnhart C, Bertsimas D, Caramanis C, et al. 2012. Equitable and efficient coordination in traffic flow management. Transportation Science, 46(2): 262-280.

Bertsimas D, Gupta S. 2015. Fairness and collaboration in network air traffic flow management: an optimization approach. Transportation Science, 50(1): 57-76.

Bhatia U, Kodra E A, Ganguly A R, et al. 2018. Resilience of the US national airspace system airport network. IEEE Transactions on Intelligent Transportation Systems, 19(12): 3785-3794.

Bo W, Kharchenko V, Chynchenko Y. 2015. Estimation of effect of uncertainty factors on safety of air traffic flows in terminal control areas. Proceedings of the National Aviation University, 65(4): 22-27.

Budd L, Adey P. 2009. The software-simulated airworld: anticipatory code and affective aeromobilities. Environment and Planning A: Economy and Space, 41(6): 1366-1385.

Burleigh S, Cerf V G, Crowcroft J, et al. 2014. Space for internet and internet for space. Ad Hoc Networks, 23(12): 80-86.

Cai K Q, Zhang J, Xiao M M, et al. 2017. Simultaneous optimization of airspace congestion and flight delay in air traffic network flow management. IEEE Transactions on Intelligent Transportation Systems, 18(11): 3072-3082.

Campanelli B, Fleurquin P, Arranz A, et al. 2016. Comparing the modeling of delay propagation in the US and European air traffic networks. Journal of Air Transport Management, 56(8): 12-18.

Cao X B, Zhu X, Tian Z C, et al. 2018. A knowledge-transfer-based learning framework for airspace operation complexity evaluation. Transportation Research Part C Emerging Technologies, 95(10): 61-81.

Chen B, Cheng H H, Palen J. 2009. Integrating mobile agent technology with multi-agent systems for distributed traffic detection and management systems. Transportation Research Part C: Emerging Technologies, 17(1): 1-10.

Clarke J P, Ren L, Mcclain E, et al. 2014. Evaluating concepts for operations in metroplex terminal area airspace. Journal of Aircraft, 49(3): 758-773.

Cosgrove D. 1994. Contested global visions: one-world, whole-earth and the apollo space photographs. Annals of the Association of American Geographers, 84(2): 270-294.

D'Ariano A, Paceiarelli D, Pistelli M, et al. 2015. Real-time scheduling of aircraft arrivals and departures in a terminal maneuvering area. Networks, 65(3): 212-227.

Farhadi F, Ghoniem A, Al-Salem M. 2014. Runway capacity management–an empirical study with application to Doha International Airport. Transportation Research Part E: Logistics and Transportation Review, 68(8): 53-63.

Finke C, Butts J, Mills R, et al. 2013. Enhancing the security of aircraft surveillance in the next generation air traffic control system. International Journal of Critical Infrastructure Protection, 6(1): 3-11.

Gerdes I, Temme A, Schultz M. 2018. Dynamic airspace sectorisation for flight-centric operations. Transportation Research, Part C: Emerging Technologies, 95(10): 460-480.

Guarini M R, Locurcio M, Battisti F. 2015. GIS-Based Multi-Criteria Decision Analysis for the "Highway in the Sky". International Conference on Computational Science and Its Applications.

Hollan J, Hutchins E, Kirsh D. 2000. Distributed cognition: toward a new foundation for human-computer interaction research. ACM Transactions on Computer-Human Interaction, 7(2): 174-196.

Hutchins E. 1995. Cognition in the Wild. Cambridge, MA: MIT Press.

Jung J, Lee P, Kessell A, et al. 2010. Effect of Dynamic Factor Boundary Changes on Air Traffic Controllers. Toronto, Canada: AIAA Guidance, Navigation and Control(CNC)Conference and Exhibit.

Kaplan C. 2016. Mobility and war: the cosmic view of US air "power". Environment and Planning A: Economy and Space, 38(2): 395-407.

Kistan T, Gardi A, Sabatini R, et al. 2017. An evolutionary outlook of air traffic flow management techniques. Progress in Aerospace Sciences, 88(1): 15-42.

Li M Z, Ryerson M S. 2017. A data-driven approach to modeling high-density terminal areas: a scenario analysis of the new Beijing, China airspace. Chinese Journal of Aeronautics, 30(2): 538-553.

Li W, Dib M V P, Alves D P, et al. 2010. Intelligent computing methods in air traffic flow management. Transportation Research Part C: Emerging Technologies, 18(5): 781-793.

Lin W Q. 2020. Evental infrastructure: momentous geographies of technoscience production. Annals of the American Association of Geographers, 110(6): 1770-1786.

Lintern G. 2011. The airspace as a cognitive system. The International Journal of Aviation Psychology, 21(1): 3-15.

Mahony M. 2019. Historical geographies of the future: airships and the making of imperial atmospheres. Annals of the American Association of Geographers, 109(4): 1279-1299.

Manley B, Sherry L. 2010. Analysis of performance and equity in ground delay programs. Transportation Research Part C: Emerging Technologies, 18(6): 910-920.

Mardani A, Zavadskas E K, Khalifah Z, et al. 2016. Multiple criteria decision-making techniques in transportation systems: a systematic review of the state of the art literature. Transport, 31(3): 359-385.

Martín J C, Voltes-Dorta A. 2011. The dilemma between capacity expansions and multi-airport systems: empirical evidence from the industry's cost function. Transportation Research Part E: Logisticsand Transportation Review, 47(3): 382-389.

Netjasov F, Janić M, Tošić V. 2011. Developing a generic metric of terminal airspace traffic complexity. Transportmetrica, 7(5): 369-394.

Peng H, Wang H, Du B, et al. 2020. Spatial temporal incidence dynamic graph neural networks for traffic flow forecasting. Information Sciences, 521(6): 277-290.

Psaraki V, Abacoumkin C. 2002. Access mode choice for relocated airports: the new Athens International Airport. Journal of Air Transport Management, 8(2): 89-98.

Samà M, d'ariano A, d'ariano P, et al. 2015. Air traffic optimization models for aircraft delay and travel time minimization in terminal control areas. Public Transport, 7(3): 321-337.

Sergeeva M, Delahaye D, Mancel C, et al. 2017. Dynamic airspace configuration by genetic algorithm. Journal of Traffic and Transportation Engineering, 4(3): 300-314.

Sidiropoulos S, Han K, Majumdar A, et al. 2017. Robust identification of air traffic flow patterns in metroplex terminal areas under demand uncertainty. Transportation Research Part C: Emerging Technologies, 75(2): 212-227.

Steiner M, Bateman R, Megenhardt D, et al. 2010. Translation of ensemble weather forecasts into probabilistic air traffic capacity impact. Air Traffic Control Quarterly, 18(3): 229-254.

Sun X, Wandelt S, Hansen M, et al. 2017. Multiple airport regions based on inter-airport temporal distances. Transportation Research Part E: Logistics and Transportation Review, 101(5): 84-98.

Sunil E, Ellerbroek J, Hoekstra J, et al. 2017. Analysis of airspace structure and capacity for decentralized separation using fast-time simulations. Journal of Guidance, Control, and Dynamics, 40(1): 38-51.

Takebayashi M. 2012. Managing the multiple airport system by coordinating short/long-haul flights. Journal of Air Transport Management, 22(5): 16-20.

Tao R, Thill J C. 2016. Spatial cluster detection in spatial flow data. Geographical Analysis, 48(4): 355-372.

Tsamboulas D A, Nikoleris A. 2008. Passengers' willingness to pay for airport ground access time savings. Transportation Research Part A: Policy and Practice, 42(10): 1274-1282.

Vaaben B, Larsen J. 2015. Mitigation of airspace congestion impact on airline networks. Journal of Air Transport Management, 47(5): 54-65.

Vincenzo F, Pasquale M, et al. 2014. Airport development and sustainability: a case of multi-airport system in Italy. International Journal of Sustainable Aviation, 1(1): 13-24.

Wang C, Han B, Wang F. 2014. Identification of prevalent air traffic flow in terminal airspace based on trajectory spectral clustering. Journal of Southwest Jiaotong University, 49(3): 546-552.

Witten D M, Tibshirani R. 2010. A framework for feature selection in clustering. Journal of the American Statistical Association, 105(490): 713-726.

Xue M, Kopardekar P H. 2009. High-capacity tube network design using the hough transform. Journal of Guidance Control and Dynamics, 32(3): 788-795.

Xue M, Zelinski S. 2013. Optimal integration of departures and arrivals in terminal airspace. Journal of Guidance, Control, and Dynamics, 37(1): 207-213.

Yang S W, Hu M. 2010. Robust optimization of aircraft arrival and departure flow allocation based on dynamic capacity. Journal of Southwest Jiaotong University, 45(2): 261-267.

Yousefi A, Zadeh A N. 2013. Dynamic allocation and benefit assessment of NextGen flow corridors. Transportation Research Part C: Emerging Technologies, 33(8): 297-310.

Zietsman D, Vanderschuren M. 2014. Analytic hierarchy process assessment for potential multi-airport systems—the case of Cape Town. Journal of Air Transport Management, 36(3): 41-49.

第 2 章　动态空域配置

2.1　动态空域配置理论与方法论变革

固定的空中交通运行系统和功能已难以适应航路结构和空域需求的巨大变化，这引发了空域资源配置由静态为主向灵活动态的演进，时空连续数据的挖掘和应用支持了这个过程。综述近些年国内外相关研究成果可见，从基础要素的多维度表达到具体空域单元的特征分析，均向实时方向深化与拓展，并表现出新机制；引进时间参数开发了系列高密度航空流识别方法，并与飞行路径跨时空模型相结合，形成鲜明的动态特色；相关应用与实践均体现出空域资源配置的结构性革命，推动解决空域拥堵、航班延误与资源分配等现实问题。国外动态空域资源配置研究与实践，对我国具有积极的借鉴意义。然而，航空管理部门在同时应对空侧能力发挥和多维度参数变化时，仍然面临时段-航段统筹、微观-宏观结合、终端空域-飞行航路对接、空域-地域一体化等方面的挑战。未来，地理学需进一步发挥自身优势，构建新的空域研究对象，并进一步开展研究工作。

2.1.1　背　　景

针对航空运输需求与空域资源利用矛盾凸显的问题，2015 年 6 月，美国联邦航空管理局（FAA）和欧盟委员会运输移动总司签署针对空中现代化交通管理的"美国和欧洲无缝隙飞行扩展服务"协定，旨在 SESAR 领域合作，联合开发大西洋空域资源。我国已将改革低空空域管理体制作为重大战略决策，呈孤立分布的监视或报告空域有望连片，空域利用正朝着灵活与高效迈进。2014 年 9 月，国际航空器拥有者及驾驶员协会（IAOPA）、国际通用航空制造商协会（GAMA）等联合召开"第 27 届 IAOPA 世界会员大会暨第四届中国低空经济论坛"，针对我国《低空空域管理改革实施细则》和我国低空政策以及空域资源充分开发利用的机遇与挑战等主题，旨在借鉴国际标准谋划我国空域分类管理的模式、制度机制和服务保障体系，以优化空域划设。

空域是一定的空气空间，人类对空域持续利用，显现出空域资源与陆地各类自然资源一样具有综合功能属性，如资源本身特征，又如开发利用效益状况，还如国家安全、飞行管制能力、通信导航需要、地面设施分布等，所以空域资源开发利用也将是综合要素的协调。通过确定不同空域功能区的边界、资源关系、承载能力，建立一定的等级系统，并赋予某种特定功能，引导各要素有序流动。目前，合理干预空域资源开发利用和有效服务空域功能格局的理论基础与方法都在经历重大转变。

2.1.2 理论基础

1. 新一代航空运输体系

新一代航空运输体系（NextGen）是美国为提高空中运营效率、增加机场吞吐量、保证到达准时度以及确保航空安全而提出的，最终目的是为空域用户提供更大益处，基础是利用新模式、新技术（如星基导航、监视和以网络为中心的系统），组成是通信、监视、导航和空中交通管理4个部分，建设重点是卫星技术、数据链技术和计算机网络。为使空域资源可持续利用，新一代航空运输体系分为两个领域以完善空域制度：①通过建立协调机制处理通用航空、航空运输、军用航空间的交通服务问题和那些军航可能危及民航空中活动的问题。其在考虑不同航空主体需求的基础上，将军民航的通信、导航与监控统一起来，集中进行交通管制，实行"天空开放"。②在NextGen支持下，航空器将按照自身的GPS导航系统进行最短航线选择，在地面导航台的辅助配合下提高飞行自由度。

NextGen具有完整性、统一性和标准性：①通信、导航、监视等硬件的完整性和数据信息、法律法规等软件的完整性，以及航空、技术、信息、政府等参与部门的完整性。②不同用户需求以及不同终端设备的统一性，在全球基础上实现信息系统兼容。③卫星技术、计算机技术、通信技术、自动化技术，以及航空信息、天气信息、技术信息以及管理信息的标准性。近年来，卫星对地观测（张衍春等，2015）、云分析预报（韩成鸣等，2015）等为其奠定了标准化基础。

NextGen不再是由航空部门独立构成，而是由网络部门、政府部门和技术部门共同构成（Finke et al.，2013）。网络部门是基础，旨在推进网络数据通信服务系统和监视系统建设，使航空信息（低空管制、飞行情报、飞行状态、地面导航、管制指挥）、气象信息（终端空域天气类型及其容量影响）、市场信息（客源地）传递通畅。政府部门涉及法律支持与制度支撑，前者旨在完善现有法律制度和技术标准。《中华人民共和国民用航空法》明确空域资源是一种国家准公共产品，并对国家经济、社会发展发挥重要作用，明确空域管理组织方式与运行机制、各类空域的飞行规则和所需性能及空管服务标准等。军民航空域管理部门按照上述国家法律法规修订相应的规章、规范，依据空域分类标准和所需性能制定航空器机载空管设备配备标准。后者从国家空域资源整体考虑，统一划分管制区，采取空域资源按需分配、对空域用户合理分类、按空域实际需要划分空域结构的管理方法。安全部门旨在实现内外有别的空防管理：根据国家空防任务形式划设防空识别区；将重要设施、炮射区域等划设为空中禁区、限制区和危险区；将军事活动空域划定为特殊使用空域。

2. 灵活空域使用与灵活空域管理

1）灵活空域使用：资源利用思想的变革

灵活空域使用（FUA）是空域资源系统开发利用与合理运行的一种思想变革，突破了军用空域或民用空域的指定，确定任何所需空域为一种连续空域并灵活使用，隔离只具有临时性质，旨在解决军民航根据自身需要的空域资源使用上的矛盾。这种空域制度，更多是针对以往航空活动实行审批制度阻碍其需求而提出的。目前，国外普遍实行民航主导、空域资源对民航开放的空域灵活使用与管理政策。

美国通过国家空域系统（NAS）率先建立了军民航协调机制，即自由飞行和管制飞行共存模式。欧洲航空安全组织也采用"FUA"策略，在多个国家间实现了"同一天空"，使用适当的空域管理程序解决地面延误或改变路线问题，根据特定时间段内空域实时使用情况，将空域划分为民事或军事。澳大利亚在国家空中交通管理系统（the Australian advanced air traffic system，TAAATS）的支持下实时监控所有飞行数据，包括管制员的意图、隔离空域需要等，在空域管理中发挥重要作用。此外，德国军民航也通过空域管理单元（airspace management cell，AMC）进行航空协调；印度经过十多年的谈判后民航终于与军方共享空域；日本空域协调问题不仅涉及本国军民，还涉及驻日美军，经协商后问题也得到解决。这些国家的共同特点是：通过实时军民航协调，充分利用未使用空域，重新组织划设某些军用和民用空域，支撑空域灵活使用，其比传统的交通流量管理，如空中管制、航班改变路线等提供了更多的用户利益。实践证明，建立与空域灵活使用相适应的空域分配方法，能保证实现空域的高效使用与管理。

2）灵活空域管理

（1）来源：在"FUA"基础上的"灵活空域管理"（FAM）系统是 FAA 的 NextGen 的主要组成部分。这一概念最初是针对高空空域提出的。在高空空域，航空器配备空对地数据通信，并进行轨道操作，根据用户优先选择路线和所需导航性能，为管理者和空域用户提供最大灵活性和效率，逐渐扩展到抵航或离航空域及其特殊活动空域。

（2）内容：通过重构空域边界以及使用更灵活的方式，在多个均衡网络流量区域间形成动态分配能力，减少管理交通流量的限制。又通过 FAM 的操作，使空域配置动态地适应特殊情况下产生的交通需求失衡和空域堵塞状况。空域容量由各空中导航服务提供商与各空中交通组织，如指挥中心、交通管理单位和信号塔设施共同确定并平衡。

（3）方法：使用动态空域配置（dynamic airspace configuration，DAC）的"修复补丁发布区"和区域结合与拆分的方法，包括空域重构、FUA 和通用空域设计，将预定义空域在功能区间自由切换，以满足特殊情况下用户的交通需求，如设备段供、天气事件规避、特殊空域使用和交通流量更改等。这一方法应用于 FUA 时，需与一些人本因素相结合，如空域意识模型、态势感知、工作负荷和通信等。

3）方法与模拟研究回顾

方法与模拟研究为 FAM 系统发展奠定了后续设计与实施的基础。选择适当的空域配置和解决方案具有挑战性，美国国家航空和航天局（National Aeronautics and Space Administration，NASA）为确定 FAM 的潜在优势，使用了多种空域优化方法，探索空域优化配置选项，目的是更好地分配管理者的工作负荷和更有效地利用空域。最新研究关注人本因素辨别问题以及 FAM 技术处理问题：①评估 FAM 操作提供的优势是否破坏安全性能。研究表明，通过重构空域来监测交通变化，具有降低工作负荷、提高容量的优势。为了应对更改，已注重流量的长时间预测。②考查空域优化算法在 FAM 操作中的潜在作用（Brinton and Pledgie，2008）。特别是探讨通过设计者人工重构空域来检查算法生成的设计方案是否有利于重构过程（Xue，2009）。研究表明，其程序具有整体可行性，空域配置能动态地满足交通需求。

高效仿真模拟研究在空域配置中具有巨大优势，包括增加空域容量和更好地分配跨区域的工作负荷。2009 年，在 NASA 的空域操作实验室进行的"人在回路"（human-in-the-loop）模拟实施中，为了更好地了解管理者处理空域重构的能力，增加空域容量更改范围，在操作环境中纳入了高空空域的技术假设，从频率、规模和交通量 3 个方面考察了空域边界更改设置，重点是检查不同范围和边界的空域配置更改对管理者的影响（Jung et al.，2010）。结果表明，即使在高交通流量期间实施空域重构也是可行的，空域重构可发生在高空空域与完整数据通信能力环境下（Lee et al.，2010a）。设计者依据不同区域设计和边界更改的反馈，还形成了空域意识模型（Lee et al.，2010b）。"人在回路"研究结果给研究人员提供了可实行及可接受的空域重构类型。其实施环境包括：航空器配备完整的数据通信系统；地面具有自动化冲突检测和解决（CD & R）能力；地对地数据通信畅通；实施了实时互动交流的轨道和空域管理计划；已完成算法生成的空域配置；可在必要时依据交通预测状况修改航空器轨道。

3. 平衡扇区工作负荷

美国 NAS 将空域划分成由空中交通管制员（air traffic controller，ATC）组成的扇区，进一步强调了空域重构对空域资源的充分利用。Delahaye 等（1994）已归纳了 ATC 的扇区工作负荷：监视工作的负荷（检查飞机轨迹、提交飞行计划），避免冲突工作的负荷（解决航空器彼此接近时的危险问题），协调工作的负荷（航空器离开一个 ATC 的管制区域进入另一个管制区域时，与航空器间的信息交换）。Kopardekar 等（2007）指出了在 ATC 制度中引进自动分区方法的先进性。McNally 等（2008）在 DAC 领域的研究表明，空域资源有效配置实时调整的动态"重新空域分区"模式是基于 ATC 的负荷而形成的。FAA 也希望现有的扇区尤其是超负荷的 NAS 区域，能更好地适应该空中交通模式。Doble 等（2008）讨论了 DAC 方案在打开或关闭扇区时的优势，证明了终端雷达方法控制的可接受性。此外，一些空域扇区重新设计突破了航路交通管制中心区域内部限制，推广到航路交通管制中心外的扇区的调整和改变上。当然，采用 DAC 还有很多操作和人本因素问题，需要在 NextGen 中进一步解决。

诸多学者深入研究并提出了平衡扇区工作负荷的方法，如使用遗传算法生成泰森多边形图（Xue，2008），将平面分成多个细胞体立面，通过进化的算法把空域随机分区，保证所有扇区具有凸性，即航空器不会穿过同一个扇区。Trandac 等（2002）根据扇区工作负荷的冲突以及 ATC 协调，提出一种约束性的扇区规划方法。Klein 等（2008）引用了一种 DAC 转移飞行计划的灵活方法，使某些程式的空域配置可以共享，扫描空域确定扇区工作负荷的超载，并将其重新分配到共享扇区，这也代表了使用共享概念处理动态适应性问题的发展。另外，为了避免扇区边界破坏带来不同的 DAC 需求模式的变化，Tien 和 Hoffmann（2009）开发了一种更有效的使用多 ATC 增加扇区能力的方法，即混合整数规划（mixed integer programming，MIP）模型，整合某些虚拟节点，以适应 ATC 工作负荷。Mitchell 等（2008）设计了一个递归算法进行给定多边形区域的分区，通过减少连串的分区达到扇区间工作负荷平衡，其机制是利用平均工作量协调峰值工作负荷。Basu 等（2009）研究了用 DAC 进行时空轨迹几何分区的问题，通过减少给定扇区的工作负荷或减少扇区的数量来满足工作负荷要求，还讨论了处理负荷平衡、电子分配区域、传感器网络等分区方法。以上研究成果丰富或改进了现行的扇区平衡技术和航空器服务技术，应对不断扩大的航空系统，实施了事前预防的安全管理方法，使有限的空域资源发挥出更大的效益。

2.1.3 方法论变革

1. 基于算法生成的空域配置设计

根据 FAM 的概念，为了应对和满足可能的或给定的交通状况变化所需的空域，目前主要利用空域配置优化算法，来生成各种空域重构，即预先设计或选用一组预定义边界或区域选项来进行，其与没有空域重构算法而自动生成或由设计者人工创建的条件相比更为有效。在 FAM 操作中形成了 4 种空域配置优化算法：动态空域单位切片（DAU Slices）、细胞几何区域（CellGeoSect）、区域流动（SectorFlow）和泰森多边形（Voronoi）图。不同算法给设计者提供了不同的机会，来更好地了解具体的设计因素和解决途径。动态空域单位切片通过一系列周边区域间的增量片单位划分出动态空域，这些单位分配提供给特定空域内能够有效分配交通流量需求的合适区域，新的功能分区在特定时间间隔内生成并更改（Klein et al.，2008）。细胞几何区域把空域划分成小六角形细胞网络，来平衡航空器停留时间以及区域间数量不均匀问题（Xue，2009），系统地结合相邻细胞共享交通流量。区域流动创建空域边界并根据界定的聚类准则产生聚类文件，通过聚集时间采集的航空器位置，将航空器分配给合适的聚类填补空旷区域调整空域密度（Kopardekar and Magyarits，2003）。泰森多边形图用于将空域分割为凸形区域，形成一套相关的生成点，用以减少预定义的度量标准（如航空器数量、飞行时间、区域边界过境点数量等），满足最终状态目标，保证重构选项不仅在横向范围也可以在纵向范围的优化设置（Xue，2009；Kopardekar and Magyarits，2003）。

2. 从动态空域配置（DAC）到动态空域分区（DAS）的转变

为实现空域容量需求平衡的目标，相关部门越来越注重流量动态变化，改变往多通过调整飞行轨迹时空结构以及 ATC 的数量以满足空域用户需求（Lee et al., 2008）。DAC 是一种面对空域资源开发与空域容量管理的挑战而提出的高度多样化的运营模式，能同时满足交通约束条件和复杂性结构（Kopardekar et al., 2007）。由于各种人为因素影响及自身局限性，其在扇区和空域重新配置操作上的应用还很有限（Mitchell et al., 2008）。动态空域分区（dynamic airspace sectorization, DAS）是空域重组的一种新方法，能实现需求和容量的平衡，减轻空中交通管制员的工作负荷，确保空中交通的有序性。DAS 可以基于动态密度措施（如交通流量、航空器密度、扇区边界、扇区时间可变性和速度变化）、ATC 的工作量和扇区的几何约束（如凸性、棱镜约束）等，重新对空域扇区进行动态配置。

DAS 针对的是多个相互矛盾目标出现后的问题，这时 ATC 难以创建大量碎小的空域扇区，也不能将扇区进行组合，以免造成一个扇区内工作负荷过大。有学者通过扇区间的调整以及交通流量的削减，提出了多目标的 DAS 方法（Brinton and Pledgie, 2008; Xue, 2008），保证交通过境点和扇区边界的距离，以使 ATC 有足够的时间去应对潜在冲突，在一个可操控的时间环境中使 DAS 适应频繁的交通变化和成本最小。DAS 方法的重要基础是空中航班流量数据，如速度、航向、高度等，这些数据来源于给定时间窗口对空中飞行轨迹的统计，可生成横向图和横向热点图，表述交通流量的过境点特征（Tang et al., 2012）。

3. 2D-DAS 算法

常用的二维动态空域功能分区（2D-DAS）算法与空域配置优化算法原理相近，基本算法有 3 种：①飞行轨迹聚类（flight trajectory clustering）算法，即基于飞行轨迹和飞行位置的集群（Brinton and Pledgie, 2008），由飞行线路进行分组形成扇区边界，再由飞行轨迹组成空中交通流，使每个轨迹构成一个时空数据集，通过该集群对空域进行功能分区。②混合整数规划（MIP）算法，根据工作负荷和连接性对空域六边形细胞进行集聚（Mitchell et al., 2008; Tang et al., 2012），依据细胞内飞行器数量确定每个细胞的承载力，航班从一个细胞 i 流入，从相邻细胞 j 流出，每个细胞的工作量即最终的流量。③遗传算法（genetic algorithm, GA），GA 将一个空域分解为在周围产生点的子扇区（Xue, 2008; Han and Zhang, 2004），空域内所有的点以及由这些点产生的点比其他空域内产生的点更接近，用 GA 给定参数可将泰森多边形的点进行优化。

2D-DAS 算法较少涉及多目标问题，特别是 2D 在功能分区时对航空器爬升高度考虑缺失，而在过渡空域设计中爬升高度又是关键部分，针对高度维上的研究，最近已开始关注 3D-DAS 算法。Mitchell 等（2008）拓展了 2D-DAS 算法，将空域视为三维空间中平均分布的细胞，将启发式空域分割方法用于扇区形成，并进行 3D 功能分区。一般是利用 GA 确定个体初始位置，并将基于个体模型（agent based model, ABM）用于确定细胞的集群，使每个个体代表一个扇区，在空域内找到并组成最佳的细胞和进入扇区的三维空间。然而，ABM 违反了棱镜约束致使 ATC 难以在屏幕上进行空中交通管理，并且 ABM 具有嵌入式扇区和非凸性的形状，使得航班可以多次进入同一扇区，从而增加了 ATC 的工作负荷。这种依据空中交通通用性和工作负荷的方法，不能提供最佳的 DAS 解决方案。

4. 3D-DAS 算法

经多种不同模型的改良，新的 3D-DAS 算法能较高效地使用空中交通数据考虑多目标（工作负荷平衡和扇区飞行时间）优化，对 ABM 的 3D-DAS 性能和效率进行分析、比较、评价后发现，3D-DAS 算法能针对空中交通需求的波动对空域进行重新分区，除了满足棱镜约束、凸性、嵌入式扇区外，还具有形状多样性的特征。形状多样的扇区为空中交通流量校准及扇区间保持必要的最小距离边界和交通流过境点提供了更大的灵活性。

根据以上描述，ABM 的局限性使其难以在 3D-DAS 实践中得到应用，其产生原因和可能的解决方案为建立一种改进的基于个体模型（iABM）提供了基础，将相同水平或者垂直的细胞进行分组，由一组航线和过境点组成的无向横向图来描述空域结构，与现有的模型相比，提高了棱镜约束的满意度，降低了计算成本。iABM 作为一种改进的 3D-DAS 个体模型，克服了一些 ABM 模型的限制，较好地考虑了 ATC 工作量和扇区复合交通流，除了满足棱镜约束、凸性、最小距离和最小穿越时间的需要外，解决了扇区交通最大化和空中交通管制员的工作负荷问题，包括监视工作负荷、协调工作量负荷、避免冲突负荷等。

5. 在流量管理与平衡扇区中的应用

美国空域需求是完全动态的，当前空域资源配置主要还是利用历史的空中交通流模式，某些情况下会影响扇区能力并减少交通流量。为了更好地利用空域资源，FAA 一直探索 DAS 方法，调整空中交通流静态扇区边界以扩大扇区能力（Basu et al., 2009）。一个应用实例是依据 Metron Aviation 的 1 936 次航班通过美国俄亥俄州克利夫兰附近空域的情景描述。为达到工作负荷公平分配，工作负荷值需满足：

$$w_{X_1} = \frac{w_X + S^+ - S^-}{2} \quad (2\text{-}1)$$

$$w_{X_2} = w_X - w_{X_1} \quad (2\text{-}2)$$

式中，X 为初始设置的指定多边形；X_1 和 X_2 为 X 的两个子扇区；S^+ 和 S^- 为 MIP 集群约束条件的格网集合。这些扇区被复制在 3 个高度（24 000～31 000 ft[①]、31 000～36 000 ft、36 000 ft 以上）上，涵盖了原空域的整个封闭体，使得航空器平均数量和峰值数量分别减少 8.6%和 9.5%，扇区总工作负荷的平均值和峰值分别减少 20.5%和 28.6%。不限制可解决问题的次数和持续时间，对相关扇区的工作负荷评估可见，所有 3 个高度空域的

---

① 1 ft=3.048×10⁻¹ m。

航空器数量分布与扇区配置更加平衡（Sherali and Hill，2013）。

考虑工作负荷的扇区配置仍然存在一些缺陷。分层扇区之间对应的高度有很大不同，可能会对 ATC 在不同高度的扇区间转换操作产生影响，该方法分别在每一层生成扇区，而在跨越多个高度层的情况下，难以定义特殊水平空域扇区的交通密度。这些潜在缺陷是"人在回路"设计空域功能时需要考虑的问题，Mitchell 等（2008）在这方面提供了很好的讨论。

2.1.4 总结与展望

（1）当前空域资源开发利用的理论创新主要体现在 NextGen、FUA 及平衡扇区的变革与应用问题上，包括原理、框架结构、概式、模型等，其为统筹空域资源开发、确定空域网络功能、协调基础设施与空间管治提供了依据。近来 3D-DAS 算法给出了启发式空域分割的基本构思，在灵活空域管理中发挥了动态优势，以适应空域边界自由切换，减少了飞行需求和空域容量之间的不平衡，使峰值工作负荷得到公平分配。

（2）地理学一直关注空间事物的描述、解释、预测和应用（傅伯杰等，2015），21 世纪以来地理空间研究开始涉及空域问题。相对于陆域和海域（刘慧和苏纪兰，2014）地理空间要素的边际特征而言，空域边界更趋向模糊，并且空域资源也不是一个静态的绝对空间的概念，而是一个反映更多相互关系的过程；同时，空域使用类型划分和功能分区，以及作为新时期空间管治科学化的重要举措，焦点是空域体制改革和空中交通管理。这些都成为地理空间研究深刻变化所体现出的重要学科议题。

（3）具体分析可见，地理学在空域研究中能发挥多方面作用：在对象和内容上，空域资源及其潜力作为人类发展的新方向，是地理学资源研究的一个组成部分，包括资源规律、资源价值及其开发行为等，地理学与空域学交叉并深化，将衍生出新的研究领域。在理论和方法论上，地理学在应用陆域功能分区理论于空域时，将地理空间思想融入空域分析框架中，并且应用空间相互作用理论，有利于实现陆-空联动与融合。地理学对空域学的最大贡献就在于提供了一种对接空域资源与地域特征的新思路。在实际应用上，地理学视空域为一个应用领域。目前，我国正进入空域资源开发与空域资源组织形式演化的关键阶段，对空域资源的依赖加强，从地理学视角揭示空域形态特征、创新方法应用、统筹基础设施及空间管治与协调，对于改善宏观的空域资源利用与微观的扇区管理具有重要意义。

（4）展望未来地理学关于空域的研究，还需从更高层次上理解、展示、融合与重组空域资源开发利用的新元素，进一步推进适于空域类型划分的系统方法的开发，侧重解决基于不同等级、不同类型、不同使用方式的基础设施和路网结构的技术应用问题。为了评估这一思想的可行性，需具体回答如下问题：怎样用地理学的态度对待、认识、探索空域资源在改变区域结构上的作用；怎样用地理学方法创新空域资源开发以适应空中交通需求变化，并在地理学范式下得以实现。

2.2 信息通信技术在动态空域配置中的应用

> 信息通信技术的应用，使空域资源充分开发和有效利用发生了结构性变革，新一代航空运输体系提出应用全新自动化信息支持交通管制决策的概念，由此学界和业界在空中交通管制员工作站业务中积极开发集成的自动信息决策支持工具，以改变以往空中交通管制员手动集成与决策过程。空域危险天气条件下空中交通安全保障能力降低，对空域系统产生危害，因而对新的信息通信技术的需求迫切。在概述新一代航空运输体系信息化组成与支持的基础上，并在回顾空域协同决策技术发展及危险天气规避研究的基础上，通过危险天气条件下空域协同管理决策的应用论证信息通信技术支持的新特点，包括基础应用—空域协同管理决策的数据输入—航线输出、普遍应用—风险规避一般概率网的选择、特殊应用—由位置与方向组成的航线管理。研究认为，建立在信息通信技术基础上的空域协同管理决策，具有精准的时间计划特征，并通过时间精准实现空间精准；基于地理信息系统技术的空域协同管理决策的可视化，实现了移动数据飞行轨迹地图快速生成。这项研究对未来国家空域资源充分开发利用、危险天气条件下保证飞行安全、降低空中交通管制员工作负荷等均有一定的应用价值。

2.2.1 研究背景与研究综述

1. 研究背景

信息通信技术（information and communication technologies，ICTs）应用是 NextGen 的核心环节。NextGen 作为美国 FAA 提高航空安全水平和运营效率水平的战略工程，以星基导航监视和互联网系统为基础，以卫星技术、数据链技术和计算机网络技术为建设重点，组成了包括通信、监视、导航和空中交通管理在内的完整的 ICTs 应用体系（Yousefi and Zadeh，2013），具体在保证空域资源可持续利用领域又分为两部分：一是建立统一的相互兼容的通信、导航与监视空中管理网络，集中实施空域一体化管理和交通管制以及飞行监控；二是实现在地面导航台辅助配合下保障航空器按照自身 GPS 导航系统进行最短航线选择。两者共同解决那些可能危及航空器空中活动安全的问题和有序空中交通服务组织的问题。ICTs 的应用使 NextGen 具有更为完整、统一和综合的特征。

NextGen 不是由航空部门独立构成的，而是由网络部门和管理部门共同构成的（Finke et al.，2013）。网络部门旨在推进网络数据通信服务系统和监视系统建设，为 NextGen 提供一个强大的信息平台，使低空管制、飞行情报、地面导航和气象服务信息传递通畅，以提高空管系统空域保障与服务能力。管理部门涉及技术标准等，以确保航空器性能与相应运行空域的准入条件相匹配。可见，NextGen 需要转换整个国家的航空运输系统以满足其需要，包括目前从地面技术到更加动态的卫星技术，从空中交通管制员语音通信到数据通信，并帮助所有新一代航空运输操作者获取网络功能信息（ATCA，2006）。

通过 NextGen 综合计划实现网络功能的天气-支持服务（weather-support service，WSS）是 ICTs 应用的一个典型事例。WSS 的任务是在整个空域系统中实时提供通用天气图片，评估危险天气（risky weather，RW）下 4D（经度、纬度、海拔和时间）飞行轨迹，使地面和空中交通用户能有效使用问题—解决和决策—支持工具识别 RW 对飞行轨迹的影响并提供决策，从而提高飞行安全和空域资源利用能力。在此，NextGen 将不再依据手动变更飞行轨迹，而是使用空域规划和协同决策技术进行自动处理与决策，以对进出终端空域航班进行优化。

2. 研究综述

基于 ICTs 的 RW 规避决策与应用的最基本变化，是从信息的手动集成到自动集成，相关研究为这一变化提供了理论与技术依据。关于 RW 所生成的航空飞行危害限制空中交通管制的灵活操作并带来飞行安全风险的研究由来已久（Collins，1991），如空中结冰造成的低温和水蒸气（或液滴）干扰航空器设备、雨雾削弱航空器对跑道及其他位置的感知能力、风切变和微爆流等对流与非对流现象（阵风锋面和风能转变）影响飞离路线和最终决定降落方法等（Wong et al.，2006）。RW 因素增加 ATC 工作负荷的研究也由来已久，即在天气影响区域内重新改变航线计划等（Ahlstrom and Friedman-Berg，2006）。以往管制员工作站因缺乏自动气象信息及空中交通管理决策系统工具的支持，而需手动集成天气和交通信息并做出决策，具有多方面的不利影响：① 管制员对空中交通的操作和 RW 带来的影响，会因不同经历而有不同的心理认知。②管制员在应对天气变化时在高度工作负荷下往往会产生不一致的解决方案（Harrington，2009）。针对这些问题，NextGen 的目标之一就是实现天气信息和交通决策支持系统过程的自动化，从人工决策系统转化为决策监视的自动化系统，充分发挥了知识-决策在 NextGen 中的重要作用。

以飞行安全和协同管制工作负荷为主题的空域规划和协同决策模型（airspace planning and collaborative decision-making model，APCDM）是一种减少航班延误、调整飞行路线的新方法，其通过选择一组飞行计划实现了空中交通安全和扇区工作负荷平衡的目标（Sherali et al.，2006）。APCDM 是由空中交通预测和管理发展而来的。在空中交通预测领域，一些学者试图使用贝叶斯（Bayesian）、神经网络（neural network）和模糊逻辑技术（fuzzy logic techniques）等改进的预测技术来提高预测准确性。例如，Abramson 等（1996）开发的贝叶斯系统即完成了对科罗拉多州北部恶劣天气的飞行预测。一些天气预报组织如美国国家环境预测中心（National Centers for Environmental Prediction，NCEP）和恶劣天气预报中心（Severe Weather Forecast Center，SWFC）也使用神经网络预测风暴频率和强度，并提供恶劣天气的监控报表；也有学者利用神经网络系统进行降雨影响预测、龙卷风影响预测等（Hall et al.，1999）。Riordan 和 Hansen（2002）针对天气不确定性问题开发了 2 个不同的模糊逻辑天气预报模型，将它们分别用于空中上限能见度预测和海洋预测。

在空中交通管理领域,RW 交通流管理相关模型也同样得到不断改进和发展。Alonso 等(2000)通过对 Bertsimas 和 Stock 模型进行修正,提出了一套随机方法用于解决欧洲空中交通流量管理中机场和空域天气的不确定性问题(Bertsimas and Stock,1998)。FAA 应用 RW 条件下的地面延误程序(ground delay programs,GDPs)、恶劣天气下的规避计划(severe weather avoidance plan,SWAP)实现了 RW 条件下对飞行轨迹的管理。Nilim 等(2001)也尝试打破保守的 RW 处理方法,开发了一个基于航迹的空中交通管理系统(trajectory-based air traffic management system)。Thengvall 等(2003)为改革以往采用的更改航线、减少机场容量以规避 RW 的做法,提出 Bundle 算法以解决飞行计划恢复问题,并使用启发式技术求得较少限制的飞行计划最优解。

综上而论,APCDM 能够根据空中交通管制扇区几何形状、航班飞行计划、特殊空域使用(SUA)和空域限制使用等关键障碍因素,进行 RW 条件下的航线调整。但是,随着 ICTs 在航空天气预报和航线优化及空域操作中的应用,航线调整必须与 RW 条件下的空中交通自动决策支持系统紧密相连,实时、准确地预测天气运动,并依靠准确的预测优化航线轨迹,以避免 RW 影响,最大限度地利用现有的空域资源。由此提出在 ICTs 应用基础上,构建基于自动决策支持的 RW 条件下空域协同管理决策系统的命题;以下分基础应用、普遍应用和特殊应用三部分予以说明。

2.2.2 基础应用:针对 NextGen 自动化要求的数据输入-航线输出

将 APCDM 用于 RW 条件下的空域协同管理决策,可与 NextGen 应用 ICTs 产生密切联系,该决策系统基本概式如图 2-1 所示,它将自动集成并检测天气和交通数据,为 ATC 提供飞行轨迹与 RW 冲突的位置和程度信息,辅助决策 RW 规避行为(Sherali et al.,2006)。NextGen 本身就是设想在未来的空中交通管理系统中将空中交通和天气之间进行自动化连接,特别是在未来终端空域,空中交通管理工作需对 RW 因素足够重视,才能更好地实现空中交通流量调度。

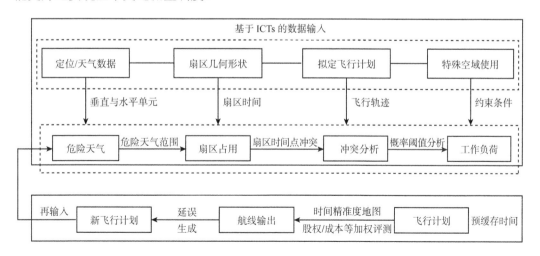

图 2-1 基于 ICTs 的空域协同管理决策的概式

RW条件下空域协同管理决策系统主要目标是生成一组支持空域系统运行的最优飞行决策计划，包括以下两部分。

第一部分是数据输入，主要是围绕实时天气数据，包括垂直和水平网点RW单元值（严重程度），来分析空中交通管制的可能性。在数据输入部分包括：①扇区占用，使用空域占用模型（airspace occupancy model，AOM）跟踪每个飞行计划在空域扇区中的飞行轨迹并记录穿越每个扇区所占用的时间，AOM为每个扇区最大限度地解决某个时间点上的冲突问题提供了技术支持。②冲突分析，使用飞行遭遇概率模型（probabilistic aircraft encounter model，PAEM）对影响飞行计划的RW与飞行轨迹之间的冲突，确定RW影响下导致的飞行偏离情况，如果最低阈值概率发生时仍不解决冲突，将不利于执行飞行计划。③工作负荷，飞行轨迹必须满足每个扇区的限制工作负荷，通过PEAM可以得到解决冲突的时间间隔，即应对冲突时所需的"预-缓冲"（prep-buffer）时间。对每个扇区工作负荷的约束条件使用指定阈值概率不等式表示，通过对扇区工作负荷的峰值和平均值，防止每个扇区极端负荷的发生（Sherali et al.，2006）。

第二部分是航线输出，主要是对飞行轨迹重新选择，提高ATC在RW作业时的决策，为飞行员提供RW态势感知能力，最终基于航空公司股权协作决策制定最优飞行计划，在整个解决方案中，对于涉及的每个航空公司，依据燃料、延迟和取消航班的成本，以及对其业务水平和旅客影响的加权评测进行优化选择。此外，产生的新航线仍有可能受到其他RW的影响，目前已有根据飞行轨迹的RW检测报告和飞行员发现异常的报告（Spirkovska and Lodha，2005），应再次进行数据输入并评估。在未来NextGen系统中，通过数据链技术的信息交换，将直接提供RW信息的图解警报，并显示可行的替代航线，进而提高陆-空系统规避RW的能力。

综上，RW数据输入-航线输出系统中，输入为扇区占用、冲突分析、工作负荷部分，输出为飞行计划部分，基于RW条件下，共同构建了一个包括RW范围、扇区时间点冲突、阈值概率分析、预缓存时间等重要因子在内，确定飞行计划的空域协同管理决策系统的概式，通过各部分相互制约实现对RW的规避。

2.2.3 普遍应用：危险天气条件下一般概率网分析

1. 概率网的构建

RW条件下ICTs有效应用的基础是概率生成和概率地图开发，它需要考虑天气变化的连续性，并使用离散方法表示，这种表示方法本质上是依靠定位数据和多元线性回归技术，在影响区域按空间网格状结构创建一个概率网，检测给定飞行轨迹遇到RW的概率，并以固定时间为间隔输出必要信息，即模式输出统计（model output statistics，MOS）。MOS技术客观地展现了天气预报数据并提供了概率结果，为使用概率网检查4D飞行轨迹中RW的动态概率奠定了基础。MOS技术的两个最重要的优势是消除固有数值模型中的系统偏差和显示具体RW因素在每个位置的概率。可见，MOS的关键特征是通过概率网得到影响某一RW的概率，实现RW条件下的飞行计划自动决策支持。

概率网可由阈值链连接相邻阈值构成，RW 概率也是沿着阈值链变化的，所以创建概率网时，首先应明确阈值之间的距离，即阈值链关系。概率网反映的准确性主要依赖于报告网点密度，根据每个网点的经纬度，使用 K 均值集群启发式算法能确定指定网点的质心位置，以避免在概率网上产生网孔。使用概率网对每个飞行计划进行评估时，将飞行轨迹与概率网链之间的交点即链交叉概率值（strand intersection probability values，SIPVs）作为两个网点间相应的概率，从而依据 SIPVs 确定在指定阈值范围内通过概率网时的最短飞行轨迹。飞越单一 RW 地区的指定阈值概率的飞行计划，首先需要连接两地某一 RW 发生的概率值，其次计算飞行轨迹与每个链交点的 SIPVs，最终在指定概率阈值的范围内确定飞行最短路径。此外，MOS 技术支持下的网点必须保持信息实时动态更新。

2. 概率网的应用

2005 年 4 月 18 日，一架经济巡航机以 850 km/h 的速度从美国奥尔巴尼机场飞往拉斯维加斯机场，基于概率网的对流天气，使用 4 个不同的概率阈值生成飞行路线。在没有 RW 的情况下，将选择到达时间的最短路径（3 591.5 km）。在 RW 条件下将飞行轨迹与概率网叠加，生成基于最小阈值概率 $\sigma = 0.01$ 的路径，通过计算飞行距离将会增加到 4 106.3 km，同样当 $\sigma = 0.20$ 和 $\sigma = 0.30$ 时飞行距离会相应增加。ATC 使用多目标决策生成不同阈值概率的路线，可以采用加权延迟和中断进行线路选择，通过概率网和飞行轨迹生成一组最优的飞行计划，既满足概率阈值范围，同时也满足相关扇区的工作负荷以及空域冲突等，规避潜在的 RW。实施 RW 下精准时间计划可为飞行轨迹提供有效的实时调整决策。

2.2.4 特殊应用：针对已发生天气事件的航线要素与航线调整

1. 位置与方向要素

Ahlstrom 和 Jaggard（2010）使用影响区域网点数据定义天气对象，并根据飞行过程中 RW 自动识别算法生成网点多边形图，用于识别地区 RW 和航空器位置的冲突。已知 RW 区域及其重心和最小影响区域圈，通过航空器当前的位置可计算出未来位置（某一时间段后的线性距离），获得所有必要的 RW 和航空器对象间冲突的信息，同时计算出以固定度数倾斜角（用户可调整角度）的安全椎体（边长为航空器当前位置与未来位置间的距离）及其质心和飞行圈（半径为航空器当前位置与质心间的距离），由此确定最小影响区域圈与飞行圈之间的重叠关系，显示没有重叠（没有检测到 RW 冲突）、有重叠并需要继续通过算法确定安全椎体没有落入最小影响区域内（没有检测到 RW 冲突）、安全椎体落入最小影响区域内（检测到 RW 冲突）3 种情况。使用该算法可获得飞行位置（含高度）信息以决定是否与 RW 对象冲突。这种迭代算法能对航空器每次飞行的位置数据（包括实时位置与方向变量）进行更新，并做出预测。该算法通过最小影响区域圈到飞行圈的圈对圈（circle-to-circle）进行冲突检测和交叉测试，确定 RW 是否对飞行区域或飞行轨迹有影响（Jimenez et al., 2004）。检查天气多边形是否位于安全锥内部或外部的方法，动态显示了航空器与危险区域相对位置情况，为有效解决更改航线问题提供了一种辅助决策的设想。

2. 航线调整的应用

2010年冰岛艾雅法拉火山喷发对空域系统的影响，可作为已发生天气事件的典型案例，国际民用航空组织（International Civil Aviation Organization，ICAO）曾组织不同领域的专家进行讨论，Scaini等（2014）基于不同高度层分别评估了RW空域管理及特定航班的航线调整问题，表明了GIS在事件中的进一步应用。基于此，Scaini等（2014）将空中交通数据输入到数据库管理系统（database management system，DBMS）中形成对FL050~FL400高度上航线影响的分等评估。

具体步骤包括：对空间数据进行影响评估预处理，确定天气事件对飞行轨迹的影响区域（空域和扇区）；将影响区域与航线叠加计算出两者交叉部分；根据受影响航线长度（小于10%、10%~80%、大于80%）和影响区域面积（小于10%、10%~50%、大于50%）划分影响级别。又根据三个高度层（FL050、FL250、FL400）、3个浓度值（0.02 mg/m^3、0.2 mg/m^3、2 mg/m^3）的分布状况，显示天气事件72 h内对航空器飞行产生的影响。在这个过程中，基于Web的GIS工具支持了自动处理RW条件下的航线调整需求，提高了空中交通管理和决策的水平。

2.2.5　总结与讨论

1. 总结

（1）NextGen应用ICTs的本质特征，是自动化实时改变飞行轨迹，通过RW条件下飞行过程自动化规避分析可见，首先表现在空域协同管理决策中完善数据输入-航线输出的外循环过程；其次表现在通过飞行计划与RW间存在的概率网形式评估一般性RW在某一区域的概率；最后表现在应用GIS工具快速生成特殊天气事件中的新航线。研究认为，在未来空域协同管理决策中使用ICTs，可以将RW因素纳入航空自动化管理的全过程，实现对RW与飞行轨迹冲突的自动化探测。

（2）从信息地理学视角来看，其一，ICTs的应用有利于国家建立快速反应的空中交通系统，发挥空域资源最大效益，通过自动识别、自动化信息传输、自动决策支持，体现从手动到自动的根本性变革，这种变革是通过精准时间计划而实现的，时间对空间的替代应是信息地理学研究思维的重要转变。其二，ICTs的应用实现了数据驱动时代空域信息的可视化，GIS技术为ATC采用互动视觉系统对空中交通实践管理提供了快速生成和分析的仿真环境，对推进RW条件下空中交通数据的自动集成和操作优化发挥了重要作用。

2. 讨论

（1）关于大数据与可视化的讨论。ATC 面临着由移动数据集合而成的大数据的诱惑，包括航空器飞行轨迹的全球定位、空中导航系统、4D 飞行数据存储和分析等（Andrienko et al.，2012），特别是对大数据可视化技术的诱惑。Fekete 和 Plaisant（2002）开发了应用大数据显示散点图的信息可视化技术，Scheepens 等（2011）生成了基于航空器轨迹的密度地图，并用于导航和重新布局飞行轨迹。目前，在 ATC 工作中对大数据可视化的有效性有着较高的期望，但视觉技术的使用仍相对有限，尤其是视觉的可升缩性以及快速查询系统的易于形成性，仍然面临着开发的挑战。

（2）关于工作负荷与自动化的讨论。以往学者较担心 ATC 在获得繁杂 RW 显示时会增加工作负荷（Ahlstrom，2005），于是开发了多种 RW 条件下通过 ATC 预测而增加扇区数量的方法（Ahlstrom and Friedman-Berg，2007），但它与 NextGen 的要求不相适应。未来需要进一步开发 ICTs 的应用功能，解决自动识别飞行过程中 RW 规避问题，为 ATC 工作站提供 RW 活动条件、上限等有关的航空器风险快速跟踪、检查的自动化支持，当航空器遭遇 RW 区域时，通过空域协同管理决策系统即可自动获得并显示位置和方向可视化图形，并实时自动规避并预测冲突。

2.3 灵活空域使用的设计与实践及其时间替代机制

充分空域资源配置的核心是空域重构，空域重构主要是解决动态更改扇区边界问题，由此引发了灵活空域使用的深度研究。美国在灵活空域使用理论与实践以及空域资源开发利用等方面一直处于领先地位，其已成为美国新一代航空运输体系的关键组成部分，也成为欧洲和日本等国家和地区空域重构的重要技术支撑。灵活空域使用研究在满足空中交通流需求的过程中，能更好地分配和平衡跨扇区的非均衡变化，最大限度地促进空域资源开发和空域容量释放。因此，有必要在全面认知与回顾灵活空域使用的内涵与发展基础上，进一步总结、完善空域灵活使用的设计方法，并从"扇区拆合"视角评估其对扇区边界更改的效果，由此揭示灵活空域使用中时间因素对空间利用的替代机制。这不仅可以服务于我国国家空域系统整体战略的制定，也有助于推动地理学关于空域资源开发利用研究及其空陆对接研究。

2.3.1 灵活空域使用概念

1. 灵活空域使用的产生

灵活空域使用（FUA）和灵活空域管理（FAM）是美国联邦航空管理局（FAA）新一代航空运输体系（NextGen）的基础（ATCA，2006）。此概念最初是针对高空空域提出来的,在高空空域概念中,航空器依托配备的空对地数据通信(data communication)选择航线,为管理者和用户提供最大程度的灵活性和效率。可以确定地说,灵活空域使用是数据通信基础上的精准时间计划引发的结果,并基此扩展到抵离航空域管理业务领域(Finke et al.,2013)。

同时,欧洲航空安全组织也提出灵活空域使用的应用战略,强调使用 FAM 程序来缓解地面延误或航线改变问题。在其设计中,根据空中交通状况和在特定时段内空域的实时使用情况,通过空域灵活划分和重构,以最大限度地提高同时使用空域的空中交通潜力。欧洲的实践也证明,灵活空域使用可以充分利用未使用空域以保证容量释放,这比传统的交通流量管理方法,如对超过空域容量的交通流量予以非动态管制,包括延迟程序应用和航线改变方案等,提供了更多的用户利益。

目前,美欧灵活空域使用应用中主要是依赖动态空域配置(DAC)方法进行边界更改(boundary changes,BC),以重构空域,在多个扇区间形成动态分配能力,减少交通流量限制,使空域配置动态地适应交通需求失衡和空域堵塞状况。具体而言,由于空域功能是有限的,为了能将预定义空域在各扇区间进行自由切换,DAC 充分考虑了数据通信基础上的时间对空间的替代,创新了扇区拆分与结合形式,以满足特殊情况下(如危险天气规避、空中交通事故、特殊空域使用)多用户航线选择的需求(Han and Zhang,2004)。这不仅是灵活空域使用的优势,也是灵活空域使用可行性的基础。

2. 灵活空域使用的实施与目标

灵活空域使用系统实施的前提是选择算法与模拟,近年来,美国联邦航空管理局和美国国家航空航天局为充分发掘空域资源,并发挥灵活空域使用的潜在优势,尝试使用多种空域优化算法来设计新流程、探索空域优化配置选项(Mitchell et al.,2008)。虽然各个算法的目标大致相同,但在如何使用采集数据、满足设计目标、在初始状态下应用人工动态修改扇区边界等方面却有较大不同(Xue,2009)。新的灵活空域使用算法十分关注人工动态因素在空域重构中发挥的灵活作用,如为了更好地处理实时扇区拆合问题,人工动态增加了空域容量更改范围,检查了不同范围和边界更改的影响,通过扇区边界生成后的人工动态修改,最后实现在高交通流量情况下的空域重构(Wang et al.,2010);再如根据航空器数量、飞行密度、空域利用率等不同条件,人工动态判断实施边界更改的可行性和算法的使用。实践证明,在完整数据通信环境下空域重构可以实施于机场终端区高交通流量期间,进一步可推论出就空域容量的释放而言也是有意义的。

但就灵活空域使用操作和可接受性而言,空域重构仍面临着航空器占据空域容量过大以及更改量过大等派生出的新问题(Homola et al.,2011),需要设计出用于灵活空域使用实施的方法和决策支持工具(decision support tools,DSTs)予以解决:依据航空器对地以及地对地的实时信息互动,基于算法生成的 DAC、应用 DSTs 预测的空中交通状况以及空域拆合技术(Jung et al.,2010)等,在空域重构中发挥容量释放或飞行效率提高的优势,探讨基于空域优化算法生成的人工动态扇区边界更改的设计方法。

2.3.2 设计方法

1. 扇区边界更改的设计

在边界更改的设计中，需要关注两种变量类型，即无边界更改（NO BC）和有边界更改（YES BC）。根据 Homola 等（2011）的测试，可以大致区分不同变量类型的潜在优势和适用性：在无边界更改条件下，当扇区内空中交通拥阻时，只能依靠从扇区中移除航空器以减少航空器峰值（Jung et al.，2010）。在有边界更改条件下，则可以选择不同预定义空域配置的最佳算法，改变航线或者更改扇区边界实现扇区重构。为应对空中交通突发状况，并针对突发状况发生时空中交通流量的不平衡性，扇区边界更改设计首先应是以固定时间间隔对空域内航线改变数量、飞行距离、空域利用率、安全性等因素进行统计，使得到的平均值、极值等都能反映在设计中；然后在有边界更改变量类型中使用"算法+人工动态扇区边界更改"（algorithm+manual dynamic BC），这是因为基于算法生成的扇区边界大部分较合理，可以减少扇区有边界更改所需时间，在算法生成的扇区边界基础上，进行人工动态修改，也使有边界更改具有更大灵活性。

以前的研究已经阐明，应用于灵活空域使用操作进行扇区 BC 的主要算法，如动态空域单位切片（DAU Slices）、细胞几何扇区（CellGeoSect）、扇区流动（SectorFlow）和泰森多边形（Voronoi）图等均可用于扇区有边界更改。DAU Slices 的优势是针对随时间变化的空中交通流量在特定时间间隔内动态划分和生成扇区单位（Klein et al.，2008）。CellGeoSect 使用混合整数编程加二进制空间分割，既平衡了大范围内航空器停留时间与扇区分布，也在空域配置合成中得到了与空中交通限制有关的扇区形状和临界点（Klein et al.，2008）。SectorFlow 扇区边界创建的核心是通过航空器位置和适当聚类，其创新性在于通过平衡扇区内的航空器动态密度填补空旷扇区（Kopardekar and Magyarits，2003）。Voronoi 使用的泰森多边形图直观地形成了一套与航空器飞行相关的生成点，通过对这些点进行优化配置，最终可得到所需的扇区数量（Kopardekar and Magyarits，2003）。在很多情况下，以上多种算法是被混合使用的，其中加入人工智慧进一步创造了应用效果。

回顾扇区有边界更改方法的应用，可以看出，普遍较少涉及多目标问题，所以在灵活空域使用的进一步发展与完善中，便提出了立体动态空域分区（3D-DAS）（Bertsimas et al.，2014）和多维度动态空域分区（4D-DAS）新思想，先后将航线高度和时间参数加入实时 DAC，使空域扇区具有多样性特征。对不同时段、不同高度的航线流量进行 4D-DAS，并与灵活空域使用对接，从而提高空中交通需求的时效性和平衡性，这在以下案例中有较清晰的显现。

2. 扇区边界更改设计的优势评估

为了更好地理解灵活空域使用操作对扇区控制的影响，促进空域重构的发展和协调，需对灵活空域使用支持下边界更改的优势进行检验。2011 年 Homola 等（2011）

曾将美国堪萨斯城航路交通管制中心空域划分为简单扇区和复杂扇区（在简单扇区外围增加新的扇区）作为测试样本，统计两类扇区内抵离的空中交通量，并使用混合空域控制系统评估了有边界更改条件与无边界更改条件下两类扇区的空域资源利用的效果。

对扇区边界更改设计的优势评估包括3个指标：用户首选航线数量改变指标/飞行距离度量指标、空域系统容量和利用率指标、危险天气条件下航空器安全性指标。具体分析如下：①关于航线数量改变。通过对两类扇区中两种变量类型航线数量改变的比较，有边界更改条件下可以使较多航空器保留于用户首选航线，减少航线数量改变以及相应的飞行距离，减少扇区航空器峰值，简单扇区在减少飞行延误和额外费用等方面的效果更明显。②关于空域利用率。空域利用率是通过计算每个时间段穿越所有扇区的瞬时航空器数量和平均持续时间而获得的，有边界更改条件下使某个时段的航空器总量减少，使得灵活空域使用操作更符合实际容量管理的需求。③关于安全性。Homola等（2011）通过检查航空器穿越危险天气条件的数据证明，有边界更改条件下，空域利用率和容量提高使灵活空域使用操作能最大限度地保障航空器的安全。

以上优势评估全面支持了Kopardekar等（2007）曾提出的观点：航线数量改变和扇区航空器峰值的增加与用户可接受性及总体操作水平呈负相关，通过对扇区边界的必要更改可以综合解决无边界更改时未能满足空域容量释放和安全性的要求。

2.3.3　应用：基于扇区拆合的空域重构

1. 空域重构的需求

空域重构是空域资源与机场空侧土地利用相结合的跨域行为，主要解决扇区边界更改问题，将空中与地面举措相结合扩大航班流量的最重要变革是对机场空域实施重构，以重新配置机场空域资源。增加空中交通管制工作负荷和航班延误的主要原因是存在空域结构性矛盾，因此有必要借助仿真手段进行空域评估，通过扇区来分担责任。实际上，早在2000年以前，就有动态更改边界的实践，至今仍可以作为空域重构的案例予以分析。在Tofukuji（1996）对日本东京国际机场（又称羽田机场；Tokyo International Airport，TIA）附近空域扇区的研究中，将机场周边责任空域划分为机场终端空中交通管制扇区（Sector-1和Sector-2……）和飞行管制扇区（Terminal）两个组成部分（图2-2），当某一个扇区如Sector-1的通行量大于其极限容量时，意味着在Sector-1内当前的空域容量和航线配置不能满足空中交通需求，需对扇区进行空域重构。以下依据扇区有边界更改进行空域重构的具体描述。

2. 由抵离航线引起的扇区边界更改

扇区有边界更改既涉及抵港航线，也涉及离港航线。以Terminal作为参照，在抵港航线的分析中，以经过Sector-1的航线Arrive-1、Arrive-2、Arrive-3、Arrive-4为对象，预设航线均在合并点（merge）处合并后进入Terminal，然而每条航线都需要维持最小

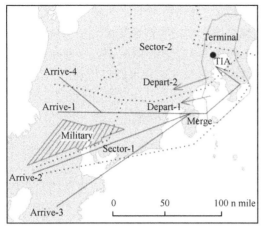 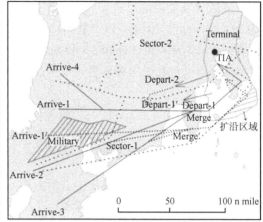

图 2-2 日本东京国际机场空域和航线扇区边界更改及空域重构方案

修改自参考文献（Tofukuji，1996）

的间距值（18.52 km）才能移交给 Terminal，这样 4 条航线在 Sector-1 内合并的空域配置不仅使该扇区的流量增大，而且不利于对每条航线进行实时监控。因此，可以采用扩展 Terminal 的空域范围（Terminal 的边界更改）和改变航线设计方案进行空域重构：首先保持扇区 Sector-1 的边界不变，将 Terminal 的边界向南扩延，增加 Sector-1 到 Terminal 的航线合并点（图中显示了多条航线的 2 个合并点），使同时抵港的航线可以选择 Merge 或 Merge′进入 Terminal。另外，在离港航线的分析中，以航线 Depart-1 和 Depart-2 为对象，为避免因抵港航线改变造成的冲突，将 Depart-1 北移并与 Depart-2 部分重合，经 Sector-2 进入 Sector-1。使用混合整数编程的算法，能较准确地整合航空器数量分配给管理者（计算整合节点），以指导由抵离航线引起的扇区边界扩延并增加抵离航线合并点。

3. 利用特殊空域实现动态空域重构

在满足实时空中交通需求的条件下，需选择适当的扇区有边界更改方式以应对实时的空域重构，图 2-2 中有 3 种重构的方式：①扩展扇区边界实现空域重构。当超出预计流量时在 Merge 南侧新增一个合并入口 Merge′分流同一高度不同航线上的航班，其中来自 Arrive-1 和 Arrive-4 的到场航班通过 Merge′，来自 Arrive-2 和 Arrive-3 的抵港航班通过 Merge′进入 Sector-1，能减少 Merge 的航班处理量，使不同航线、不同高度抵港航班能同时进入 Terminal，在这种重构方式中无须开启特殊空域（即军事训练扇区）。②利用特殊空域实现空域重构。当有大量航线延误且集中于某一时间同时达到时，利用 Military 扩大 Sector-1 的空域配置范围是十分必要的，同时利用扇区边界扩展实现 Merge 和 Merge′两个合并入口。③构建平行航线实现空域重构。当主干航线 Arrive-1 存在高峰流量且需要集中通过 Merge 时也需要开启 Military，并构建穿过 Military 且平行于 Arrive-1 的航线 Arrive-1′。其效果是一部分空中交通流量从 Arrive-1 通过 Merge，而另一部分则经 Arrive-1′到达 Merge′。日本东京国际机场的案例较经典地表述了依据空中交通量实时变化而动态更改扇区边界实现空域重构方法的应用。

灵活空域使用最早曾是为解决军民航空中交通一体化管理网络问题而引发出来的（Bertsimas et al., 2014），以上利用特殊空域实现空域重构的案例应是灵活空域使用的一种典型形式。应用 CellGeoSect 和 SectorFlow 能得到军民航扇区临界点，平衡军民航航空器动态密度，在民用扇区更繁忙状态下开启军用扇区使空旷扇区得以填补。

2.3.4 灵活空域使用的时间替代机制

1. 时间替代空间的表现

在时间对空间的替代过程中有两方面表现明显：由抵离航线引起的空域重构和由特殊空域利用引起的空域重构。前者：①考虑实时集聚航空器飞行轨迹得到时空数据集，依据扇区内航空器间实时相对位置和航空器在各个扇区的占用时间完成空域重构；②考虑扇区内最大航空器数量的实时工作负荷，依据负荷量平衡目标进行实时空域重构；③考虑扇区内实时多维度（水平和垂直）空中交通流量，依据扇区形状多样性的特征为扇区间保持必要的最小距离和交通流过境点提供更大的灵活性（Kopardekar and Magyarits, 2003）。后者：考虑实时空中交通流量峰值，利用特殊空域动态地增加航班合并入口进行空域重构。

2. 时间替代空间的应用基础与实现途径

所有灵活空域使用的实际应用指标均以时间要素为基础，并应用于实时空域重构。①空域交通流量，即通过特定空域（扇区）航空器飞行航线数值分析单位时段内峰值变化；②空域交通密度，即在流量统计基础上计算特定空域单位时段内航空器的超载与拥堵；③空域需求集中度，即通过空中交通流的集散情况实时判断机场和机场间空域需求，以指导不同空域空中交通的水平延伸和垂直拓展；④机场空域容量，即通过机场实时抵离数据的几何特征构建机场空域容量曲线，得到机场空域最大能力。由此说明，时间对空间的替代是空域重构的应用基础。

与常规空域资源开发和空域容量管理中通过调整航线结构以及管理者的数量满足用户需求的做法不同，空域重构作为实时空域资源配置的方法（Han and Zhang, 2004），旨在动态满足空中交通约束和复杂性结构，扇区有边界更改的 4 种算法为实时空域重构提供了实现途径，分别满足了特定时间、实时空域流量、实时空域密度以及实时扇区形状生成的要求。

3. 时间替代空间的原理

时间替代空间的原理是：动态性驱动空域系统内各要素，创新精准时间计划以实现跨时空信息自动集成和灵活性与多维性变革，提高空域资源时空协调能力和完善空域管理功能。在这个过程中，时间因素对空间的替代是灵活性的存在基础，增加时间因素进行多维度优化，即能同时满足空域容量和时间变化的需求。具体解释如下：在时间替代作用下，空域重构能依据航空器实时位置、方向、速度、时间等基础数据，实现空域容量、流量/密度目标最大化，能在一个可操控的时间环境中使空域重构实时适应空中交通变化。灵活空域使用的本质就是通过实时调整扇区边界以应对空中交通突发状况，特别是构建特殊空域使用的空域重构。因此，时间替代机制是基于时间因素（空中交通数据随时间变化）对空域资源的进一步开发与利用（空域重构），多维度扇区受时间因素影响协调航空器数量限制的能力越来越明显。

4. 时间替代空间的技术支撑

在灵活空域使用时间替代空间过程中，需通过 ICTs 予以支撑，包括多数据库统筹、实时空域利用率预测、多目标和多数据源背景下的航线调整决策等，也包括为空中交通管理者提供实时空中交通数据信息系统以及仿真环境，以推进空中交通数据自动集成和操作优化。可见，ICTs 对空域重构的支撑表现在实时掌握航班流量数据、制定精准时间计划以应对潜在冲突、在多维空域中自动生成航线等。未来，在灵活空域使用实施过程中，仍需要更深入地应用 ICTs 进行空域管理功能整合、扇区边界更改优化、特殊空域使用和管理改革等。

2.3.5 总结与讨论

由以上分析可见，灵活空域使用是针对空域资源系统开发利用与合理运行的一种思想变革，将任何所需扇区组合成一种连续空域并赋予临时性质而灵活使用，使交通流量的资源限制减少。这项研究首先针对灵活空域使用的设计方法，评估了简单扇区和复杂扇区两类情况、有边界更改和无边界更改两个变量层次下充分空域资源配置的优势；然后依据"扇区拆合"空域重构，说明了灵活空域使用思想指导下有边界更改设计的可行性。研究表明：①灵活空域使用潜在优势是通过空域重构实现空域资源配置的最大化，灵活空域使用设计方法的优势在于适应了空域边界自由变换，减少了航线改变/飞行距离，提高了空域利用率和安全性能。②空域重构涉及扇区数量更改、扇区位移等方面，其基础意义是增加空域灵活性。在"扇区拆合"的应用中，可通过扩展扇区边界、利用机场终端区特殊空域、构建平行航线等缓解空中交通峰值压力。③灵活空域使用具有更强的实时性，时间因素对空间利用的替代体现了空域重构的灵活性和多维度需求，灵活空域使用思想指导下空域重构不断发展的基础是时间因素发挥了重大作用。ICTs 为灵活空域使用的 DAC 操作，以及精准时间计划和航线自动生成提供了重要技术支持，最大限度地增大了空域重构和航线改变的灵活性。

未来，在充分空域资源配置和灵活空域使用实践上应更关注动态形式的研究，并尝试通过 ICTs 的支持把动态形式表现出来。为此要在空域资源动态利用过程中构建一种异构的分布式认知系统，协调参与者、资源、技术行为和时空关系。在已有的空域使用和空域管理研究中，在不同时段内实施不同的空域配置未见明显效果的解决方案，这与空域认知系统研究缺陷有关。因此，需要实现各种空域相关要素和行为（资源时空特征、空域利用率、信息交换、分析决策、计划操控）的联动。

在学科上，信息社会的接入使地理学研究的时间与空间概念发生转换，时间开始替代空间。长久以来,地理学较注重探索时间与空间分布规律、时间与空间相互转换等问题,但更多的是强调空间,思维模式也是建立在距离之上的。信息传输同步性的实现,使传统的时空概念被重新定义,时间的重要性加大。目前,我国正进入空域资源开发与空域资源组织形式演化的关键阶段,对空域资源的依赖加强,充分空域资源开发利用研究的成果有助于国家空域系统的构建。可以预见,地理学对空域资源配置的时空研究将进一步深化。

2.4 动态空域配置与军民航协同运行

> 军民航融合已经上升为国家战略,闲置军用空域的使用及其容量释放,将成为缓解我国空域资源供需失衡的重要途径,构建军民航协同运行机制十分紧迫。面对我国空域管理改革和国际上军民航协同运行动态化变革,选取国外动态配置空域资源、协调军民航运行的典型应用案例,基于动态空域配置,确立了军民航协同运行机制的基本组成,即边界动态划设机制和航线动态更改机制;揭示了其实现途径,即动态评估/判断和动态操作;展望了其实施效果,即疏导与分散;提出了制度建设的相关建议,即制定实施规则、组织规划方案、管理程序和行为限制措施。研究结果将加速改进现有国家空域配置与管理的非动态基本形式,助推我国军民航协同运行走向世界先进水平。

2.4.1 问题缘起

在我国,现有军民航空域配置仍基本停留在独立使用和"静态"固定管控状态下,这种状态随着民航需求的急剧增长将面临重大改革。目前我国因繁忙空域和航路航线飞行密度过大,以民航单位可用空域面积所保障的飞行小时计算,其平均飞行密度是美国的 1.47 倍(中国民航网,2017)。在有限可用空域大密度运行条件下,民航空管系统各保障单位面临巨大压力。自 2010 年以来,航班准点率一般处于 80%以下,据中国民用航空局网站,2016 年航班平均延误时间为 16 min(中国民用航空局,2017),2017 年航班平均延误时间 24 min(中国民用航空局,2018)。据民航资源网整理的《2017 年 5 月全球机场放行准点率数据》,全球大中型机场放行准点率排行中,前十位没有中国机场;亚太地区大中型机场放行准点率排行中,乌鲁木齐地窝堡机场以 77.38%的放行准点率仅位列亚太大型机场第 17 位;西宁曹家堡机场以 83.90%的放行准点率仅位列亚太中型机场第 15 位(民航资源网,2017)。我国机场及整个航空网络航班延误与空中交通管控及空域决策的特殊性密切相关(纪杰和龙勇,2012),军事活动是其重要因素之一(祝刚,2014)。为此,我国将空域管理改革作为重大战略,2016 年 5 月中国民航局《关于进一步深化民航改革工作的意见》首次提出"建立空管运行领域军民融合发展机制"(中国民用航空局，2016）。2017 年 3 月第十二届全国人民代表大会第五次会议政府工作报告首次提出"优化空域资源配置"（人民网，2017）。2018 年 2 月中共中央办公厅、国务院办公厅、中央军委办公厅还专门印发《关于开展军民融合发展法规文件清理工作的通知》（中华人民共和国人力资源和社会保障部，2018）。至今，以扩大民航可用空域资源为目标的军民航融合发展方向已十分明确。

国际上，鉴于军事飞行活动的新变化，军民航融合发展研究与实践正在经历 DAC 的急剧变革，在此背景下，从理念到方法再到系统应用，均已进入一个全新阶段。高度强调以动态手段组织超级繁忙空域空中交通的美国 NextGen 和欧洲"同一天空"计划（Lavallee，2017），其在促进军民航一体化协同（闲置军用空域还给民航使用）方面发挥了至关重要的作用，设立条件航路渐已成为一种通用方法。近年来，FAA"联邦条例"（2018 年 6 月）第 14 章中又"特别指示"，向允许航班（包括各种飞行器，同样适用于无人机）提供国家敏感空域的交互式地图（FAA，2018），用于军事区调整和民用航线优化。这凸显了应急情况下（当有大量航线集中在某一时间同时到达产生拥堵与延误时）动态配置军民航空域资源的发展态势。

DAS 是动态调整空中交通变化、实现 DAC 的一套基本方法（Tang et al.，2012），近年来，快速发展的 4D-DAS 技术以时间参数为整个 DAC 实施的基础，给连续空域赋予临时性，在不同时间窗口内，随民用空中交通受影响程度动态分配空域资源，克服了传统"静态"固定空域管理模式的不足（Sergeeva et al.，2017），为 DAC 基础上军民航融合发展提供了有力的技术支持。

这项研究结合国际上军民航协同动态实践，选取应急情况下动态划设军事区边界（military area boundary，MAB）和利用军事区动态更改繁忙空域民用航线的相关案例，基于划设和更改应用搭建了军民航协同运行要素（MA 与航线等空域单元）的组合关系；进而揭示了 MAB 动态划设和民用航线网络（civil route network，CRN）动态更改的实现途径，并展望了其实施效果；最后在保障层面提出了军民航协同运行制度建设的相关建议。

2.4.2 案例选取与分析

DAC 最初是为解决军民航空中交通一体化问题而实施的一种空域和航线网络管理变革（Lee et al.，2008），其本质就是针对高密度空中交通流，在应急情况下按时序划设边界和更改航线（改变轮廓和线路），即在民用扇区繁忙状态下开启闲置军用扇区（空旷扇区）予以补充，从而实现在一个可操控的时间环境中使 MAB 动态划设和 CRN 动态更改实时适应空中交通变化，保证军民航活动空域的最大灵活性，动态平衡军民航空中交通密度（Teperi and Leppnen，2011）。许多关于军民航活动及其空域融合的代表性案例证明，其极大地改变了基于空域设施和空中交通管制员工作负荷限制交通流量（这些限制往往导致延误）的非动态空域配置传统解决方式。其不仅在空域规划中能应对空中交通约束条件和复杂空域结构的影响而动态划设管制扇区、动态更改民航飞行路线，而且也能改进空中交通管制员在空域重新配置操作上的一些局限性（Li et al.，2010）。

1. 应用实践

航空业发达国家均基于 DAC 努力建立军民航协调体制和协同管理模式。例如,美国等都已从国家层面达成以民航为管理主体、坚持减少军航空域占用时间,以为民航提供飞行便利的共识。其中,欧盟由于涉及跨国一体化实际问题,日本还要建立部分联合空域以兼顾美军使用,其空域协调更为复杂,致使其军民航协同研究与实践也相对较为全面。现从中选取 2 个典型案例予以分析。

1) 案例 1——MAB 动态划设

在基于 DAC 过程协同军民航运行降低对民用空中交通影响的实施方案中,在应急情况下,实现 MAB 动态划设是一类军民航融合发展的基础实践。Wang 等(2017)对法国夏尔·戴高乐国际机场(简称戴高乐机场)(Aéroport international Charles de Gaulle)附近的 MAB 动态划设研究较为经典。首先,构建 MAB 初始状态,其涉及空间域(长宽高为 40 n mile×20 n mile×5 000 ft,上下线为 30 000~10 000 ft,高度偏移为 1 000 ft 分 24 个高度层)、时间域(10~12 am,以时间偏移 5 min 分 24 个时间窗口);其次,使用近似模型对该军事基地边界进行模糊处理并得到一个直径为 280 n mile 的 MAB 移动区域圈(图 2-3),在常规军事活动下,针对前述应急情况评估可调整 MA(原 MAB 对民用空中交通产生严重影响),评估所应用的信息包括全国 24 h 民用空中交通实时数据(8 836 班次)以及 15 s 间隔的离散化航迹采样点数据(1 851 029 个采样);最后,经状态转换完成 MAB 动态划设,即在移动区域圈内根据不同时间窗口,通过状态空间邻域搜索实现 MAB 状态迭代转换(平移 24 n mile、围绕军事基地中心旋转 7°)、确定 MAB 新状态(距离军事基地 51 n mile 处)的最佳结果。迭代过程中,按时间将 3D 空域离散化设计 4D 网格,按民用优先原则、迭代评估受影响程度(航迹采样点数量),根据影响增量规则确定新状态是否可接受。由上可见,通过距离平移和角度旋转可实现 MAB 动态划设,这样既充分满足了军事活动需要,又快速疏导了民用空中交通。

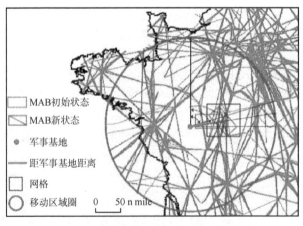

图 2-3 CDG 附近某 MAB 动态划设结果

修改自参考文献(Wang et al., 2017)

2）案例 2——CRN 动态更改

DAC 应用于军民航融合发展的另一类典型形式和重要举措是 CRN 动态更改，即在应急情况下开启 MA 动态满足空中交通约束，这也同样具有普遍意义。杜欣儒等（2016）曾列举日本东京国际机场（又称羽田机场）终端空域 CRN 动态更改研究用于解释灵活空域使用下的扇区重构。按其实施流程，首先将机场周边责任空域划分为空中交通管制扇区（S_1 和 S_2）和飞行管制扇区（T）两个组成部分（图 2-4），应急情况下当某一扇区（如 S_1）通行量大于其空域容量时，可判断其当前空域容量和航线配置不能满足空中交通需求，即开启 MA 实现对 CRN 动态更改。然后，选用某种改变 S_1 航线配置的方式：①增设合并点。经过 S_1 的航线 $A_1 \sim A_4$ 被预设在合并点（Merger）处经合并后移交给 T，航线间需维持最小间距值（10 n mile），当 4 条航线以同一高度同时到达时，为削减 S_1 迅速增大的流量，开启 MA 以扩大 S_1 空域配置范围，≥时扩展扇区边界实现 Merger 和 Merger′ 双合并点（入口）结构，以使航班可以同时进入 T 且避免拥堵。②增设平行航线，即临时航线（temporary route，TR）。当主干航线 A_1 存在高峰流量且在同一高度层需要集中通过 Merger 时，开启 MA 并增设穿过 MA 且平行于 A_1 的航线 A_1'（TR），使一部分空中交通流量从 A_1 通过 Merger，而另一部分则经 A_1'（TR）到达 Merger′，实现了对有限空域的充分利用。由上可见，利用 MA 增设合并点/平行航线实现 CRN 动态更改是一种有效分散拥堵航线交通流量的辅助决策方案。

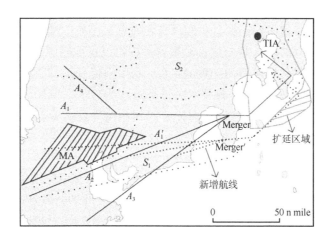

图 2-4　TIA 附近军民航协同下的 CRN 动态更改方案
修改自参考文献（杜欣儒等，2016）

这两个应用案例均是在 4D-DAS 技术支持下，运用空域和空中交通实时数据，以动态的方式解决需求和容量不平衡问题，表明军民航活动与空域资源充分利用跨领域研究的可行性。

2. 实现途径

应急情况意味着当前的空域配置不能满足空中交通需求，需要利用 MAB 动态划设和 CRN 动态更改动态协调军民航空域配置，缓解民用空中交通拥堵问题。在此，动态评估/判断与动态操作等关键步骤构成了军民航协同运行的实现途径，使"静态"固定空域转变为能够适应民航需求的动态空域。①动态评估/判断。动态评估指 MAB 划设时对时间窗口内的民用空中交通受影响程度进行评估，得到特定时间窗口内需要动态释放的空域部分；动态判断指应用特定空域飞行数据（包括扇区和航线中固定航点的出发和到达时间、通行量和航线间距离），对空域航线拥堵与延误进行判断，得到各时间窗口内需要重构的空域单元（包括 CRN 更改）。②动态操作。动态平移-旋转和增设合并点/平行航线是适应空中交通波动、形成动态协调能力所需的 DAC 操作。动态平移-旋转指在受影响程度动态评估的基础上，通过状态空间邻域搜索和冲突检测实现状态转换，完成最佳 MAB 划设；增设合并点/平行航线指在拥堵动态判断的基础上，动态增加空域组成单元（合并点或航线），实现 CRN 动态更改。以上实现途径显示出军民航协同运行的基本组织形式：依据民用空中交通受影响程度评估/拥堵判断实现 MAB 动态划设（动态平移-旋转 MAB）与 CRN 动态更改（利用 MA 增设合并点/平行航线）。实施结果表明，有助于释放空域资源，能动态满足民用空中交通需求（疏导和分散）。

2.4.3 机制建立与制度建设

1. 机制建立

基于 DAC 建立军民航协同运行机制，旨在兼顾军民航空域资源利用的需求，克服"静态"分配空域资源的弊端，使空域资源配置过程得以良性循环，达到主动释放 MA 空域资源、形成军民航最优空域资源配置的目标，利用闲置 MA 调整民用航线并使民航飞行次数最大化和航班延误最小化。其技术关键是通过动态评估/判断与动态操作等实现途径，确定空域优化配置选项（开启 MA/TR），在民用空中交通受限时搭建 MA 与民用航线的组合关系，为协调和重新配置空域资源找到一种适当的合作关系和有序的合作状态。根据空域资源配置组织形式，可将军民航协同运行机制具体划分为边界动态划设机制和航线动态更改机制。前者，依据不同时间窗口内民用空中交通受 MAB 影响程度评估，通过平移-旋转实现 MAB 动态划设。后者，依据不同时间窗口内民用空中交通拥堵判断，通过增设合并点/平行航线实现 CRN 动态更改。其共同点是：在不限制军事活动的同时，有效利用闲置空域资源，改变传统依赖人工经验划定"静态" MAB 和固定航线交叉点的做法，达到动态利用 MA 改变空域结构、增加空域流量和分散航线流量压力的目的，从而满足大量民用空中交通进入特定终端区的需要。由此可构建军民航协同运行的相互作用系统框架（图 2-5）。

2. 制度建设

军民航协同运行有待制度建设予以保障。借鉴 FAA 确保技术兼容、协调双方交叉部门、建立实际运行标准（程序）的做法，提出如下建议：①制定 MAB 动态划设和 CRN 动态更改的实施规则（协议文件），包括军民航协调基准（统一的军民航占用管理标准

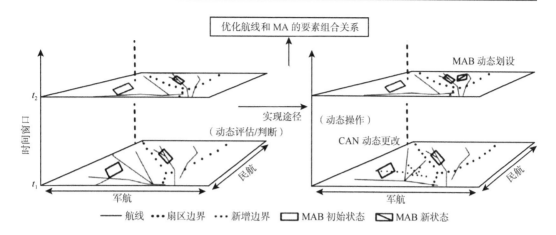

图 2-5 军民航协同运行相互作用系统框架

及其相应管制细则)、详细工作流程(协商程序)和监管规范,用于界定当前军民航空域用户的空域使用相关要求,以标准化方式实现军民航空域整体管理。②制定动态军民航空域结构整体规划方案(划定数量及使用期限与范围),授权使用者在军民航联合空域执行空中飞行活动,应急情况下许可民航使用军方保留空域(设定军方需要的高度层和航线,且在不使用时释放给民航)。③制定军民航空域精细化管理程序,涵盖管理技术方案、数字化指标体系等,整合军民航飞行计划动态信息,监测空中交通运行状况。④制定民航穿越 MAB 的限制措施,规定飞机国籍以及机组成员和乘客近地面行为。

2.4.4 总 结

(1) 应急情况下 MA 和航线组合关系的搭建,既支持了 MAB 动态划设,也支持了 CRN 动态更改,其一同构成基于 DAC 的军民航协同运行机制。其实现途径是动态评估/判断与动态操作(动态平移-旋转、增设合并点/平行航线),即依据民用空中交通受影响程度动态划设 MAB 和利用 MA 动态更改繁忙空域 CRN。其实施效果是疏导与分散。

(2) 基于 DAC 建立的军民航协同运行两种机制找到了对象、目标与实际执行间的平衡点,能通过空域动态划设和更改实现空域资源配置最大化,能减少应急情况下民用空中交通的空域利用限制,进一步提高军民航空域资源动态配置的精度。

(3) 政策地理学的学科特征之一是关心政策目标的支持工具,注重揭示政策的技术过程和利益实现,强调将政策分析纳入科学决策以及引导政策实施。从政策地理学视角思考军民航融合发展相关问题是一项有益尝试。以往减少民用航线附近规定距离内 MA 数量、调整民用机场布局、改造军民合用机场等军民航协同研究,多以人工和"静态"固定管理方式为基础,难以形成空域容量主动释放。4D-DAS 技术支持下的 DAC 变革,实现了空域管理从静态向动态的转变,使军民航协同运行机制研究发生了根本变化。①对象上:以实时航迹数据为基础,并应用于 MAB 动态划设和 CRN 动态更改,支持了动态实时需要,体现了时间参数作用下 DAC 结构性革命。军民航协同运行系统框架的构建是一项综合考虑全局优化的创新性探索。②内容上：为军民航协同运行机制建立和制度建设问题，选择MAB动态划设和CRN动态更改两类案例，将时间参数融入空域需求实时变化的动态预测中，支持了充分空域资源开发与军民航融合发展的研究目标，并基于此提出制度建设相关建议。这绝非传统意义上的空域配置，其有助于从根本上改变现有军民航空域配置与管理的基本形式——从非动态空域配置与管理向DAC转变。③细节上：关心数据时空属性的影响，依据各类航迹数据相互补充，通过数据链和双向传输分析协同运行机制过程及交通组织形式。此外，聚焦于应急情况表述非正常突发事件下的空域资源利用，较以往单纯的空域配置研究也有明显进步。

参 考 文 献

杜欣儒, 路紫, 邸方, 等. 2016. 灵活空域使用的设计方法与应用及其时间替代机制. 地球科学进展, 31(6): 643-649.

傅伯杰, 冷疏影, 宋长青. 2015. 新时期地理学的特征与任务. 地理科学, 35(8): 939-945.

韩成鸣, 李耀东, 史小康. 2015. 云分析预报方法研究进展. 地球科学进展, 30(4): 505-516.

纪杰, 龙勇. 2012. 飞行频率、拥挤成本和互补型航空联盟：中枢轮辐网络机场拥挤分析. 管理评论, 24(3): 164-170.

刘慧, 苏纪兰. 2014. 基于生态系统的海洋管理理论与实践. 地球科学进展, 29(2): 275-284.

人民网. 2017. 政府工作报告. http://sh.people.com.cn/n2/2017/0317/c138654-29868849.html.

谢榕, 刘亚文, 李翔翔. 2015. 大数据环境下卫星对地观测数据集成系统的关键技术. 地球科学进展, 30(8): 855-862.

中国民航网. 2017. 砥砺奋进的五年："效率动能"助力民航强国建设. http://www.caacnews.com.cn/1/6/201710/t20171009_1230689.html.

中国民用航空局. 2016. 关于进一步深化改革的意见. http://www.caac.gov.cn/XWZX/MHYW/201605/t20160525_37549.html.

中国民用航空局. 2017. 2016年民航行业统计公报. http://www.caac.gov.cn/XXGK/XXGK/TZTG/201705/t20170508_44010.html.

中国民用航空局. 2018. 2017年民航行业统计公报. http://www.caac.gov.cn/XXGK/XXGK/TJSJ/201805/t20180521_188131.html?from=timeline.

中华人民共和国人力资源和社会保障部. 2018. 关于开展军民融合发展法规文件清理工作的通知. http://www.mohrss.gov.cn/SYrlzyhshbzb/dongtaixinwen/shizhengyaowen/201802/t20180223_288661.html.

祝刚. 2014. 从空管业务层面探讨珠三角机场航班延误问题. 中国民用航空, 175(4): 49-51.

Abramson B, Brown J, Edwards W, et al. 1996. Hailfinder: a Bayesian system for forecasting severe weather. International Journal of Forecasting, 12(1): 57-71.

Ahlstrom U. 2005. Work domain analysis for air traffic controller weather displays. Journal of Safety Research, 36(2): 159-169.

Ahlstrom U, Friedman-Berg F J. 2006. Using eye movement activity as a correlate of cognitive workload. International Journal of Industrial Ergonomics, 36(7): 623-636.

Ahlstrom U, Friedman-Berg F. 2007. Evaluation of storm forecast displays for air traffic control. International Journal of Applied Aviation Studies, 7(1): 83-105.

Ahlstrom U, Jaggard E. 2010. Automatic identification of risky weather objects in line of flight(AIRWOLF). Transportation Research Part C: Emerging Technologies, 18(2): 187-192.

Alonso A, Escudero L F, Ortuno M T. 2000. A stochastic 0–1 program based approach for the air traffic flow management problem. European Journal of Operational Research, 120(1): 47-62.

Andrienko G, Andrienko N, Burch M, et al. 2012. Visual analytics methodology for eye movement studies. Visualization and Computer Graphics, 18(12): 2889-2898.

ATCA. 2006. Next generation air transportation system transformation(special edition). Journal of Air Traffic Control, 48(1): 1-64.

Basu A, Mitchell J S B, Sabhnani G. 2009. Geometric algorithms for optimal airspace design and air traffic controller workload balancing. Journal of Experiment Algorithmics, 14(3): 75-89.

Bertsimas D, Stock S. 1998. The multi-airport flow management problem with en route capacities. Operations Research, 46(3): 406-422.

Brinton C R, Pledgie S. 2008. Airspace Partitioning using Flight Clustering and Computational Geometry. St. Paul, MN: 27th Digital Avionics Systems Conference(DASC).

Collins R L. 1991. Mastering the Systems: Air Traffic Control and Weather. New York: Macmillan Publishing Company.

Delahaye D, Alliot J M, Schoenauer M, et al. 1994. Genetic Algorithms for Partitioning Air Space. San Antonio, TX: 10th IEEE Conference on Artificial Intelligence Applications.

Doble N, Hoffman R, Krozel J, et al. 2008. Current Airspace Configuration Practices and Their Implications for Future Airspace Concepts. Anchorage Alaska: 8th AIAA Aviation Technology, Integration, and Operations Conference.

FAA. 2018. FAA Establishes Restrictions on Drone Operations over DOJ and USCG Facilities. https://www.faa.gov/news/updates/?newsId=90545.

Fekete J D, Plaisant C. 2002. Interactive Information Visualization of A Million Items. IEEE Sgmposium on Information Visualization.

Finke C, Butts J, Mills R, et al. 2013. Enhancing the security of aircraft surveillance in the next generation air traffic control system. International Journal of Critical Infrastructure Protection, 6(1): 3-11.

Hall T, Brooks H E, Doswell III C A. 1999. Precipitation forecasting using a neural network. Weather and Forecasting, 14(3): 338-345.

Han S C, Zhang M. 2004. The optimization method of the sector partition based on metamorphic Voronoi polygon. Chinese Journal of Aeronautics, 17(1): 7-12.

Harrington J. 2009. Weather services in the NextGen Era. Aviation International News, 41(1): 34-38.

Homola J, Lee P U, Brasil C, et al. 2011. Human-in-the-Loop Investigation of Airspace Design. Portland, Oregon: AIAA Guidance, Navigation, and Control Conference.

Jimenez J J, Segura R J, Feito F R. 2004. Efficient collision detection between 2D polygons. Journal of WSCG, 12(1-3): 191-198.

Jung J, Lee P U, Kessell A, et al. 2010. Effect of Dynamic Sector Boundary Changes on Air Traffic Controllers. Toronto, Canada: AIAA Guidance, Navigation, and Control(GNC)Conference and Exhibit.

Klein A, Rodgers M D, Kaing H. 2008. Dynamic FPAs: A New Method for Dynamic Airspace Configuration. Bethesda, MD: Integrated Communications, Navigation and Surveillance Conference.

Kopardekar P, Bilimoria K, Sridhar B. 2007. Initial Concepts for Dynamic Airspace Configuration. Belfast, Northern Ireland: 7th AIAA Aviation Technology, Integration and Operations Conference(ATIO).

Kopardekar P, Magyarits S. 2003. Measurement and Prediction of Dynamic Density. Budapest, Hungary: 5th USA/Europe Air Traffic Management R&D Seminar.

Lavallee C. 2017. The Single European Sky: a window of opportunity for EU-NATO relations. European Security, 26(3): 415-434.

Lee P, Mercer J, Gore B, et al. 2008. Examining Airspace Structural Components and Configuration Practices for Dynamic Airspace Configuration. Honolulu, HI: AIAA Guidance, Navigation, and Control Conference and Exhibit.

Lee P U, Prevot T, Homola J, et al. 2010a. Impact of Airspace Reconfiguration on Controller Workload and Task Performance. Miami, FL: 3rd International Conference on Applied Human Factors and Ergonomics.

Lee P U, Prevot T, Homola J, et al. 2010b. Sector Design and Boundary Change Considerations for Flexible Airspace Management. Fort Worth, TX: 10th AIAA Aviation Technology, Integration, and Operations(ATIO)Conference.

Li J, Wang T, Savai M, et al. 2010. Graph-based algorithm for dynamic airspace configuration. Journal of Guidance, Control, and Dynamics, 33(4): 1082-1094.

McNally P, Thipphavong D, Moffett F. 2008. Automated Separation Assurance in the Presence of Uncertainty. Anchorage, Alaska: 26th international Congress of the Aeronautical sciences.

Mitchell J S B, Sabhnani G, Krozel J, et al. 2008. Dynamic Airspace Configuration Management Based on Computational Geometry Techniques. Honolulu, HI: AIAA Guidance, Navigation, and Control Conference.

Nilim A, El Ghaoui L, Duong V, et al. 2001. Trajectory-Based Air Traffic Management(tb-atm)under Weather Uncertainty. Santa Fe, New Mexico: Proceedings of the 4th USA/Europe Air Traffic Management R&D Seminar.

Riordan D, Hansen B K. 2002. A fuzzy case-based system for weather prediction. Engineering Intelligent Systems for Electrical Engineering and Communications, 10(3): 139-146.

Scaini C, Folch A, Bolic T, et al. 2014. A GIS-based tool to support air traffic management during explosive volcanic eruptions. Transportation Research Part C: Emerging Technologies, 49(12): 19-31.

Scheepens R, Willems N, van de Wetering H, et al. 2011. Composite density maps for multivariate trajectories. Visualization and Computer Graphics, 17(12): 2518-2527.

Sergeeva M, Delahaye D, Mancel C, et al. 2017. Dynamic airspace configuration by genetic algorithm. Journal of Traffic and Transportation Engineering(English Edition), 4(3): 300-314.

Sherali H D, Hill J M. 2013. Configuration of airspace sectors for balancing air traffic controller workload. Annals of Operations Research, 203(1): 3-31.

Sherali H D, Staats R W, Trani A A. 2003. An airspace planning and collaborative decision-making model: Part I-Probabilistic conflicts, workload, and equity considerations. Transportation Science, 37(4): 434-456.

Sherali H D, Staats R W, Trani A A. 2006. An airspace-planning and collaborative decision-making model: part II-cost model, data considerations, and computations. Transportation Science, 40(2): 147-164.

Spirkovska L, Lodha S K. 2005. Context-aware intelligent assistant for decreasing pilot workload. Journal of Aerospace Computing, Information, and Communication, 2(9): 386-400.

Tang J, Alam S, Lokan C, et al. 2012. A multi-objective approach for Dynamic Airspace Sectorization using agent based and geometric models. Transportation Research Part C: Emerging Technologies, 21(1): 89-121.

Teperi A M, Leppnen A. 2011. Managers' conceptions regarding human factors in air traffic management and in airport operations. Safety Science, 49(3): 438-449.

Thengvall B G, Bard J F, Yu G. 2003. A bundle algorithm approach for the aircraft schedule recovery problem during hub closures. Transportation Science, 37(4): 392-407.

Tien A, Hoffmann, R. 2009. Optimizing Airspace Sectors for Varying Demand Patterns Using Multi-Controller Staffing. 8th USA/Europe Air Traffic Management Research and Development Seminar.

Tofukuji N. 1996. An airspace design and evaluation of enroute sector by air traffic control simulation experiments. Electronics and Communications in Japan, 79(8): 103-113.

Trandac H, Baptiste P, Duong V. 2002. A Constraint-Programming Formulation for Dynamic Airspace Sectorization. Irvine, CA: 21st Digital Avionics Systems Conference.

Wang N, Delahaye D, Mongeau M, et al. 2017. Optimal Location of Dynamic Military Areas within Civil Aviation traffic. EIWAC 2017, 5th ENRI International Workshop on ATM/CNS.

Wang T, Li J, Wei J, et al. 2010. Preliminary Assessment of Operational Benefits for a Graph-Based Dynamic Airspace Configuration algorithm. Integrated Communications Navigation and Surveillance Conference(ICNS).

Wong D K Y, Pitfield D E, Caves R E, et al. 2006. Quantifying and characterising aviation accident risk factors. Journal of Air Transport Management, 12(6): 352-357.

Xue M. 2008. Airspace Sector Redesign Based on Voronoi Diagrams. Honolulu, HI: AIAA Guidance, Navigation, and Control Conference.

Xue M. 2009. Airspace sector redesign based on voronoi diagrams. Journal of Aerospace Computing Information and Communication, 6(12): 624-634.

Xue M. 2012. Three-dimensional sector design with optimal number of sectors. Journal of Guidance Control and Dynamics, 35(2): 609-618.

Yousefi A, Zadeh A N. 2013. Dynamic allocation and benefit assessment of NextGen flow corridors. Transportation Research Part C: Emerging Technologies, 33(8): 297-310.

第3章 空中廊道航空流运行结构

3.1 空中廊道航空流运行结构的集成检测与动态理解

> 2017年全国人民代表大会政府工作报告中首次专门对优化空域配置提出具体要求，同年《中国民用航空发展第十三个五年规划》即提出"高质量快速空中大通道"的构想。空中廊道作为一种动态空域配置技术，将有力支持空中大通道的建设。检测空中廊道航空流运行过程中关键制约因素已成为重要科学问题。继续使用计划航班流量归一化处理的航线网络固定模式难以实现这一目标，因此需要新型航迹数据的大规模应用，以及基于航迹数据的方法创新。这项研究拟启动一个关于空中廊道航空流运行的新的研究方向，并相应提出一种检测方案，巧妙采用多流数据和发展一组分析技术，将时空分布识别转化为运行结构检测，并最终于中国空中廊道实施。拟研究的关键问题是：构建"时空图+"研究方法，集成检测空中廊道航空流运行结构，不仅要检测出其多流空间细粒度特征、连续时间特征和分时段结构变化特征，还要以多维属性理解其随时间发生的短期空间变化，以对现有航空流动力学流理论做重要补充，并支持我国航空大通道建设。检测内容包括航迹网络、航迹簇流量模式、航迹热区/航迹管交叉空域、航迹簇联系相态4个方面，其研究意义在于搭建新型人空关系研究框架、展示与传统航空地理学所不同的途中交通流研究新领域、揭示航空地理市场需求与航空物流网络的关系。

3.1.1 关键问题的提出及其研究意义

1. 研究背景

空中交通需求增长、航线规模扩张以及新机场加入，致使航空流运行环境日益复杂（王姣娥和莫辉辉，2011；金凤君等，2016）。几年来，以美国国家空域系统（NAS4.0）计划和欧洲"同一天空"（SESAR）计划的实施为标志，展现了空域配置的动态变革。国际上先后提出"航迹操作"概念并启动协同航迹选择（CTOP）方案（Gerdes et al., 2018），旨在构建一种全新的航空流运行结构（AFOS）（张一诺等，2020）。其将带有时间属性的个体航班航迹点数据（Ren and Li, 2018）与飞行路径一一对应，以确立更精细的真实时空关系，并支持流量与容量的及时控制。其中，以空中廊道研究航空流运行占有重要地位（董雅晴等，2018）。目前，我国已将空域配置改革作为重大战略决策，2017年3月第十二届全国人民代表大会第五次会议政府工作报告中特别提到"优化空域资源配置"，这是首次在我国政府工作报告中专门对"空域使用"提出具体要求，同年4月《中国民用航空发展第十三个五年规划》即提出"高质量快速空中大通道"的构想，旨在开辟空中交通新出口，实施航班分布空间大挪移，增加空域资源容量。目前，中国主干"10+3"空中大通道建设，就是一项在现有航路网络基础上改善局部航迹微循环、促进空域单元内航空流整体大循环变化的改革措施。空中廊道的构建基础即航迹流量，较成熟的空中廊道技术，将为空中大通道建设提供重要支持，以空中廊道动态干预空域和提高飞行效率是重要发展方向，空中廊道航空流运行结构研究具有现实意义。

2. 研究综述

（1）航空流。近年来，航空流研究可归为三类：①通过复杂网络系统方法，利用航线和计划航班数据论证网络联系规律（曹小曙和廖望，2018）、网络拓扑特征和网络优化的航空网络研究（王海江和苗长虹，2015）。②利用航空流多维信息聚合分析航路结构（如航线优先次序及航线更改等）（Murça et al.，2018）的航空流排序建模研究。③通过特性参数关系及其由航段所呈现出的相态变化等支持的航空流运行演化研究（Wandelt and Sun，2015），其对时空转换的贡献较为显著。当前面临的挑战是：无法考虑流之间的相关性，导致识别过于敏感。多流分析能够同时识别多个相关变化流而不仅仅是单流，其只有依据具有特殊时空集合含义的实时航迹数据才能完成。

（2）空中廊道航空流。空中廊道是高空巡航空域中航空器飞行的大容量活动通道，空中廊道所具有的一系列动态特征，使其可以应对多流不一致的情况（Xue and Zelinski，2010），所以空中廊道的航空流研究与基于O-D全部航班流量归一化处理的航空流研究有较大不同，其使用航迹数据代替航线数据更真实地表征了航空流的短期变化（Sidiropoulos et al.，2017），进而能揭示航空流实时相互作用对运力的制约。这是莱茵河-阿尔卑斯空中廊道发展议程（Cook et al.，2015）的核心。其在京沪空中廊道航空流滑动时间窗口（SW）研究（高伟等，2019）、京广空中廊道航空流延误弹性研究（张一诺等，2020）中也得到证实。在方法论上，尤其以时空图方法表示航空流实时相互作用已取得共识，其被视为应对大规模航迹数据评估空中廊道不同时段个体航班运行情况及系统状态的一种基本方法（Marzuoli et al.，2014）。

（3）空中廊道AFOS。该问题是在航空流效率评测中逐渐聚焦出来的一种航空流动力学研究（Belkoura et al.，2016），其本质是构造非线性的时空序列，进而捕捉航空流运行的连续动力（Li and Ryerson，2017），将时空分布识别转化为运行结构识别，强调多流间流量以及密度/容量的差异及其运行变化与需求的关系，并通过时空调配解决运行性能问题。近年来，空中廊道AFOS基本参数（航迹点经纬度和高度）和时间参数的设定、日循环时间序列的普遍使用、细胞单元网格（杜欣儒等，2019）和各航班执行阶段的划分（Kim and Mahmassani，2015）、特定时段内航迹交叉点（ARWs）（Murça，2018）以及由其显示的共享航段等指示变量的创建，较传统航线优化研究而言，更接近实际航空业务。但如果追究为什么要进行AFOS研究？其回答还应该是：检测航空流运行过程中的约束性问题（Palacios and Hansman，2013；Rebollo and Balakrishnan，2014）。而当前缺乏集成检测方法，距离 SW 一系列异常快速变化分时段细粒度检测的需求仍有较大差距，其运行结构的检测结果往往也较差。

3. 关键科学问题提出

基于以上综述可提出关键科学问题：动态环境下如何检测空中廊道 AFOS 和表征航空流网络特征及其如何揭示其形成机制（约束性问题和关键制约因素）。其具体涉及 4 个层面：中心航迹数量和流向域面宽度对航空流运行的制约；单向、多向辐合/辐散航迹簇流量模式及其在 SW 的变化；各种航迹簇流量模式的持续时间、航迹管交叉空域的汇集/分散、共享同一空域单元的相似性等；关联航段在自由相-畅行相-拥堵相的变化。这项研究旨在集成检测这些流网络关系，并揭示航空地理市场的形成机制。以往应用计划航班流量构建的航线网络固定模式，难以检测空中廊道航空流运行过程中的多流分时段细粒度特征，也不利于揭示其多种不同形式及其变化的形成机理。

具体阐述如下：过往在空中交通流运行过程研究中，多将人流需求和空域容量视为固定情况并进行流量分配。然而，高度随机性是空中交通流的主要特征和对运力限制的主要原因，固定框架很难解决这一问题。航空流流量和空域容量动态影响已成为空中交通流研究所面临的一个重要挑战。为了反映空域容量变化，学者也曾开发随机动态多航班重构模型（Nilim and Ghoul，2004）、多约束非线性优化调度模型（Wang，2009）和不同空域组件的总需求量模型（Meyn，2002），并在终端区域应用，还提出了动态空域配置（DAC）与空中交通流相结合的分布式鲁棒优化（DRO）方法（Yousefi et al.，2013）。但对实际空中交通流网络中经常出现的耦合效应重视不够，理论探索有待加深。为了真实描述特定空域的空中交通流场景，这项研究拟根据机场到达容量分布的类型及容量概率分布等概念，将空中交通流分类并使这些类别均具有可变参数，提出容量约束下的流网络模型，以实现降低动态容量对航班运行的影响目标，既包括空域内每个时段的容量，也包括某个容量持续时间长度。另外，与基于模拟交通量的方法相比，采用实际航迹数据进行建模便于解释多个时段之间缓解人流需求和容量之间的不平衡性。

4. 研究意义

下面举两个例子说明以往研究存在的差距和这项研究的目标与意义。

示例 1 航班延误。目前我国航班延误问题较为严重，以往普遍归因于枢纽机场航班高峰。但基于延误航迹数据估算延误成本（一种重要的经济反馈指标）（Xue and Zelinski，2010），检测我国复合枢纽机场间空中廊道不同执行阶段航空流运行时发现延误分布与中国斜体"N"形（董雅晴等，2018）空中廊道格局高度吻合，其主要存在于空中维持阶段（远大于登机口和滑行阶段），由此揭示出空中廊道航迹欧氏距离（航迹点间长度总和）和航空流活动范围（航迹间活动宽度的最大值）的制约。不经过 AFOS 检测是无法识别一系列根本的内在性（如航空流运行与空中廊道设置）约束机制的。

示例 2 新机场加入。新机场加入以及新的航空流参与是一个普遍性问题（Belkoura et al.，2016）。例如，北京大兴国际机场加入（2021/2022 年冬春航季前东航、南航集团等相关航线将从北京首都（PEK）通过航线分散和航班时刻平移转场至 PKX 运行）后，其将如何引发多机场系统（MAS）终端空域占用的变化？以航迹为基础进行 AFOS 检测后可预见，将新增中心航迹并促发骨干网络变化；将在加强原方向运行集聚的同时出现新的汇聚流向，并降低原航迹簇流量模式的持续时间（张菁等，2019）、产生更多类型的航迹簇流量模式；将增强局部空域航空流相互作用，并使一些方向形成新的航迹管理交叉空域；将在多个航空流关联航段保持高频拥塞相态，其出现频率和相对时长均有增加且时间提前。这些检测结果具有较重要的前瞻性价值，将支持空域资源的共享和满载效益的实现。

以上两个示例可以说明，以往研究尚存在差距。适于单流情况而无法较好地处理多流情况；适于固定流静态情况而无法较好地处理实时和动态流情况；适于整个航线情况而无法较好地处理分航段发生改变的情况；适于粗时间属性的情况而无法较好地处理日内 SW 以及以分钟（或秒）检测的情况；适于流关系中较确定的情况而无法支持流关系中不确定的情况。基于这些知识，这项研究拟启动一个关于空中廊道航空流运行的新的研究方向，并相应提出一种集成检测方案，最终实施于中国空中廊道。该方案以过往研究经验为基础，采用实时航迹数据，延伸时空图技术形成"时空图+"研究方法，架构起包括航迹网络、航迹簇流量模式、航迹热区/航迹管交叉空域、航迹簇联系相态 4 个方面的研究内容。这项研究将使空中廊道 AFOS 的集成检测结果具有连续时间特性、空间细粒度特性和结构变化特性，从而有助于多流之间相关不确定性的动态理解，进而较充分评估空中廊道设置的潜在影响，揭示航空地理市场的基础作用。

3.1.2 研究内容与研究目标

1. 航迹网络

航迹网络的研究目标是分类识别，开发"航迹时空图+"航迹距离函数聚类的研究方法，检测空中廊道邻近流的网络特征和流向特征，为 AFOS 生成先期指示。

空中廊道是由一组由相似航迹构成的管状网络空域或流动走廊，是为适应空中交通需求不断变化与空中交通流量增加而提出和设计的，是基于高流量航线和高流量机场将具有相似航迹的航班按距离约束而形成的，所以空中廊道上邻近流特征明显。以邻近流旨在表述多流直接相互影响。由于现有航线归并方法无法捕获动态环境下航空流的不确定性，以及流发生时的特殊触发因素，所以需要通过相关的桥接方式划设邻近流的两种类型，并设计一组检测统计量来解决这一问题。①使用启发式方法检查、调整、确定航迹簇最佳类别数，划出中心航迹，并以其为边架构航迹网络，检测主导性的航空流流向和流向域面；以外围航迹检测多向辐合/辐散航空流流向类型。这是 AFOS 空间异质性的基础。②以网络指示变量检测空中廊道设置并进行应答研究，如增加中心航迹数量及所属航迹簇延伸量，扩大航空流活动范围，降低 ARWs 和共享航段复杂度，以调整中心航迹航空流运行配置，实现全向均衡或主要航空流流向分离等，改变航空流运行制约。③由需求-驱动机制（通过外在需求驱动航空流运行）呈现枢纽机场作用下航空流运行状态（密集空域和稀疏空域）和网络结构，揭示航空流运行与广域系统间相互作用关系。其关键问题是：检测中心航迹网络特征以及检测空中廊道设置对航空流运行能力的制约，理解相关网络指示变量对 AFOS 的影响，揭示航迹网络动态序列和连边动力的共同作用关系，为后面的归因分析奠定基础。

2. 航迹簇流量模式

航迹簇流量模式的研究目标是分组识别，开发"航迹时空图+"SW 提取的研究方法，以 SW 定位并发流并检测空中廊道并发流流量随时间变化的分段细粒度特征，区分并发性和相关随机性。

基于研究目的可见，不仅要检测流的运动过程，还要检测流发生扩散的时间特征，而发生时间显然是不确定的，如受危险天气影响等。在此将合并了时间要素的流称为并发流。使用并发流：①检测扩散时间，这是该领域非常创新的研究；②检测并发流扩散的联合影响，现有研究中尚有缺失。以前的研究就曾发现，空中廊道航迹簇流量高值航段与 ARWs 位置的集中空域不完全匹配，此时刻配置集中可能是主导因素。所以完成这两个任务需设计一种功能组合机制合并研究 SW 变量与航空流运行。①通过对 SW 流量相似性执行二次聚类完成集群分组，以空中廊道端点为索引，将相关航迹点数据自动分配到 SW，滑动建立航迹簇日流量矩阵，对应前述流向类型生成航迹簇流量模式（单向和多向的、辐散和辐合的），以各组模式的时间分布检测航空流流量特征（集中的和分散的 SW、持续时间、可变余地等）。在此可评估航空地理市场的需求。②统计航迹簇流量（按 1 min 采样）得到各组航迹簇 ARWs 位置（及形成时刻）和飞行频率。由其明显差异检测空中廊道航空流运行的顶端模式，如果局部时段表现出 ARWs 数量累积还可检测航空流运行的累积模式。其关键问题是：检测航迹簇流量模式的形成以及 SW 约束特征（顶端和累积），理解航迹簇流量模式与时刻配置互动对 AFOS 的影响，尤其是机场时刻配置不平衡所造成的各流向航迹簇时序分布的分异特征。

3. 航迹热区/航迹管交叉空域

航迹热区/航迹管交叉空域的研究目标是分层识别，开发"航迹时空图+"细胞网格叠加的研究方法，检测空中廊道多变量流的时空交互作用。

传统研究未对多变量流进行检测，为此拟对观测值有效更新，以多变量流附加信息帮助检测（可称为多变量双样本测试机制），以使其具有以下能力：在检测多流的同时，还确保孤立的流不会因维数而被淹没。这与不针对相关性的整体检验和仅针对特定类型的检验有所不同。为此将考虑以下情况（但不限于）。

情况 1 以航迹点基本参数计算航迹点叠加次数，并经三维旋转由系统默认生成 4D 航迹热区，体现空中廊道内各航班执行阶段的差异，以空中维持阶段的连续航迹热区可以较好地理解航空流通过能力及对下游航班的影响（延误传播）；以两种航线网络模式

（城市对和中心-辐射）的使用还可检测航迹热区对枢纽机场的依赖。

情况 2 应用航迹簇和中心航迹经百分位数标准计算航迹管宽度和高度得到交叉空域体积，指示不同方向航空流的交叉或同向汇聚以及时间延续性，检测航空流在共享空域发生的多变量流（多向）相互作用，特别是位置接近和航班量巨大的枢纽机场间较长时间的多向相互作用。其关键问题是：检测航空流运行过程中的时空相互作用及其结果（约束空域），理解空中维持阶段航空流通过能力对 AFOS 的影响。

4. 航迹簇联系相态

航迹簇联系相态的研究目标是分相识别，开发"航迹时空图+"航迹簇联系强度计算的研究方法，检测空中廊道集体流的相态变化和相态分异。

在空中廊道 AFOS 研究中，以集体流检测相变有助于空域配置的动态转变。针对现有方法检测的局限性，尝试确定具有最大相关性的多流特征向量，期望其具有以下两个优势：①分别统计关联航段上所有时间片的飞行速度和流量密度的变化，以临界值整体检测自由相（SW 内关联航段流量密度处于非饱和状态，通过低频调速使航空流保持较佳运行状态）与畅行相、拥堵相之间的变化以及不同相态的持续时间，分航段检测航迹相态变化，可以支持各 SW 内不同航段航空流发生拥塞时的路径调配。②依据航迹点距离，结合航迹簇数量与机型配置比计算空中廊道端点间航迹簇联系强度，利用集体流相关信息（航迹簇集聚度和离散度）判断航迹簇联系网络的可拆分性。如果空中廊道端点和一些汇聚航段具有较高强度航迹簇联系和较高集聚度（可能源于复合枢纽机场的需求或空中廊道内参与机场的增多），那么将呈现为一种不可被拆分的固定相态，相反则呈一种可扩相态。集体流流量的可变性对实时协调空中交通需求和空域容量将发挥重要作用。其关键问题是：以关联航段检测航空流参与量的变化以及由此引发形成的航迹簇联系相态的变化，以集聚度和离散度理解航迹簇联系相态对 AFOS 的影响。

综上，研究内容涵盖航迹网络、航迹簇流量模式、航迹热区/航迹管交叉空域、航迹簇联系相态 4 个方面，形成空中廊道 AFOS 的集成检测系统，通过内部因素之间以及与外部因素的上下信息交互，建立起检测结果与形成机制之间的对接关系。

3.1.3 研 究 方 法

根据文献回顾，以"时空图"形式表示航空流实时相互作用，体现出航迹数据所具有的特殊时空集合含义。其中，针对空域优化目标而构建的多层次聚类和百分位数标准、中心线提取与集群分组以及航迹管交叉空域体积计算等，对航空流运行检测的效果均已得到证实。前期的研究也发现，基于时空图的流量统计能从多流时间序列来区分、定义 AFOS 的同步相关性和顺序相关性。但从细粒度视角出发，还需进行 3 个方面的发展：一是在航迹延伸量评估环节补充航空流运行的网络度量指标，进行 AFOS 的网络特征识别；二是在集群处理环节补充航迹点数据自动时间分配，进行一系列航空流异常变化的分时段识别；三是在航空流运行动态环节补充联系强度指示变量，进行航空流相态变化特征识别。基此,出于多目标需要,在"时空图"基础上,加入其他分析技术开发"航迹时空图+"研究方法,还分别加入航迹距离函数聚类、SW 提取、细胞网格叠加、航迹簇联系强度计算等,架构起一个融过程和方法为一体的空中廊道 AFOS 检测框架(图3-1),目的是将空中廊道 AFOS 的各组成部分连接起来,组合成较完整的检测系统,使检测过程具有连续时间属性、空间单元细粒度属性、组簇属性和结构变化属性,实现不同时段内个体航班执行情况及系统状态的评估,进而实现空中廊道 AFOS 的时空一体化集成检测和动态理解。这种技术外延与以往复杂网络分析方法有两点不同:一是小比例化空域分割;二是多维度时空表达。期望"航迹时空图+"研究方法具有相关分析(不同的流信息)和偏相关分析(提高系统一致性)的能力,有效应对所面临的挑战:空中廊道 AFOS 实际场景中多流间相互作用的不确定性,进而在邻近流、并发流、多变量流、集体流检测中发挥作用。

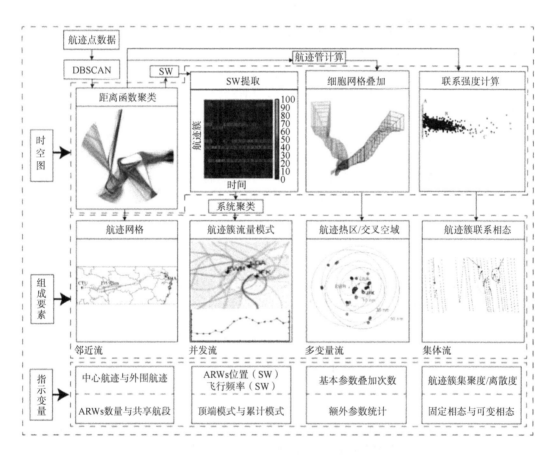

图 3-1 空中廊道 AFOS 检测系统

AFOS 检测的自适应能力至关重要。所设计的研究方法具有自动及时识别多流真实相关性变化范围的优势,包括:①能确定多流固有关系并量化不同流的运行,使不同流的检测值在同一度量系统中;②能自适应流的变化,检测在什么航段和什么时段发生了同时的或顺序的多流运行；③能借助隶属度值处理多流中的不确定性，并通过不确定性的新颖表示识别隐藏在一组流中的细微变化；④能使组成要素以及指示变量具有交叉关系，如航迹热区生成过程与航迹聚类结果相交叉，用于判断航空流通过能力，再如 ARWs 与航迹簇流量模式相交叉用于判断不同 SW 内航空流的集聚模式。

综上，这项研究将为新的研究方向开发一组新颖的、创造性和变革性的、具有实际处理能力的"航迹时空图+"研究方法，为不断变化的多流环境中的检测和流数据、流关系、多流作用过程的深入理解提供可靠基础，解决存在的若干不确定性问题，有望使研究成果能对航空流动力学流理论做出重要补充。

3.1.4 总结与讨论

1. 创新性

（1）首次正式定义了空中廊道 AFOS，并创新性地提出集成检测框架，所设计的研究构架较完整地涵盖航迹网络、航迹簇流量模式、航迹热区/航迹管交叉空域、航迹簇联系相态 4 个方面，其有助于解决空中廊道 AFOS 的集成检测与动态理解问题，并将其提高到多流分时段细粒度检测的新阶段。该框架具有以下开拓性：多流检测的组成要素和指示变量设定；不是单流检测，而是对多流的相关作用进行集成检测；对流的运行结构尤其是变化进行检测。其研究方向的确立，将对现有航空流动力学流理论做出重要补充，从而引导研究者将注意力从静态转移到动态上来。

（2）提出了空中廊道多流时空相关性集成检测方法，并将其形式化为"航迹时空图+"研究方法，这对解决实时动态多流自适应集成检测问题是一个方法论的突破，是以往研究方法所无法实现的。其具体有 3 个长处：①相对于单流检测而言，其创新在于同时为每个流保持多种检测方法，从而检测相关流的子集，克服单流检测方法的局限性。②更准确地表示了流分布的时间变化，以及对其他流产生的影响，更深入地理解了多流发生的位置、方式和 SW，这在文献中被认为是一个巨大挑战。③通过系列指示变量，突出了 AFOS 相关特征的动态表达，这与航线网络中心性表达有较大不同。

（3）由文献综述所知，以往没有任何研究试图将空中廊道 AFOS 与航空地理市场联系起来，这是第一次使用航迹点时空连续数据，以航空地理市场的需求，解释空中廊道 AFOS 的形成原因，因为在单流设置情况下这是较难实现的。其创新之处在于，考虑多流相互作用，并向多重交叉变量相关分析发展，而这种驱动源于机场对空中交通流量的需求。

2. 精准性

数据筛选、过程验证、结果甄别 3 个关键环节是精准实现研究目标的基本保障。

（1）航迹元数据获取及其科学加工是保证检测性能的基础。随着广播式自动相关监视（ADS-B）技术应用航空服务提供商（ANSP）已完全公开航迹数据，可以从 Flightradar24

飞行跟踪服务中实时获取全部航班的连续航迹数据。但航迹元数据加工处理仍面临流的累积、多流异常和多流之间关系等问题的挑战。为此：①参照参考文献（Kim and Mahmassani，2015）给出的航空流日内（24 h）循环模式以及大分辨率时间间隔划分（数据集报告中航迹点状态为 1 min 更新）和单元网格分割（0.1°×328.5 m）提取实际航迹，构建基于向量流的聚类并计算航迹点叠加次数；②参照参考文献（Palacios and Hansman，2013）使用的滤波方法检查 Flightradar24 数据覆盖范围，纠正航迹点位置，测量中间隙误差，剔除无效航迹点数据；③参照国际民用航空组织（ICAO）行业考核标准中航班执行阶段的划分，并参照参考文献（Kim and Mahmassani，2015）对其相应高度的划分识别航迹热区。

（2）研究方法的自检验优势是令人期待的，为此制定一个验证过程，通过一系列性能指标（如精度、曲线下面积、时间）对实时数据集进行数据链和系统原型的经验测试。其包括：多流扩散模拟及扩散规则预设，给航迹数据多维要素评估设定黄金标准；依据自适应相关性变化，经逐步调整，为动态控制开发有效的阈值优化函数；充分考虑相关性动态识别的局限性，采用校正过程解决流相关性之间的差异；删除或合并重复的流，同时不删除涉及重叠依赖性的从属流，确保识别准确率和检测精度双赢。

（3）美国是空中廊道航空流研究的发源地，对中美对比，可以揭示空中廊道航空流运行结构的约束性特征。把 Ren 和 Li(2018)给出的美国航迹簇聚类结果与 Murça(2018)给出的美国航迹簇流量估算结果相结合，生成美国空中廊道 ARWs 数量和共享航段欧氏距离指示图；用 Rebollo 和 Balakrishnan（2014）给出的美国空中交通延误估算结果，生成美国空中廊道 ARWs 位置与飞行频率指示图；用 Murça（2018）给出的美国枢纽机场间（航线）航班执行阶段划分与 Xue 和 Zelinski（2010）划设的 60 条空中廊道进行重组生成美国空中廊道 4D 航迹热区图；用 Ren 和 Li（2018）给出的美国前十位航线的航迹簇生成美国空中廊道端点航迹簇联系指示图，结合 Palacios 和 Hansman（2013）关于机场容量限制指标，生成美国空中廊道端点集聚度和离散度指示图，将它们分别用于中美航迹网络比较、中美航迹簇流量模式比较、中美航迹热区/航迹管交叉空域比较、中美航迹簇联系相态比较。中美空中廊道 AFOS 比较对于甄别检测结果、提高检测质量是十分必要的。

3. 应用性

空中廊道作为一种动态空域配置新技术受到高度关注，已经有十余年历史了，其将具有相似轨迹的航班按距离约束纳入廊道，以为高密度航线保留较充裕空域，其目前已经取得了明显成效（董雅晴等，2018）。空中廊道划设、拥堵识别和廊道设置等已成为基础研究议题：①依据高流量航线和高流量机场确定空中廊道位置，并通过距离约束条件纳入相关航线参与者完成空中廊道划设。可见，空中廊道划设主要是针对高流量航线和高流量机场而言的。②基于空中廊道航班量分配，进而通过拥堵阈值设定以及通过热格频数判断，可实现对空中廊道拥堵时段和拥堵区段的识别。③从空中廊道特征路径宽度（航迹活动范围）和航迹交叉点数量（集聚或解聚点）两方面，可评估枢纽机场间空中廊道的过流效率（Du et al.，2020），构建空中廊道、增加额外参与机场配以航班时刻调整，并动态干预空域资源分配，这已成为破解航班延误的一种首选方案。可见，空中廊道的构建侧重于航空流流量时空分布与容量均衡匹配（杜欣儒和路紫，2016）。

比较而言，空中大通道是通过开辟新的衔接航路形成新的出口，对航班分布进行空间大挪移，从而增加空域容量的技术变革，其优化重点是整合航空流走向，使原来单一航路彻底实现"来去分开，隔离飞行"。例如，目前我国已公布的沪哈空中大通道调整方案即在海上空域开辟新的沿海航路，分流半数以上的航班。因此，空中大通道的构建侧重于新航路的开辟，为新机场流量提供外围空域保障。

空中廊道和空中大通道均是在飞行路径单一而导致航班严重延误背景下设计的动态空域配置方案，均是由较多关注机场终端区向较多关注空中交通转移，均是空域资源充分利用的动态形式，其构建基础均是航迹流量的多维度参数应用和时空一体化，优化的重点均是航空流的时空布局，均是空域资源充分开发利用的重大尝试。两者在揭示航空流运行结构和空中交通拥堵方面有较大一致性。空中廊道 AFOS 的集成检测将支持空中大通道建设。

3.2 中国空中廊道划设与时空拥堵识别及其航空流流量影响

航空运输的迅速发展使空中交通流增加，空中廊道因能容纳高密度交通流而成为支持空域资源充分开发利用的一种新技术，空中廊道拥堵时段和拥堵区段的识别是廊道上车道分配和开合操作的基础。在回顾空中廊道与交通拥堵的相关研究后，构建了由空中廊道划设、拥堵状态识别、航线流量影响组成的研究方法。依据高流量航线确定空中廊道位置、依据距离约束条件确定航线参与者，合并划设出全国 14 条空中廊道，进而通过时空数据计算、时空图编绘、网格频数筛选及划分阈值设定等步骤，遵照重叠次数及热格频数的指示规则，对拥堵时段和拥堵区段进行识别，并通过规模值和汇聚值两个指标分析高流量航线的拥堵影响。研究发现，拥堵时段呈现全天多峰"波浪型"分散分布及高峰后端集聚的结构特征；拥堵区段整体呈现不平衡覆盖和交汇节点集中分布的结构特征，其中高拥堵程度的空中廊道呈现一个斜体"N"形框架，框架上为小区段集中的不完全贯通；时空交互上，拥堵区段存在单一时段和多时段重叠两种类型，多个廊道的不同拥堵区段存有共同拥堵时段。高流量航线在空中廊道拥堵中起相对决定性作用，且在抵港和离港两个方向上的影响不均衡。空中交通拥堵识别可为中国未来空域资源时空动态评估和空中廊道建设提供依据。

3.2.1 研究综述

近年来，中国机场终端区和航路等各种空中交通单元均因交通需求增长快于运输能力增长，而引发空域容量与航班量之间的矛盾，并导致较为严重的航班延误问题（徐肖豪和李善梅，2015），因此需要探索新型空域资源利用方式和构建新的空域资源开发系统，其中，空中廊道作为一种动态空域配置（DAC）的新技术受到高度关注，被称为天空高速公路（highway-in-the-sky）、动态多轨道航空线（dynamic multi-track airways，DMA）、流动走廊或带（flow corridor or ribbon）、超级扇区（super sector）等，其旨在将具有相似轨迹的航班按距离约束纳入廊道，以为高密度航线保留较充裕的空域。

在空中廊道相关研究中，廊道划设和拥堵识别已成为基础议题。廊道划设又包括位置确定和航线参与者确定。就前者，Yousefi 和 Zadeh（2013）分别基于优先级排序和层次设置、速度矢量场和速度矢量聚类计算、航班延误和取消评估，经空中廊道的候选空域识别和空中廊道的有效性模拟，较完善地设计出依托负荷值高和航班量大的航空干线确定廊道位置的模式。就后者，Xue（2009）基于大量航班具有相似飞行轨迹的特征，依据大圆飞行轨迹距离、航班进入和退出垂直距离、5%额外飞行距离3个约束条件，提出了在较少额外飞行距离下纳入较多航线参与者的理念。可见，依据高流量航线确定空中廊道位置，并通过距离约束条件纳入相关航线参与者，即能完成空中廊道的划设。

拥堵识别多是针对机场终端区和航路空中交通单元开展的。学者们曾从交通需求与交通容量（王姣娥和莫辉辉，2011）、离港航班延误与取消和空域内流入率与流出率等方面定义了空中交通拥堵，并尝试界定拥堵标准，以判定某个空中交通单元范围内的拥堵状态（王超和杨乐，2011），如 Hoffman 等（2003）基于航班延误和取消特征向量 K 均值聚类方法、Bilimoria 和 Lee（2005）基于航空器相对距离指标聚类方法进行了拥堵判别。总结以往拥堵识别研究，多是针对单个空中交通单元飞行冲突和时隙利用的计算，尚缺乏对大区域的整体拥堵识别；多侧重地面等待、盘旋绕飞、速度调整、间隔控制的数学模拟，尚缺乏依据实际数据的拥堵识别；多为构建技术方法和说明局部区域拥堵原因及特征，尚缺乏基于时空结合及其时空演变的拥堵识别。

随着 NextGen 和"同一天空"计划的推进（杜欣儒和路紫，2016），单纯针对局部小区域进行拥堵识别已不能适应空中廊道发展的需要（张进等，2009），而关于大区域较精准的空中廊道拥堵的测量，尚未见到有效的识别方法。但 Xue（2009）提出的识别空中廊道开合的方法，已被证实可从时间和空间两个维度进行空中廊道动态流量的有效显示，其能被借鉴用于空中廊道航班量分配，进而通过设定拥堵阈值实现识别空中廊道上拥堵时段和拥堵区段。

以下将构建空中廊道划设-拥堵状态识别-航线流量影响研究方法，以识别中国空中廊道拥堵时段和拥堵区段，揭示时间维度、空间维度及时空交互上的拥堵规律，评估航线流量的拥堵影响。这项研究将为中国实施航班拥堵和延误减缓策略、解决空域资源充分开发利用问题提供依据。

3.2.2 研究方法

1. 空中廊道划设

依据前文,以区域内某个方向上的高流量航线为基础,确定空中廊道位置,并以这些高流量航线命名空中廊道,将这些空中廊道由最初选择的高流量航线位置按照大圆飞行轨迹向两端延伸,至最后一个有航线加入空中廊道的机场,即完成空中廊道划设。在此高流量航线界定为航班量大、密度高、航线距离≥600 km 的干线航线(潘坤友等,2009)。航线参与者界定为加入空中廊道的航线,可基于额外飞行距离比值(空中廊道上飞行距离超出空中廊道划设前飞行距离与划设前飞行距离相比)≤5%约束计算获得,在 Xue 和 Kopardekar(2008)研究的基础上通过增加变量对该比值进行更精准的计算,其公式如下:

$$d_{\text{Extra}} = \frac{(d_1 + d_2 + d) - D}{D} \times 100\% \quad (3\text{-}1)$$

式中,d_{Extra} 为额外飞行距离比值;d_1 和 d_2 为航班垂直进入和退出空中廊道的大圆飞行轨迹距离;d 为空中廊道上大圆飞行轨迹距离;D 为空中廊道划设前大圆飞行轨迹距离。d_1、d_2、d、D 计算方法一致,以 D 为例,其计算公式如下:

$$D = R \cdot \arccos D \quad (3\text{-}2)$$

$$\cos D = \cos(90° - \varphi_1) \times \cos(90° - \varphi_2) + \sin(90° - \varphi_1) \times \sin(90° - \varphi_2) \times \cos(\lambda_1 - \lambda_2) \quad (3\text{-}3)$$

式中,R 为地球半径;(φ_1, λ_1)、(φ_2, λ_2) 为大圆飞行轨迹两个端点的坐标,即航班进入和退出空中廊道垂直点(或机场端点)的坐标,垂直点坐标根据航班垂直进入和退出规则来确定(Xue and Kopardekar,2008)。

2. 空中廊道拥堵识别

识别空中廊道拥堵时段和拥堵区段,需通过时空数据计算、时空图编绘、网格频数筛选及划分阈值设定等步骤来完成。

其一,用航班时刻数据,计算得到航班进入和退出的时空数据。根据计划飞行平均速度、d_1 和 d_2、d 对应航班时刻数据,计算航班进入和退出空中廊道的时间数据;将空中廊道两端中高流量机场一端延伸的坐标定义为原点,计算航班进入和退出空中廊道的垂直点与原点间的大圆飞行轨迹距离得到空间数据。

其二,运用 ArcGIS10.2 渔网操作方法编绘时空图。以北京—成都空中廊道 CA1425 次航班为例,首先,17:00 在 737 n mile 坐标处(北京)进入空中廊道,20:00 在 1 584 n mile 坐标处(成都)退出空中廊道,将航班时空数据表示为"斜率为速度直线"的飞行轨迹;然后,将其飞行轨迹的时间和空间数据按照经典安全距离要求的两倍进行分割,形成时间为 2 min 距离为 10 n mile 的网格;再次,将飞行轨迹与网格叠加,并对网格进行标识、相同项删除、航班轨迹频数统计,根据网格频数设置网格像素值(高值由热色表示、低值由冷色表示);最后,以网格频数作为识别空中廊道拥堵的判定指标,频数>1时,出现拥堵,频数越大,识别拥堵程度越高。

其三,以空中廊道上热格(频数最高的网格)和次高频数网格代表航班量峰值。当热格数量不足且分布分散时拥堵时段和拥堵区段退化成点,这时拥堵识别变动过于频繁,而无法作为空域结构的界定标志(Xue and Zelinski, 2010;张进等,2009),故以热格和次高频数网格共同构成拥堵时段和拥堵区段的识别依据。确定阈值下界和上界需参考有关航班时刻(王伟和王成金,2013)及机场空间服务距离(丁金学等,2011),并考虑所选热格和次高频数网格分布的代表性与普遍性意义,当时间阈值和空间阈值同时满足时,即可识别出拥堵时段和拥堵区段范围。

3. 航空流流量影响

关于航空流流量对空中廊道拥堵的影响,将主要分析高流量航线与其余航线的差异,用规模值表示某一时段内通过某区段的某航线流量在全部航线总流量中的占比,航线流量在时空图中表现为航班飞行轨迹数量,其计算公式如下:

$$SD = \frac{q_m\left[(t_1,t_2),(d_1,d_2)\right]}{\sum_{i=1}^{n} q_i\left[(t_1,t_2),(d_1,d_2)\right]} \quad (3\text{-}4)$$

式中,SD 为规模值;q_m 为 m 航线在 (t_1,t_2) 时段内通过 (d_1,d_2) 区段的抵离航班量;n 为全部航线在该时段和该区段内的抵离航班量。SD 值增大,表示从规模上某航线在空中廊道拥堵中作用增强。

用汇聚值表示某航线在热格内的抵离航班量与全部航线在该热格内的抵离航班总量(流量峰值点航班量)的比值,峰值在时空图中表现为热格频数,代表航班轨迹交叉点数量。汇聚值是航线网络复杂性的基础量度指标,用于表征空中廊道拥堵态势的集中性特征(王姣娥和莫辉辉,2011),其计算公式如下:

$$AD = \frac{q_m\left[(2t,2t+2),(10d,10d+10)\right]}{\max q\left[(2t,2t+2),(10d,10d+10)\right]} \quad (t=0,1,2,\cdots;d=0,1,2,\cdots) \quad (3\text{-}5)$$

式中,AD 为汇聚值;$\max q$ 为空中廊道上热格 $(2t,2t+2),(10d,10d+10)$ 内的全部航线抵离航班轨迹交叉点的总数量(即热格频数);q_m 为该热格内 m 航线抵离航班轨迹交叉点的数量。AD 值增大,表示从汇聚上某航线在空中廊道拥堵中作用增强。

3.2.3 研究资料与处理

1. 廊道划设

参照 Xue(2009)关于美国廊道研究的经验,考虑到代表性与普遍性要求,以《从统计看民航 2015》、中国民用航空局《2016 年民航行业发展统计公报》数据分别作为高流量航线和高流量机场的排名依据。又从"飞常准"(http://www.variflight.com)和 FlightAware(http://zh.flightaware.com)中统计 2017 年 5 月 8 日全部客运航班的计划飞行数据,将共享航班删除,直飞航线与经停航线合并,经停机场的航线分解,如航线 J-K-L 分解为 J-K 和 K-L 两个航段,按两条航线处理(王姣娥和莫辉辉,2014);其中,上海虹桥、浦东两机场只在计算额外飞行距离比值时分开处理,在航线流量统计和后续分析中合并处理。通过百度地图拾取中国机场坐标、航班进入和退出垂直点坐标,按 5%额外飞行距离约束,将北京—广州并入北京—深圳、广州—杭州并入上海—广州、北京—西安并入北京—成都、北京—昆明并入北京—重庆、深圳—成都并入广州—成都,最终划设出全国 14 条空中廊道,共包括 170 条航线参与者。

2. 时空数据计算及时空图编绘

依据"飞常准"和 FlightAware 中统计的 170 条航线参与者日内全部航班起降时间和飞行速度信息,计算得到 2 066 个航班进入和退出空中廊道的时间数据。再从百度地图中拾取 14 条空中廊道两端延伸后的原点坐标数据:北京—上海(40.24°N,116.52°E)、上海—深圳(31.50°N,121.64°E)、北京—成都(46.83°N,125.36°E)、上海—广州(31.50°N,121.68°E)、北京—深圳(49.61°N,118.76°E)、上海—成都(31.17°N,112.02°E)、上海—厦门(31.35°N,121.42°E)、广州—成都(22.63°N,114.16°E)、上海—重庆(31.22°N,122.01°E)、北京—杭州(40.25°N,116.54°E)、上海—青岛(29.67°N,121.59°E)、北京—重庆(46.83°N,125.36°E)、上海—西安(31.00°N,121.95°E)、广州—重庆(22.60°N,114.06°E),依此计算得到 2 066 个航班进入和退出空中廊道的空间数据,即航班进入和退出位置至原点位置的大圆飞行轨迹距离。应用时空数据绘制出空中廊道时空图,并统计得出热格、网格的频数和数量。

3. 拥堵识别设定

除热格频数最低的 3 和 4 部分热格数量较多外,其余的及热格频数为 5、6 和 8 的热格数量均较少,因此选取热格和次高频数网格。借鉴以往研究经验,并对比 14 条空中廊道上已确定的热格和次高频数网格分布,设定时间阈值下限为 15 min、上限为 60 min(王伟和王成金,2013),设定空间阈值下限为 30 n mile、上限为 120 n mile(丁金学等,2011),最终得出全国空中廊道拥堵时段和拥堵区段覆盖范围。

3.2.4 结果与分析

基于热格频数描述的整条空中廊道时空拥堵状态呈现明显差异,其拥堵程度依次为北京—成都、上海—深圳、上海—广州、北京—深圳、北京—上海、上海—重庆、北京—重庆、上海—成都、广州—成都、北京—杭州、上海—青岛、上海—西安、广州—重庆、上海—厦门,热格频数越高,热格数量越少,时空拥堵呈现高强度小范围集中分布的特征。拥堵时段和拥堵区段如下。

1. 拥堵时段与拥堵区段分析

1）拥堵时段识别

汇总拥堵时段分布，结合热格频数反映的拥堵程度，形成拥堵时段分布图。时间上呈现出全天多峰波浪形分散分布及高峰后端集聚的结构特征。由时段重叠次数（6~7、4~5、2~3、0~1）描述的拥堵时段表现为4种拥堵程度差异，分别存在于：8:38~9:08、20:00~20:28、21:18~21:48，7:54~8:26、9:14~10:38、11:08~12:38、12:48~14:08、17:12~17:52、18:16~20:00、20:38~20:56、21:10~21:26、22:04~22:40，6:54~7:50、10:38~11:00、16:48~17:04、23:04~23:28，0:00~6:42、14:36~16:48、23:28~24:00。再结合热格频数（8、6、5、4、3）描述4种拥堵程度内部最严重拥堵时段，各自存在于：8:38~9:08、21:18~21:48、22:04~22:40、23:04~23:28、14:36~16:48。可见，流量峰值较多，最严重拥堵时段存在于上午和晚间，主峰后置；4种拥堵程度内部晚间的最严重拥堵时段十分接近，时段内时长较短、时段间隔较小；随4种拥堵程度逐步增加，日内拥堵时段数量先扩大后缩小，也体现了晚间最严重拥堵时段集中分布的特征。这种拥堵时段在程度、分布、数量、间隔上的差异反映了时间异质性（路紫等，2007）。

2）拥堵区段识别

汇总拥堵区段分布，依据热格频数形成拥堵区段分布图。空间上呈现出不平衡覆盖和趋近空中廊道交汇节点（机场终端区）集中分布的结构特征，前者具体表现为小区段覆盖的不完全贯通，如上海—深圳、成都—北京、北京—深圳、北京—重庆4条空中廊道拥堵区段范围占比≤17%，这种小区段分布显著体现在高拥堵程度的空中廊道上，其大致呈现以北京与成渝机场群、北京与广深机场群、上海与广深机场群构成的一个斜体"N"形框架。后者表现为趋近空中廊道交汇节点的分布，其交汇节点次数在上海、成都/重庆、广州/深圳均有明显表现，其中上海交汇节点次数最高达到8次，趋近交汇节点分布最为显著。这种趋近于机场终端区的空间拥堵，说明交汇节点次数高的机场终端区更有可能成为中国空中廊道网络上的拥堵瓶颈。

3）拥堵时段和拥堵区段时空交互识别

汇总空中廊道拥堵区段分布，并结合拥堵时段重叠次数，形成基于时段重叠的拥堵区段分布图。时空交互下拥堵的内部分异更加复杂。

（1）依据多拥堵区段分布的描述，多个廊道的不同拥堵区段存有共同拥堵时段，重叠次数最高的7个拥堵区段均在上午的8:38~9:08时段和晚间的21:26~21:38时段，时段内时长较短（12~22 min）。总体上，随区段重叠次数增加，拥堵时段内的时长逐渐缩小，即从1次重叠增加到7次重叠时，时段内时长由132 min缩短到12 min，其中最长时长（14:36~16:48）发生在1次重叠的拥堵区段内，最短时长（21:26~21:38）发生在7次重叠的拥堵区段内。共同拥堵时段空间分布不均匀，以上海为交汇节点的空中廊道出现共同拥堵时段的次数最多，这种某一方向上和连接某一机场终端区的空中廊道出现共同拥堵时段对优化航班资源、扩大机场基础设施规模等提出严峻挑战。

（2）依据时段重叠的描述，空中廊道拥堵区段存在单一时段和多时段重叠两种类型，日内拥堵时段时长均与拥堵区段范围呈正相关。8 条单一时段下的拥堵区段较短的（80～240 n mile）有 6 条，拥堵时长为 28～64 min；较长的（580～715 n mile）有 2 条，拥堵时长为 4 h12 min～9 h56 min。6 条多时段重叠（次数分别为 3 和 2）下的拥堵区段较短的（20～90 n mile）有 2 条，拥堵时长为 20～100 min；较长的（220～810 n mile）有 4 条，拥堵时长为 3 h34 min～7 h42 min。其中，单一时段下时长较短、区段较短的特征集中体现在斜体"N"形框架上，可见前述小区段分布特征在时空交互下表现得更加显著。

2. 航空流流量影响分析

下面选取我国 4 条高拥堵程度的空中廊道（上海—深圳、北京—成都、上海—广州、北京—深圳），用以分析不同航线流量对空中廊道拥堵时段和拥堵区段的影响，生成空中廊道拥堵覆盖及全部航线抵离航班轨迹叠加图，计算规模值和汇聚值。

（1）用识别出的 5 个拥堵时段和拥堵区段计算规模值，高流量航线在拥堵中起相对决定性作用，4 条空中廊道上高流量航线的规模值均显著高于其余航线，其中上海—深圳空中廊道上的上海—深圳航线的规模值≥50%；用确定的 5 个拥堵时段和拥堵区段内 8 个热格计算汇聚值可见，高流量航线在拥堵中也起到相对决定性作用，4 条空中廊道上的 5 个拥堵时段和拥堵区段中高流量航线的汇聚值，也均显著高于其余航线，其中上海—深圳、上海—广州、北京—深圳 3 条空中廊道上的上海—深圳、上海—广州、北京—深圳航线的汇聚值≥50%。总之，无论是拥堵时段和拥堵区段内航班轨迹数量在全部航线航班轨迹数量的占比，还是热格内航班轨迹交叉点数量在全部航线航班轨迹交叉点数量的占比，高流量航线都显著高于其余航线。即使在空中廊道纳入较多航线参与者与航班量以及流量出现时空波动时，高流量航线在空中廊道拥堵中的影响依然显著。高流量航线拥堵程度及拥堵范围与位置受规模值和汇聚值共同影响。

（2）以规模值衡量，高流量航线抵港和离港两个方向在拥堵中的作用并不均衡，4 条空中廊道的 5 个拥堵时段和拥堵区段中，高流量航线抵港和离港的航班量均有差异，其中上海—深圳、北京—成都、上海—广州空中廊道的差异最大，拥堵时段和拥堵区段中抵港和离港航班量的不均衡比值达到 2/3。分析其原因，可能是航班速度和航班时刻不同，引起航班量在空中廊道上的动态演变造成的。

由以上分析可以看出，从静态航线最大容量和动态流量拥堵识别两个方面评测，依托负荷值高和航班量大的某个方向上的干线航线确定空中廊道位置的模式是合理的。

3.2.5　总结与展望

1. 结论

（1）中国空中廊道拥堵时段呈现为全天多峰波浪形分散分布及高峰后端集聚的结构

特征，流量峰值在上午和晚间均有分布，4 种拥堵程度内部最严重拥堵时段分别存在于 8:38~9:08，21:18~21:48，22:04~22:40，23:04~23:28，14:36~16:48，形成拥堵时段的短时长、小间隔、晚间集聚特征。这种特征将成为机场航班时刻资源优化调整的重要参考依据。

（2）拥堵区段整体呈现出不平衡覆盖和趋近于空中廊道交汇节点（机场终端区）集中分布的结构特征。高拥堵程度的空中廊道呈现一个斜体"N"形框架，即以北京与成渝机场群、北京与广深机场群和上海与广深机场群构成，框架上为小区段覆盖的不完全贯通；高交汇节点次数在上海机场终端区最为显著。其拥堵区段特征与中国干线客运航线密度分布基本是一致的，其交汇节点特征指示出中国航线网络及空中廊道网络上存在的拥堵瓶颈。

（3）时空交互下，多个空中廊道的不同拥堵区段存有共同拥堵时段，重叠次数最高的存在于上午 8:38~9:08 时段和晚间 21:26~21:38 时段，且拥堵时段时长与区段重叠次数成反比；时空交互下的拥堵区段表现为单一时段和多时段重叠的差异，且日内两种类型的拥堵区段范围与拥堵时段时长成正比。

（4）以规模值和汇聚值表征，总体上高流量航线在整条空中廊道拥堵识别中起相对决定性作用，在空中廊道纳入较多航线参与者且航线内航班量较大以及流量动态波动的情况下，其作用依然显著。拥堵识别中高流量航线在抵离港两个方向上的作用不均衡。

（5）所构建的由空中廊道划设、拥堵状态识别、航线流量影响组成的研究方法，能较清晰地识别中国空中廊道拥堵时段和拥堵区段，有助于解决空域资源充分开发利用中航班量时空分布与容量均衡匹配问题。基于拥堵时段和拥堵区段识别实施流量动态管理，将成为缓解航班延误和空中交通阻塞的一项关键技术。

2. 展望

目前，由单位时间内空中交通流量增多引起的空域资源利用率问题，仍是我国航班延误的主要原因之一。关于空域资源充分开发利用研究，在对象上提出了空域动态重构和空域灵活使用的命题，在方法上提出了时空一体化的命题（杜欣儒和路紫，2016），以实现未充分利用空域的容量释放和合理配置。依据高流量航线划设空中廊道，依据时空图生成航班飞行轨迹，较精确地描述了航班实时占用空域的时空位置和空域内动态航班的数量，识别了不同时段、不同区段内空域拥堵状态，体现了动态构建的灵活性和时空多维度需求。这项研究展现出地理学范式下对空域资源动态灵活配置的积极探索。

未来，地理学关于空域资源充分开发利用研究的发展方向，应是深入探讨机场终端区与空中廊道不同空中交通单元的相互作用。以往研究较多关注机场终端区拥堵（张进等，2009），其中以抵离港航班量、航班密度等为指标的时刻资源研究，揭示出日内存在的时间异质性和明显的峰区特征（王伟和王成金，2013）。也有研究基于延迟事件计数指出国家空中交通网络中的最拥堵区域，并在机场终端区交通单元拥堵研究中提出与航线拥堵存有一定共性和差异性（Bolaños and Murphy，2013）。但鉴于机场终端区和空中廊道两者状态的不一致，精准刻画流量峰值间的关系、清晰揭示其存在的内在机制可能将依赖于更多的案例研究，特别是依赖于高拥堵程度的空中廊道框架上，航班量趋近于空中廊道交汇节点的分布规律，同时兼顾空中廊道拥堵时段和拥堵区段向机场终端区的转移过程来完成。

3.3 中国空中廊道航空流运行结构及其中美比较
——基于枢纽机场时间延误成本的研究

不同于航线网络视角的航空流研究，连续航迹数据应用和航迹时空图方法的创新在丰富航空流研究内容的同时，也为航空流运行结构研究创造了条件。这项研究搭建一个研究框架，并相应开发"时空图+"研究方法，基于时间延误成本估算结果，识别中国空中廊道航空流运行结构的特征，并比较其中美差异。研究发现：①航迹网络中航迹簇数量较少，航空流运行主要依赖中心航迹，ARWs数量和共享航段欧氏距离均大于美国而航空流活动范围却小于美国，航迹网络对航空流运行结构的影响主要是通过空中廊道设置体现出来的。②航迹簇流量受ARWs位置和飞行延误频率制约，在整个SW内表现出空中廊道顶端模式，14:00以后因空中廊道端点飞行延误增加而表现出空中廊道累积模式，ARWs流动性低于美国且飞行延误频率高于美国，拥塞状态早于美国而畅行状态晚于美国。③空中维持阶段细胞网格内航迹点密集叠加，减弱了航空流通过能力，空中廊道对航空流运行的制约高于机场终端空域，这与美国有较大不同。④枢纽机场间空中廊道航迹簇联系强度较大且呈不可拆分的固定相态，其中复合枢纽机场间集聚度更高，离散度更低，航空流运行中飞行路径单一，中美差异明显。⑤航空地理市场对航空流运行结构的潜在影响主要是通过飞行频率以及空中廊道对新增流量的容纳两方面产生的。

3.3.1 研究综述

近些年来空域配置发生了急剧变革。在国外，美国国家空域系统（NAS4.0）战略的实施是空域配置动态变革的重要标志（Ny and Balakrishnan, 2011），新的空域结构不仅支持更自由地选择航路、高度和速度，也支持更及时地控制容量。空中廊道（Xue and Zelinski, 2010; Yousefi and Zadeh, 2013）就是基于此而产生的一种空域配置技术，至今已在飞行效率优化方面以及动态干预空域方面占有重要地位，其在莱茵河-阿尔卑斯空中廊道发展议程（Cook et al., 2015）中已经得到证实。在我国，空域配置仍基本停留在独立使用和非动态管控状态下，为此已将空域配置改革作为重大战略决策。2017年3月，第十二届全国人民代表大会第五次会议政府工作报告[①]中特别提到优化空域资源配

---

① http://www.scio.gov.cn/tt/34849/Document/1545199/1545199.htm.

置，这是首次在政府工作报告中专门对"空域使用"提出具体要求①。同年 4 月在《中国民用航空发展第十三个五年规划》中即提出"高质量快速空中大通道"的构想。空中廊道是空中大通道实施的一个重要方向（杜欣儒等，2020），中国空中廊道研究就是在这个背景下开始的。

空中廊道所具有的路径优化特征和多时段应用特征，使其可以应对实际飞行路径、计划飞行路径以及抵离时间不一致的情况，所以空中廊道航空流研究与基于 O-D 全部航班流量归一化处理的航线网络航空流（Zhang et al., 2016）研究，在揭示航空流实时相互作用关系以及飞行路径更改后的影响等方面有较大不同。其使用航迹信息代替航班和航线信息，不仅体现出多维属性，还能表征航空流的短期变化（Sidiropoulos et al., 2017），而随时间发生的空间变化是理解航空流的关键。例如，Donaldson 和 Hansman（2010）在纽约机场的实证研究中，揭示出终端空域航空流相互作用对枢纽机场运力的制约。目前已初步形成了依据航迹数据描述航空流，并指示空域配置和空中交通性能的系统评价指标。

航空流效率评估中加入时间序列即衍生出一个全新的概念——航空流运行结构（Enriquez，2013），其本质上是一种航空流动力学研究，即构造非线性的时间序列来捕捉航空流运行的连续动力，将航空流时空分布的识别转化为航空流运行结构的识别，强调计划与实际的航空流流量以及密度/容量的差异及其与需求的关系，旨在揭示航空流运行的演化规律，并通过时空调配解决航空流运行性能问题。例如，Marzuoli 等（2014）开发出航空流运行结构优化模型，较传统的航线优化方法而言，该模型更接近实际航空业务。目前可资借鉴的研究经验，既包括航迹经纬度和高度基本参数以及时间参数的设定，也包括特定时段内航迹交叉点（ARWs）（Zhang et al., 2018）以及由其显示的共享航段（Burgain et al., 2011）等指示变量的创建。

航空流运行结构的系统评估及其调整方式基本上还是属于经济衡量，在各种重要经济指标中，以延误成本作为反馈较为常见，同时已有研究也发现航空流拥堵的初始表象是航班时刻后延，但最终引发时间延误成本累积（Sama et al., 2017），所以采用时间延误成本指示空中廊道内的流量约束具有综合判断航空流系统特征及其缺陷的独特优势。Sidiropoulos 等（2017）的研究证明，基于延误航迹数据，结合航线流量数据得到的时间延误成本，具有指示空中廊道特殊占用的优势。前期研究也发现，中国复合枢纽机场间（航线）时间延误成本远高于区域枢纽机场间（航线），且复合枢纽机场间（航线）空中维持成本占比更大（杜欣儒等，2020），由此得知一系列航空流运行结构的形成机制。基于此，这项研究使用时间延误成本作为空中廊道航空流运行结构的反馈指标。

这项研究拟采用中国 12 个枢纽机场间 14 条空中廊道时间延误成本识别其航空流运行结构的若干特征，包括航迹网络、航迹簇流量模式、航迹热区、航迹簇联系相态 4 个方面，并在此基础上进行中美空中廊道设置（欧氏距离和活动范围）、流量约束（ARWs 位置和飞行延误频率）、航班执行阶段和航迹簇联系强度（集聚度和离散度）对比，最后讨论航空地理市场对空中廊道航空流运行结构的潜在作用。

---

① http://www.360doc.com/content/18/1207/08/61096066_799905894.shtml。

3.3.2 研究数据

1. 数据描述

航迹数据及其有效利用已成为空域配置转型的重要基础（Ren and Li, 2018）。以前航空服务提供商（ANSP）对航迹数据的提供很有限，但随着ADS-B技术的应用，这类数据不断公开，现已完全可以在全球范围内实时跟踪航空器获得连续航迹数据。与以往使用航线和航班数据相比，能更好地识别航空流运行的特点、判断航空流运行的变化、评估航空流运动各执行阶段的潜在限制性。其中，航空流循环模式、时间间隔和单元网格划分等具有较大借鉴意义。①借鉴Kim和Mahmassani（2015）以定期航班日循环时间序列，表征航空流分布式特征的做法，跟踪统计日内（2017年5月15日，周一）24 h全部延误航班的航迹数据；②借鉴Song等（2006）以分钟提取实际航迹，构建基于向量聚类（视邻近空域进出港航班为同一向量流）的数据框架表征航空流运动特征的做法，采用1 min时间间隔采集航迹点数据；③借鉴Sidiropoulos等（2017）提出的细胞单元网格分割，并依据航迹点叠加次数，确定热点空域的做法，以0.01纬度×0.01经度×328.5 m高度，将离散空域划分为大分辨率细胞网格。可见，使用航迹数据将有助于在时间序列下识别航空流运行结构的特征，进而衡量整个空域网络系统运营状态。

2. 数据来源

以《中国民用航空发展第十三个五年规划》确定的4个复合枢纽机场——北京首都（PEK）、上海虹桥（SHA）、上海浦东（PVG）、广州白云（CAN）和8个区域枢纽机场——重庆江北（CKG）、成都双流（CTU）、武汉天河（WUH）、郑州新郑（CGO）、沈阳桃仙（SHE）、西安咸阳（XIY）、昆明长水（KMG）、乌鲁木齐地窝堡（URC）为对象，按照以前研究中划设的中国14条空中廊道，从Flightradar 24飞行跟踪服务中，获取12个枢纽机场间空中廊道全部延误航班共计2801架次的数据，借鉴Czerny和Zhang（2011）以15 min间隔划分时段的做法，统计计划航班量与延误航班量。为了表征出细粒度特征，数据集报告中航迹点状态为1 min更新，包括飞行ID、经纬度、高度、抵离机场和机型（从飞常准App得到全部航班对应的机型，依据座位容量进行机型合并，如将B-5940、B-5917、B-5966、B-300Q等统一为A320）。此外，①为确保数据的可用性，比较Flightradar24航班信息与机场官方网站公布的实际抵离信息，经检查Flightradar24数据的覆盖范围可知，12个枢纽机场捕获的航班百分比均在93%以上，可以应对空中廊道时间延误成本的估算，并用于航空流运行结构分析（Santos and Robin, 2010）；②鉴于Flightradar24数据，航迹点位置测量中，往往受到间隙误差的影响，故参照Palacios和Hansman（2013）使用滤波方法纠正数据误差的做法，剔除偏离飞行路径的无效航迹点数据；③引入国际民用航空组织（ICAO）行业考核标准中的航班延误分类（登机口延误、滑行延误和空中维持延误），并借鉴 Ferguson 等（2013）对 3 个航班执行阶段的高度划分（0～15.3 m 和 ≥15.3 m），计算各航班执行阶段航迹点叠加次数用于航迹热区识别。

3. 时间延误成本估算

以航迹数据估算时间延误成本，并用于描述实时航空流运行结构已有先例。例如，Ferguson 等（2013）以美国四大机场系统（亚特兰大、洛杉矶、纽约和迈阿密）为例，应用延误航迹数据揭示了同一航线内航迹间的相互依赖关系，以及时间延误成本对航空流运行结构的影响。有学者曾对时间延误成本的估算方法进行了改进，并基于航迹数据估算了中国枢纽机场间及枢纽机场与非枢纽机场之间的时间延误成本（杜欣儒等，2020）。应用估算结果对中国枢纽机场间 14 条空中廊道的时间延误成本进行分类求和得到图 3-2。图 3-2 显示，抵离航班量分布与时间延误成本相符，并与高流量空中廊道[斜体"N"形（董雅晴等，2018）空中廊道]相符，这成为解释航空流运行结构以及航空需求的基础。

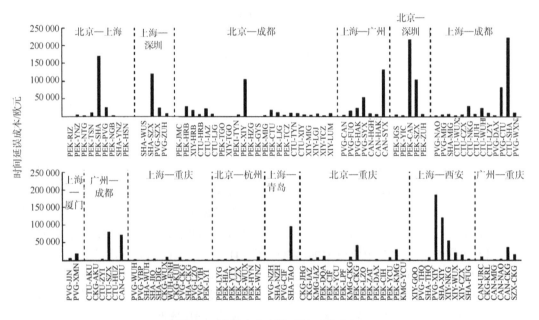

图 3-2 中国空中廊道时间延误成本

3.3.3 研究方法

不同学者依据航迹数据时间序列，曾对空中廊道不同时段内个体航班执行情况（如延误）及系统状态进行监测和评估，实现了空中廊道航空流运行结构的时空一体化分析。例如，Bonami 等（2013）通过时空建模，分别描述了空中廊道航空流的连续时间属性、空间单元属性及其组簇属性。由相关研究可见,航迹数据具有特殊时空集合含义,所以多以"时空图"的形式表示实时航空流相互作用(杜欣儒等,2019),并将其视为应对特定时间大规模航迹数据的一种基本方法(张一诺等,2019),其在航班流量与航线网络研究中,采用的复杂网络分析方法有两点不同:一是小比例化空域分割;二是多维时空参数表达。这项研究出于多种研究需要,在"时空图"基础上,加入其他分析技术形成"时空图+"研究方法,还分别加入航迹距离函数聚类、SW 提取、细胞网格叠加和航迹簇联系强度计算等,这些技术外延使航空流运动状态的描述具有了连续时间特性、空间细粒度特性和结构变化特性,具体描述如下。

(1)依据航迹距离函数聚类得到航迹簇,即在同一 O-D 航段所关联的航迹簇中,通过航迹流量累积得到中心线,连接中心线划分出中心航迹,其余则为外围航迹;将航迹交叉后产生的相似飞行路径定义为共享航段。以航迹簇与中心航迹-外围航迹、ARWs 数量与共享航段构成的航迹网络,体现空中廊道欧氏距离(O-D 航段内航迹点间长度总和)和活动范围(航迹间活动宽度的最大值),也可检测绕飞与穿越给航空流运行结构带来的影响(Detzen et al.,2012)。

(2)将航迹点分配到 SW,按 $SW_1 \rightarrow SW_m$ 时序将隶属于同一个 SW 的航迹点自动连接,在高度结构化的航迹簇基础上(Sabhnani et al.,2010)可归纳航迹簇流量模式。为了进一步分析其与航迹簇形成时刻之间的关系,又以空中廊道端点为索引,观察一组航空流的 ARWs 位置(对原始航迹数据按每分钟采样获得)和飞行延误频率(使用 ARWs 位置统计航班延误次数得到)。

(3)划分三维细胞网格,以细胞单元起止时间间隔内航迹点经纬度和高度基本参数计算航迹点叠加次数,将叠加次数相近的细胞网格合并构成航迹热区,体现空中廊道内航班执行阶段时间延误成本的梯度变化,再根据时间延误成本的连接线辅以额外参数(转向点与变速点)统计,说明飞行路径选择的多样性。

(4)应用航迹簇聚类结果,结合航迹簇数量与机型配置比,计算空中廊道端点间航迹簇联系强度,以集聚度和离散度 2 个指标说明航迹簇联系相态(Brueckner and Lin,2016)。借鉴 Martin 等(2013)的做法(应用可靠航线和高流量占有机场),判断航迹簇联系网络的可拆分性(固定相态或可扩相态),指示航空流运行过程中,航迹簇联系可能发生的相态异常变化以及相态的转换。基于此,这项研究搭建起一个由 4 个方面组成的空中廊道航空流运行结构的研究框架(图 3-3)。该框架中,组成要素以及指示变量均有复杂的交叉关系,如以细胞网格计算航迹点叠加次数,生成航迹热区过程中,与航迹聚类结果相交叉,进一步判断空中廊道航空流通过能力;再如,计算飞行延误频率,分析航迹簇流量模式时,ARWs 与航迹簇聚类结果相交叉,用于判断不同 SW 内航空流的集聚模式。

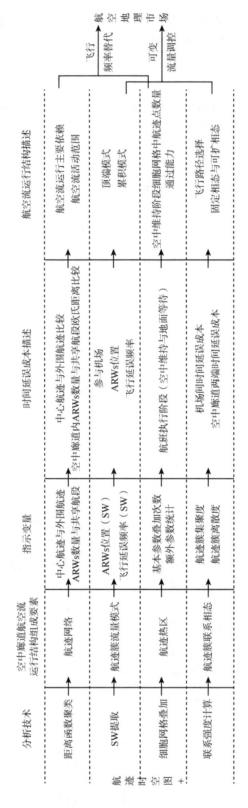

图3-3 空中廊道航空流运行结构研究框架

3.3.4 研究结果与分析

1. 航迹网络

依据前述"时空图+"距离函数聚类，选用航迹点偏差距离<25 n mile 合并标准（杜欣儒等，2020）聚类生成中国空中廊道延误航迹簇共计 73 条，又使用时间延误成本计算出中心航迹-外围航迹平均值。以上海—成都空中廊道 SHA—CTU 的 15 条延误航迹为例，聚类后生成 2 条航迹簇[图 3-4(a)]。为进行中美比较，将 Ren 和 Li（2018）给出的美国延误航迹簇聚类结果与 Murça（2018）给出的美国延误航迹簇时间延误成本估算结果相结合，得到美国芝加哥机场（ORD）—纽约机场（LGA）空中廊道 ARWs 数量和共享航段欧氏距离[图 3-4(b)]。

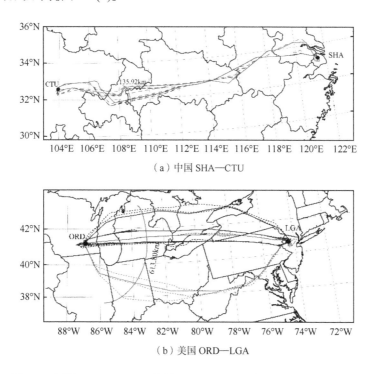

图 3-4 中国 SHA—CTU 和美国 ORD—LGA 空中廊道航空流活动范围
实线表示中心航迹，虚线表示外围航迹

中国空中廊道中心航迹时间延误成本平均值明显大于外围航迹，其在中国斜体"N"形（董雅晴等，2018）空中廊道中表现显著，即复合枢纽机场间空中廊道的时间延误成本更高，这与中心航迹航空流占比较大（高伟等，2019）相对应，如 SHA—CTU 中心航迹航空流流量占比达到 61.48%[图 3-4(a)]。这一表现可通过空中廊道设置予以解释。现采用 ARWs 数量和航迹欧氏距离两个指标，进行中美空中廊道航空流活动范围的比较。相较于美国，中国空中廊道内整体呈现出 O-D 对航迹簇数量较少的状态以及飞行路径单一的状态[图 3-4(b)],其不仅导致 ARWs 数量增多,也导致共享航段欧氏距离加长,进而导致不确定性因素增加。其时间延误成本整体偏高,这是由航空流运行主要依赖中心航迹造成的。美国空中廊道 ARWs 数量较少、共享航段欧氏距离较短,使航空流活动范围较宽。以美国芝加哥机场(ORD)—纽约机场(LGA)的 5 条航迹簇为例(Martín et al., 2013),与 SHA—CTU 的 2 条航迹簇比较,其直线距离相近(1243 km 与 1661 km),但其 ARWs 数量较少(其中 2 条航迹簇并无 ARWs)、共享航段欧氏距离较短(仅 110.91 km,而 SHA—CTU 达 379.75 km),活动范围为 613.80 km(而 SHA—CTU 仅 135.92 km),可较自由地决定飞行路径,当中心航迹存在流量约束区时,可选择外围航迹加速绕飞,降低时间延误成本,提高航空流运行质量。以上分析可见,航迹网络对航空流运行结构的影响主要是通过空中廊道设置体现出来的,ARWs 数量和共享航段欧氏距离两个指示变量解释了空中廊道的运行能力。对此,Sidiropoulos 等(2017)曾提出互补治理的概念,即在较高时间延误成本的空中廊道上,增加航迹簇数量和扩大航空流活动范围(选择外围航迹绕飞)以实现核心网络大通道的构建。以上航空流活动范围与航空流运行结构的关系为后文 ARWs 位置识别和归因分析奠定了基础。

2. 航迹簇流量模式

依据前述"时空图+"滑动时间窗口提取,选用 Zhang 等(2018)以间隔 3 h 划分时段的做法,统计中国空中廊道每个时段(滑动时间窗口)内延误航迹簇流量,得到 ARWs 位置和飞行延误频率,由色度渐变表示飞行延误频率随航空流增加而发生的持续改变(图 3-5)。为进行中美比较,依据 Rebollo 和 Balakrishnan(2014)对美国 229 个机场 584 条航迹簇的聚类结果,生成美国空中廊道航迹簇 ARWs 位置与飞行延误频率图(图 3-6)。

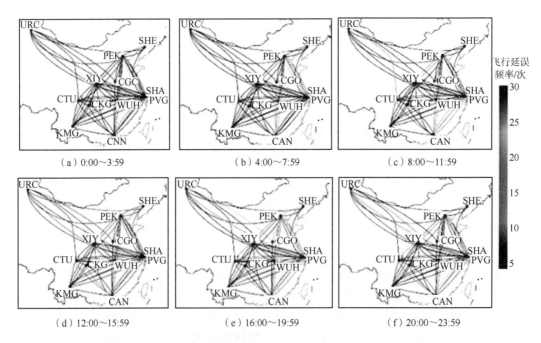

图 3-5 中国空中廊道 SW 内 ARWs 位置与飞行延误频率

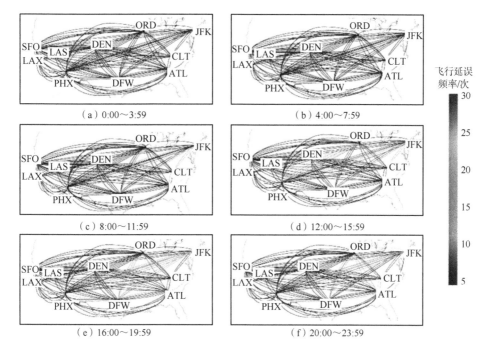

图 3-6 美国空中廊道 SW 内 ARWs 位置与飞行延误频率

由图 3-5 可见，中国空中廊道 SW 内飞行延误频率由低值[图 3-5(a)和 3-5(b)中显示为 5～15]向高值逐次变化[图 3-5(c)～图 3-5(f)中显示为 20～30]。虽然自 8:00 已经形成较为固定的 ARWs 位置，且 8:00～24:00 飞行延误频率相近[图 3-5(c)～3-5(f)]，但空中廊道的高值航段（如上海—西安空中廊道）与 ARWs 位置的集中空域（如 CTU）不匹配，在此空中廊道参与机场增多以及时刻配置集中是主导因素，其对航空流运行结构产生的影响如下：①整个 SW 表现为航空流运行的顶端模式，虽然其集中空域会发生改变，即由 SHA、XIY 和 CTU 转向 PEK、SHA 和 CAN[图 3-5(e)和 3-5(f)]，但高值航段明显分布在与 CAN 相连的 3 条空中廊道（北京—深圳、广州—成都、上海—成都）上，进一步由上海—成都空中廊道航迹簇 ARWs 位置可知，其主要存在于枢纽机场间（如 SHA—CTU 和 SHA—CKG），而枢纽机场与非枢纽机场间较少[图 3-5(c)]，ARWs 位置和飞行延误频率在复合枢纽机场的集聚强化了空中廊道航空流运行的顶端效应。中美空中廊道航迹簇 ARWs 位置有明显差异，中国紧密连接四大城市群且各时段内集中于空中廊道顶端，而美国 ARWs 位置具有明显流动性且飞行延误频率不存在绝对的极值。②局部时段表现为航空流运行的累积模式，即 18:00～22:00 ARWs 数量累积增多[图 3-5(e)]，其中复合枢纽机场更明显（如与 PEK 相连的飞行延误频率自 14:00 以后明显增多）。美国空中廊道 6 个时段飞行延误频率均低于中国，仅在 12:00～15:59、16:00～19:59、20:00～23:59 时段各存在一个 ARWs 位置——ORD、LGA 和 ATL（亚特兰大机场）。以上分析可见，航迹簇流量模式主要是基于空中廊道参与机场以及 SW 内 ARWs 位置和飞行延误频率形成的，航迹簇流量模式对航空流运行结构的影响主要是通过 SW 体现出来的，在 SW 作用下持续强化了复合枢纽机场间空中廊道航空流运行的顶端模式和累积模式。

3. 航迹热区

依据前述"时空图+"细胞网格叠加，以时间延误成本为插值选项，经三维旋转由系统默认生成中国空中廊道 4D 航迹热区图[图 3-7(a)]，由色度渐变表示时间延误成本基本参数的变化。为进行中美比较，参照 Murça 等（2015）给出的美国前十位枢纽机场间（航线）3 个航班执行阶段时间延误成本估算结果，并与航迹数据结合，又按照 Xue 和 Zelinski（2010）划设的 60 条空中廊道对时间延误成本进行重组，绘制出美国空中廊道 4D 航迹热区图[图 3-7(b)]。

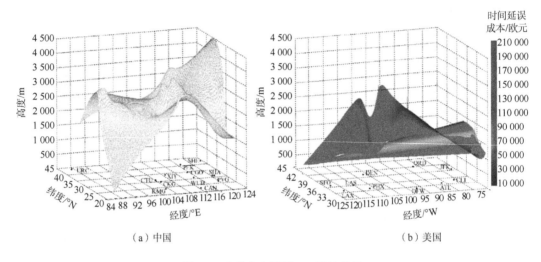

图 3-7 中美空中廊道 4D 航迹热区

由[图 3-7(a)]可以看出，中国空中廊道航迹热区的基本格局是在经纬度和高度上各存在一个峰值，前者位于中国东南沿海地区（35.5°N～40.8°N，116.1°E～121.7°E），其与繁忙航线及其抵离航空流方向有密切关系；后者位于 2 000 m 以上呈大面积热区分布，其中 PEK-SHA/PVG 在 2 700～3 600 m 集中分布，指示时间延误成本最热区域，表明相对于枢纽机场终端空域低空和近地空域而言，空中廊道空中维持阶段航空流的时间延误成本占比较高，尤其是复合枢纽机场间空中廊道尤为明显，如京沪空中廊道是一条连续的航迹热区。比较中美航迹热区可见，美国枢纽机场间空中廊道时间延误成本普遍低于中国，特别是空中廊道空中维持阶段的时间延误成本占比整体低于中国，如 SFO—DEN 仅占 28.39%（Chi and Baek，2013），而 PEK—SHA 达到 72.99%。其主要有两个原因：一是美国空中廊道具有较大的航空流通过能力，廊道上不仅存在多个变速点，使最大速差达到 503.04 km/h，空域占用时间较短，而且还存在多条转向≥180°的航迹。美国空中廊道内航班可较自由选择多样化的飞行路径，通过灵活绕飞较少影响下游航班并减少延误传播；二是美国放松管制后航空公司为了获得价格优势，逐步建立起航空公司中转基地来满足内部经营自主权，从而形成基地航空运输的垄断竞争，Kara 等（2010）曾对这种情况予以解释，即基地航空公司（如 PHX 的 US Airline）在高峰时刻超过跑道容量集中安排起飞，导致航空流在终端空域的高饱和状态。进一步分析，中美航空流运行结构的差异还与航线网络模式的使用有关，中国较多应用城市对航线网络模式，对复合枢纽机场的依赖增加了航空流的拥堵（中国航迹热区集中与 4 个复合枢纽机场相连），而美国较多应用中心-辐射航线网络模式，其航迹热区存在于多个不同枢纽机场间的空中廊道。综上，中国航空流运行中，空中廊道制约高于机场终端制约，空中维持阶段减弱了航空流的通过能力，空中廊道航空流高密度分布以及空中廊道设置的缺陷成为影响航空流的运行结构的一个主要因素。可见，航迹热区指示空中廊道航空流运行结构主要是通过航班执行阶段体现出来的。

4. 航迹簇联系相态

按照前述"时空图+"航迹簇联系强度计算，以航迹簇聚类结果生成中国空中廊道端点延误航迹簇联系图[图 3-8(a)]。为进行中美比较，依据 Ren 和 Li（2018）给出的美国年客运量前十位 O-D 航线的 173 条延误航迹簇，生成美国空中廊道端点延误航迹簇联系图[图 3-8(b)]。又借鉴 Rebollo 和 Balakrishnan（2014）关于机场容量限制与航班延误的相关性分析，以空中廊道延误航迹簇数量与机型配置比系数相乘得到空中廊道端点的集聚度和离散度（图 3-9）。

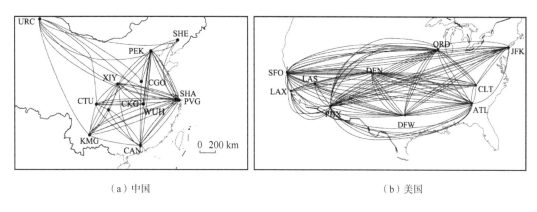

（a）中国　　　　　　　　　　　　（b）美国

图 3-8 中美空中廊道端点延误航迹簇联系

由图 3-9 可见，中美空中廊道延误航迹簇联系网络差异明显。中国全部 73 条延误航迹簇中与 PEK 联系的占比近 20%，其次为 SHA、PVG、CAN，三大口岸城市 4 个机场合计占比超过 75%，指示航空流运行多与复合枢纽机场相连，这种高强度的直接联系源于复合枢纽机场的需求，即空中廊道内参与机场增多成为航班延误的原生性因素，其加强了空中廊道端点的集聚度。而美国与位列前三的机场（ALT、JFK 和 LAX）直接联系的延误航迹簇合计仅占 35.86%（Ren and Li，2018）。航空流运行结构深受机场需求的影响。再以中国空中廊道时间延误成本衡量，北京—上海、上海—成都、上海—西安空中廊道位列前三，中国四大城市群构成中国空中廊道的 4 个端点，高时间延误成本的航线多与 PEK、PVG、SHA、CAN、CTU 相连。相较于区域枢纽机场间以及复合枢纽机场与区域枢纽机场之间而言，复合枢纽机场间具有更高的时间延误成本，这是航迹簇联系

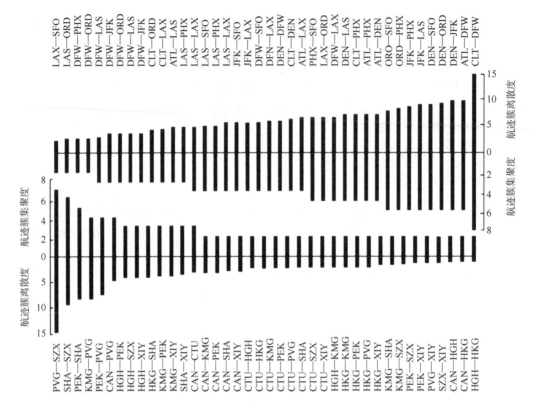

图 3-9 中美空中廊道端点的集聚度和离散度

强度影响空中廊道航空流运行结构的具体表现。由图 3-9 又可见，PVG—SZX 和 PEK—SHA 空中廊道端点延误航迹簇集聚度最高，以 PEK、PVG/SHA 和 CTU 为端点的中国空中廊道与以 ALT、JFK 和 LAX 为端点的美国空中廊道相比具有更高的集聚度，指示航空流运行结构中，复合枢纽机场的核心集中连接性（Rebollo and Balakrishnan，2014）。与以上相反，以离散度表述空中廊道航迹簇联系网络的可拆分性特征（Belkoura et al.，2016），中国空中廊道端点离散度远低于美国（图 3-9），空中廊道端点延误航迹簇联系网络呈现一种不可被拆分的固定相态，即难以将网络分割成独立组件。而美国空中廊道端点延误航迹簇联系网络离散度较高，航空流运行过程中不需要遵循刚性的飞行路径并呈现一种可扩相态，这种流量的可变性（以计划抵离航班量和延误航班量的差值表示，称为可变流量）对实时协调空中交通需求和空域容量分配将发挥重要作用。以上分析可见，航迹簇联系相态对航空流运行结构的影响主要是通过空中廊道端点的集聚度和离散度体现出来的。

3.3.5 关于航空地理市场的讨论

航空地理市场的核心是需求，作者曾分别对航空地理市场影响空中廊道的时间延误成本和航线网络模式的空间效应进行过评估（高伟等，2019；杜欣儒等，2020），归纳航空地理市场包括航班、航线、航线网络模式和航空公司4个要素。前文所识别出的空中廊道航空流运行结构的特征，如主要依赖中心航迹和ARWs数量增加、24小时顶端拥塞状态和局部时段畅行状态、空中维持阶段通过能力较低以及联系网络的固定相态等都与航空地理市场的需求有关，从空域资源利用视角，可综合归纳为机型配置和时刻配置，下面仅就飞行频率替代和可变流量调控进行讨论。

1. 空中廊道飞行频率替代

以空中廊道飞行频率表示航空地理市场需求，其对应的是航迹网络和航迹热区两个航空流运行结构组成要素。当空中廊道内飞行频率增加时，ARWs数量和共享航段欧氏距离相应增加、细胞网格内航迹点密集叠加，与空中廊道活动范围变窄、空中维持成本占比增多一同对航空流运行结构产生制约，飞行频率是在满足航空地理市场多样化需求，并追求最大经济利润的前提下实施的一种商业决策。

已有研究普遍认为，抵离航班的频率是刺激市场需求、评估机场间竞争以及减少航空公司单架次航班延误成本的主要因素，飞行频率的敏感性很高，因此注重以飞行频率（航班量）满足市场需求，并建议首先安排更多的航班以应对需求持续上涨；同时，航空公司为确保其业务的及时性，也注重提高飞行频率，以实现流量占有和回报市场需求，基于此，业界普遍将航班量作为航空运输能力规划的一项重要指标。

前期研究显示（杜欣儒等，2020），中国枢纽机场均以中机型B737-800（162座）为主，区域枢纽机场多将主要业务集中于少数几种中机型，以控制成本，如XIY、KMG等均缺少大机型B777-300ER配置，中机型的大量使用引发了时间延误成本的增加，如PEK—PVG的市场需求较PEK—SHA仅多出7个百分点，但其时间延误成本却是后者的2.24倍，仅从机型配置看有较高的匹配度，前者中机型数量是后者的3.42倍。同时，前文关于中美时间延误成本的差异也可以从机型配置予以解释，如中国SHA—CTU中机型（B737-400、A319、A320）占比高达73.33%，而美国ORD—LGA占比仅为13.41%。中机型配置比的增加是飞行频率增大以及航空流密度增大的主要原因。中机型的大量使用引发ARWs数量和细胞网格内航迹点叠加次数以及共享航段增加，加之航空流运行主要依赖于中心航迹、活动范围狭窄，从而导致空中维持延误成本以及时间延误总成本增加，进一步导致空中廊道航空流低效运行。这样看，以往研究忽视了枢纽机场大机型的积极作用，尤其忽略了长距离航线大机型重载业务的连接意义，基于此，可提出飞行频率替代的建议：随着航空运输产能和延误发生率的增加，应放缓以飞行频率参与市场竞争的做法，通过单架次航班容量的提高增加大机型市场份额，在满足市场需求的同时，减少空中交通拥堵，提高航空流运行效率。这与Zou和Hansen（2012）通过大机型增加航空网络连接、刺激市场接受度的观点基本一致。

2. 空中廊道可变流量调控

可变流量能反映航空流变化过程中，实时调配的可接受性，以空中廊道可变流量表示航空地理市场需求，对应的是航迹簇流量模式和航迹簇联系相态两个航空流运行结构组成要素。当SW内ARWs集聚和飞行延误频率增加时，空中廊道航空流流量可变性下降，形成航迹簇联系网络的固定相态，从而对航空流运行结构产生制约，可变流量与可容纳的新增航空地理市场呈正相关关系。

以往学者通过航线网络分析航空地理市场时，主要关注不同机场间航线网络结构的空间形态，如 Rebollo 和 Balakrishnan（2014）通过最大航空流流量的空间连通性模拟空中交通操作和设计强大空中交通网络，以减少空中交通拥堵，并揭示航班延误形成的原因，旨在满足市场需求，并拓展航线网络。这些研究较多考虑航线连通性，而较少考虑空中廊道可组合性，尤其是随着航空地理市场扩张而出现的空中廊道内参与机场间的竞争（Yousefi and Zadeh，2013）。

这项研究统计了空中廊道内计划抵离航班量和延误航班量，通过 SW 内空中廊道航空流流量和延误性能评估可变流量的波动范围，从中判断空中廊道内航空地理市场需求是否趋于饱和。中国斜体"N"形空中廊道航班量曲线与延误航班量曲线基本重合，表明航空流流量的可变性较低，可容纳的新增航空地理市场有限。由航迹簇联系强度的分析又可见，斜体"N"形空中廊道内参与机场较多且多为复合枢纽机场，所以这种可变流量的状况较大地制约了终端空域的可用性，削弱了航班时刻调整的可变性，当需求增加时，空中廊道端点较高的联系强度削弱了空中廊道内参与机场的可组合性，减少了航迹簇网络的可拆分性，最终反映在空中廊道多时段较高的航班延误量和较低的过流能力。对比空中廊道内可变流量的波动范围发现，广州—重庆空中廊道内最大可变流量波动范围是 10 架次/15 min，而北京—成都空中廊道和上海—成都空中廊道内最大可变流量波动范围仅为 3 架次/15 min，指示其航空地理市场需求更趋于饱和。基于此，可提出可变流量调控的建议：当航空地理市场需求持续增加时，促使航迹簇网络向可扩相态转变，动态地增加多时段的可变流量，调整航空流时刻分配（王姣娥和景悦，2017），增加系统流量。

3.3.6 总结与展望

与航线网络视角下的航空流研究相比，空中廊道航空流运行结构研究更关注航空流实时动态及其相互作用。使用连续航迹数据，并基于"时空图+"研究方法能识别空中廊道航空流运行结构的一系列特征，既包括空中廊道设置本身，以共享航段欧氏距离、活动范围量化空中廊道航空流运行能力（容量和效率），也包括空中廊道航空流运行相关属性，以 ARWs 数量与位置、参与机场、飞行延误频率、航迹点叠加次数和航迹簇联系强度描述空中廊道航空流运行结构的变化态势。研究结论如下：

（1）以航迹网络衡量，中国空中廊道航迹簇数量较少，航空流运行主要依赖中心航迹，中心航迹时间延误成本大于外围航迹。与美国相比，空中廊道 ARWs 数量较多、共享航段欧氏距离较长、活动范围较窄。航迹网络对航空流运行结构的影响主要是通过空中廊道设置体现出来的。

（2）以航迹簇流量模式衡量，随空中廊道内参与机场及其航空流流量增多，空中廊道飞行延误频率增加，整个 SW 内 ARWs 位置集中于空中廊道的端点，航迹簇流量受 ARWs 位置和飞行延误频率制约在整个 SW 内表现出空中廊道顶端模式。复合枢纽机场

14：00以后因空中廊道端点飞行延误扩散，而表现出空中廊道累积模式。其ARWs流动性差于美国且飞行延误频率高于美国，拥塞状态早于美国而畅行状态晚于美国。中国空中廊道航空流流量模式与ARWs位置、飞行延误频率有密切关系。

（3）以航迹热区衡量，空中维持阶段细胞网格内航迹点密集叠加，时间延误成本集中在飞行过程中，这与美国存在于地面等待阶段有所不同。空中廊道对航空流运行的制约高于机场终端空域，空中维持阶段减弱了航空流通过能力，这仍与空中廊道设置有关。

（4）以航迹簇联系相态衡量，复合枢纽机场间航迹簇集聚度较高、离散度较低，航迹簇网络可拆分性较差，复合枢纽机场间空中廊道联系强度大于区域枢纽机场间，以及复合枢纽机场与区域枢纽机场之间，其与时间延误成本分布相一致，与美国差异即在于枢纽机场间空中廊道航迹簇联系强度较大且呈不可拆分的固定相态，可变流量的波动范围受限明显。空中廊道航空流运行依赖单一飞行路径，这也佐证了航迹网络的中心航迹特征。

航空地理市场对空中廊道航空流运行结构的潜在影响是由市场需求产生的。在此，复合枢纽机场的市场集中性和网络联系的主导性，与空中廊道设置的缺陷（ARWs数量、共享航段欧氏距离和活动范围）一同发挥作用，导致了航迹簇网络的不可拆分性和网络联系强度的固定相态。对此，这项研究提出飞行频率替代的观点和可变流量调控的观点，即增加大机型配置，以减少飞行频率，并刺激市场接受度、调整航班时刻，以加强空中廊道内参与机场的网络联系，增大可变流量波动范围，减少对下游航空流运行的压力。

基于时间延误成本识别空中廊道航空流运行结构的特征，既体现了经济指标反馈的需要，也有助于揭示航空流运行的过程以及变化。这项研究通过系列指示变量展示了时间延误成本，为识别航空流运行结构特征提供了支持，突出了航空流运行结构的动态表达，这与航线网络结构的中心性表达有较大不同。展望未来，航空流运行结构的研究还应向多重交叉变量相关分析发展，这些变量可能起源于多个相邻机场的空中交通流量，也可能来自同一机场的起飞和到达空中交通流量。以多重交叉变量揭示空中廊道航空流运行结构的特征，以及与航空地理市场需求的关系，仍面临交通负荷与空域资源充分开发利用等方面的挑战。

参 考 文 献

曹小曙, 廖望. 2018. 全球多机场区域空间格局与类型划分. 地理科学进展, 37(11): 1473-1484.

丁金学, 金凤君, 王成金, 等. 2011. 中国交通枢纽空间布局的评价、优化与模拟. 地理学报, 66(4): 504-514.

董雅晴, 路紫, 刘媛, 等. 2018. 中国空中廊道划设与时空拥堵识别及其航线流量影响. 地理学报, 73(10): 2001-2013.

杜欣儒, 路紫. 2016. 信息通信技术在空域协同管理决策中的应用——以危险天气条件下风险规避分析为例. 地球科学进展, 31(3): 269-276.

杜欣儒, 路紫, 董雅晴, 等. 2019. 机场终端空域航空流量热区云图模型及其北京首都国际机场案例研究. 地球科学进展, 34(8): 879-888.

杜欣儒, 路紫, 李仁杰, 等. 2020. 中国枢纽机场时间延误成本估算与航线影响分析及其中美比较. 地理科学进展, 39(7): 1160-1171.

高伟, 路紫, 董雅晴. 2019. 个体移动轨迹-滑动窗口方法与航空流异常变化识别——以京沪空中廊道为例. 地理与地理信息科学, 35(6): 66-72.

金凤君, 王成金, 曹有挥, 等. 2016. 中国交通地理研究进展(英文). Journal of Geographical Sciences, 26(8): 1067-1080.

路紫, 赵亚红, 吴士锋, 等. 2007. 旅游网站访问者行为的时间分布及导引分析. 地理学报, 62(6): 621-630.

潘坤友, 曹有挥, 魏鸿雁. 2009. 近12年来我国航空客运网络结构演化. 经济地理, 29(9): 1507-1511.

王超, 杨乐. 2011. 空域扇区流量与拥堵预测的概率方法. 西南交通大学学报, 46(1): 162-166.

王海江, 苗长虹. 2015. 中国航空联系的网络结构与区域差异. 地理科学, 35(10): 1120-1129.

王姣娥, 景悦. 2017. 中国城市网络等级结构特征及组织模式——基于铁路和航空流的比较. 地理学报, 72(8): 1508-1519.

王姣娥, 莫辉辉. 2011. 航空运输地理学研究进展与展望. 地理科学进展, 30(6): 670-680.

王姣娥, 莫辉辉. 2014. 中国航空网络演化过程的复杂性研究. 交通运输系统工程与信息, 14(1): 71-80.

王伟, 王成金. 2013. 枢纽机场航班时刻资源配置的时空网络模式——以北京首都国际机场为例. 地理学报, 68(6): 762-774.

徐肖豪, 李善梅. 2015. 空中交通拥挤的识别与预测方法研究. 航空学报, 36(8): 2753-2763.

张进, 胡明华, 张晨. 2009. 空中交通管理中的交通行为复杂性研究. 航空学报, 30(11): 2132-2142.

张菁, 路紫, 董雅晴. 2019. 京津石MAS终端空域航空流动态分析及其应用展望. 地理与地理信息科学, 35(5): 73-79, 117.

张一诺, 路紫, 丁疆辉. 2020. 京广空中廊道系统延误弹性测算与航空流运行结构分析. 热带地理, 40(2): 194-205.

张一诺, 路紫, 杜欣儒, 等. 2019. 时空连续数据支持下的空域资源配置研究: 评述与展望. 地球科学进展, 34(9): 912-921.

Belkoura S, Cook A, Peña J M, et al. 2016. On the multi-dimensionality and sampling of air transport networks. Transportation Research Part E: Logistics and Transportation Review, 94(10): 95-109.

Bilimoria K, Lee H. 2005. Analysis of Aircraft Clusters to Measure Sector-Independent Airspace Congestion. AIAA 5th ATIO and 16th Lighter-Than-Air Sys Tech. and Balloon Systems Conferences.

Bolaños M E, Murphy D. 2013. How Much Delay does New York Inject into the National Airspace System? A Graph Theory Analysis. Aviation Technology, Integration, and Operations Conference.

Bonami P, Olivares A, Soler M, et al. 2013. Multiphase mixed-integer optimal control approach to aircraft trajectory optimization. Journal of Guidance, Control, and Dynamics, 36(5): 1267-1277.

Brueckner J K, Lin M H. 2016. Convenient flight connections vs. airport congestion: modeling the 'rolling hub'. International Journal of Industrial Organization, 48(5): 118-142.

Burgain P, Pinon O J, Feron E, et al. 2011. Optimizing pushback decisions to valuate airport surface surveillance information. IEEE Transactions on Intelligent Transportation Systems, 13(1): 180-192.

Chi J, Baek J. 2013. Dynamic relationship between air transport demand and economic growth in the United States: a new look. Transport Policy, 29(5): 257-260.

Cook A, Blom H A P, Lillo F, et al. 2015. Applying complexity science to air traffic management. Journal of Air Transport Management, 42(1): 149-158.

Czerny A I, Zhang A. 2011. Airport congestion pricing and passenger types. Transportation Research Part B: Methodological, 45(3): 595-604.

Detzen D, Jain P K, Likitapiwat T, et al. 2012. The impact of low cost airline entry on competition, network expansion, and stock valuations. Journal of Air Transport Management, 18(1): 59-63.

Donaldson A, Hansman R J. 2010. Capacity Improvement Potential for the New York Metroplex System. 10th AIAA Aviation Technology, Integration, and Operations(ATIO)Conference.

Du X R, Lu Z, Wu D S. 2020. An intelligent recognition model for dynamic air traffic decision-making. Knowledge-Based Systems, 199(3): 1-10.

Enriquez M. 2013. Identifying Temporally Persistent Flows in the Terminal Airspace Via Spectral Clustering. Tenth USA/Europe Air Traffic Management Research and Development Seminar(ATM2013).

Ferguson J, Kara A Q, Hoffman K, et al. 2013. Estimating domestic US airline cost of delay based on European model. Transportation Research Part C: Emerging Technologies, 33(8): 311-323.

Gerdes I, Temme A, Schultz M. 2018. Dynamic airspace sectorisation for flight-centric operations. Transportation Research Part C: Emerging Technologies, 95(10): 460-480.

Hoffman B, Krozel J, Penny S, et al. 2003. A Cluster Analysis to Classify Days in the National Airspace System. AIAA Guidance, Navigation, and Control Conference and Exhibit.

Kara A Q, Ferguson J, Hoffman K, et al. 2010. Sensitivity Analysis to the Cost of Delay Model for NextGen Benefits Analysis. Integrated Communications, Navigation, and Surveillance Conference Proceedings.

Kim J, Mahmassani H S. 2015. Spatial and temporal characterization of travel patterns in a traffic network using vehicle trajectories. Transportation Research Procedia, 9(5): 164-184.

Li M Z, Ryerson M S. 2017. A data-driven approach to modeling high-density terminal areas: a scenario analysis of the new Beijing, China airspace. Chinese Journal of Aeronautics, 30(2): 538-553.

Martín J C, Rodríguez-Déniz H, Voltes-Dorta A. 2013. Determinants of airport cost flexibility in a context of economic recession. Transportation Research Part E: Logistics and Transportation Review, 57(10): 70-84.

Marzuoli A, Gariel M, Vela A, et al. 2014. Data-based modeling and optimization of route traffic. Journal of Guidance, Control, and Dynamics, 37(6): 1930-1945.

Meyn L A. 2002. Probabilistic Methods for Air Traffic Demand Forecasting. Monterey, California: AIAA Guidance, Navigation, and Control Conference and Exhibit.

Murça M C R. 2018. Collaborative air traffic flow management: incorporating airline preferences in rerouting decisions. Journal of Air Transport Management, 71(6): 97-107.

Murça M C R, Hansman R J, Li L, et al. 2018. Flight trajectory data analytics for characterization of air traffic flows: a comparative analysis of terminal area operations between New York, Hong Kong and Sao Paulo. Transportation Research Part C: Emerging Technologies, 97(12): 324-347.

Nilim L, Ghoul E. 2004. Air Traffic Control under Stochastic Environments. American Control Conference.

Ny J L, Balakrishnan H. 2011. Feedback control of the national airspace system. Journal of Guidance, Control, and Dynamics, 34(3): 832-846.

Palacios R, Hansman R J. 2013. Filtering enhanced traffic management system(ETMS)altitude data. Metrology and Measurement Systems, 20(3): 453-464.

Rebollo J J, Balakrishnan H. 2014. Characterization and prediction of air traffic delays. Transportation Research Part C: Emerging Technologies, 44(7): 231-241.

Ren P, Li L. 2018. Characterizing air traffic networks via large-scale aircraft tracking data: a comparison between China and the US networks. Journal of Air Transport Management, 67(2): 181-196.

Sabhnani G, Yousefi A, Kostitsyna I, et al. 2010. Algorithmic Traffic Abstraction and Its Application to Next Gen Generic Airspace. 10th AIAA Aviation Technology, Integration, and Operations(ATIO)Conference.

Sama M, D'Ariano A, D'Ariano P, et al. 2017. Scheduling models for optimal aircraft traffic control at busy airports: tardiness, priorities, equity and violations considerations. Omega, 67(2): 81-98.

Santos G, Robin M. 2010. Determinants of delays at European airports. Transportation Research Part B: Methodological, 44(3): 392-403.

Sidiropoulos S, Han K, Majumdar A, et al. 2017. Robust identification of air traffic flow patterns in Metroplex terminal areas under demand uncertainty. Transportation Research Part C: Emerging Technologies, 75(2): 212-227.

Song L, Wanke C, Greenbaum D. 2006. Predicting Sector Capacity for TFM Decision Support. 6th AIAA Aviation Technology, Integration and Operations Conference(ATIO).

Wandelt S, Sun X. 2015. Efficient compression of 4D-trajectory data in air traffic management. IEEE Transactions on Intelligent Transportation Systems, 16(2): 844-853.

Wang S L. 2009. Area Air Traffic Flow Optimal Scheduling under Uncertain Weather. Wuhan, Hubei: International Conference on Computational Intelligence and Software Engineering.

Xue M. 2009. Design Analysis of Corridors-in-the-Sky. AIAA Guidance, Navigation, and Control Conference.

Xue M, Kopardekar P. 2008. High-Capacity Tube Network Design Using the Hough Transform. AIAA Guidance, Navigation and Control Conference and Exhibit.

Xue M, Zelinski S. 2010. Complexity Analysis of Traffic in Corridors-in-the-Sky. 10th AIAA Aviation Technology, Integration, and Operations(ATIO) Conference, 9112-9120.

Yousefi A, Zadeh A N. 2013. Dynamic allocation and benefit assessment of NextGen flow corridors. Transportation Research Part C Emerging Technologies, 33(4): 297-310.

Yousefi A T, Myers J S B, Mitchell I, et al. 2013. Robust Airspace Design Methods for Uncertain Traffic and Weather. Digital Avionics Systems Conference. IEEE.

Zhang M, Liang B, Wang S, et al. 2018. Analysis of flight conflicts in the Chinese air route network. Chaos, Solitons & Fractals, 112: 97-102.

Zhang Y, Li Q, Su R. 2016. Sector-based distributed scheduling strategy in air traffic flow management. IFAC-PapersOnLine, 49(3): 365-370.

Zou B, Hansen M. 2012. Impact of operational performance on air carrier cost structure: evidence from US airlines. Transportation Research Part E: Logistics and Transportation Review, 48(5): 1032-1048.

第4章 高密度空中廊道航空流运行结构研究案例

4.1 京广空中廊道系统延误弹性测算与航线网络结构

构建了一个多层次系统延误弹性测算框架，应用京广空中廊道 24 h 全部 848 架次航班实际航迹点数据，测算了单个航班延误偏差、系统延误累积量和系统延误弹性系数。研究认为：①该空中廊道航班飞行过程中，整体以延误产生为主，且在低流量时段表现出延误吸收能力；沿线枢纽机场起飞航班延误均值普遍高于抵达航班，且随机场等级和承载流量的增加，航班延误出现更高的平均值和峰值振幅；以延误偏差＞15 min 的标准统计，各汇流航线航班的延误概率和均值都高于沿线枢纽机场直航航班，在该空中廊道贡献了正延误。②总体呈现出中心航线延误累积-外围航线延误恢复的动态过程，大密度流量汇聚成为延误叠加累积的主要原因。③京广空中廊道系统延误弹性具有空间异质性，表现为随机场节点间流量分散程度增加而显著提高，多样性可选链路引发积极的延误吸收，而使其具有较强的延误恢复能力。④航线网络结构对空中廊道系统延误弹性的影响是通过中心航线-外围航线和链路流量汇聚两个关键要素实现的，延误恢复是一个多路径选择的过程，航线重构策略优于固定航线策略。

日益增长的航空流要求空中交通网络具有较高弹性。自 2009 年欧洲控制中心（Eurocontrol）引入系统延误弹性评估航线运行效率以来（Delgado and Prats，2012），其对 ATM 系统性能的重要影响逐渐凸显（Lordan et al.，2016）。近年来，其研究成果较集中在恶劣天气和繁忙拥堵干扰造成的航班延误（Janić，2015）以及航线网络系统的延误恢复（Dunn and Wilkinson，2016）等方面，其从理论到方法论均为特定空域的系统延误弹性研究提供了支持（Rebollo and Balakrishnan，2014）。在此基础上，形成了一批针对宏观空域系统的研究成果：既有国际的，如 Belkoura 等（2016）使用欧洲航班历史数据测算了欧洲航空运输系统延误弹性，Dunn 和 Wilkinson（2016）创建网络模型测算了欧洲空中交通网络（525 个机场）的系统延误弹性；也有国家的，如 Ferguson 等（2013）基于网络模型测算了美国国内航班系统延误弹性；还有国内城市区域的，如 Hickman 等（2010）研究了伦敦空中交通网络对延误的适应以及调节等。然而，到目前为止，仍鲜见直接针对独立空中廊道或特定航空干线的研究。相对而言，其延误动态量化研究需要对照一系列飞行操作概念（起飞—抵达）（Filippone et al.，2016），并经过航线网络结构的细致分析才可完成（金凤君等，2016）。近年来，应用复杂网络理论，建立单个机场起飞延误模型，评估空中交通"队列"延误取得明显进展（Fleurquin et al.，2014），划分航班延误为产生—累积、吸收—恢复等过程，较好地解释了航线网络性能与航班飞行时间的不确定性关系。例如，NeCo 2030 项目（Eurocontrol，2010）即给出应对航空网络中断所需要评估的关键因素，用以描述高度拥堵网络的稳定性。基于以往相关研究，这项研究构建一个延误偏差-延误累积量-延误弹性系数多层次测算框架，通过节点-链路设定和网格划分两方面的改进，体现了空间联系性和细粒度特征，具体分析了影响系统延误弹性的两个航线网络结构关键要素：中心航线-外围航线和链路流量汇聚。这项研究将为空中廊道多样性航线选择和航班编排提供依据。

4.1.1 研究资料

1. 研究区域选择

过去十余年，我国航空需求增长快于运输能力增长，导致空域容量与航班流量间矛盾激化，并引发大量航线拥堵和航班延误，面临建立新型空域资源利用方式的巨大挑战（Yousefi and Zadeh，2013），空中廊道是一种针对空域资源充分开发的组织技术。在中国空中廊道格局中，京广空中廊道被确定为"倒 N"形南北向构架的核心组成部分。中国民用航空发展"十三五"大通道规划提出京广快速通道战略："将广西、海南地区与华北、东北地区往来的飞行流进行重新组织编排，以汇集高密度航空流形成大容量运输通道"实现"中部疏通"，这将使其从原先的单一航线演变成由主干航线和诸多汇流航线构成的航线网络系统。京广空中廊道将支持其高质量运行，选择该空中廊道进行研究具有典型代表性。

依据空中廊道概念界定以及参与机场识别方法，借鉴空中廊道划设经验，可确定研究区域内全部机场共计 31 个：沿线枢纽机场 6 个；由空中廊道高流量航线（京广航线）位置按照大圆飞行轨迹向两端延伸，至最后一个有航线加入空中廊道的机场共计 10 个；按 5% 额外飞行距离的廊道划设标准（Xue and Zelinski，2013）纳入空中廊道的机场共计 8 个；部分额外飞行距离大于 5%，但其航班仍选择京广空中廊道飞行的东部沿海城市机场共计 7 个，包括沿线枢纽机场直航航线和东北地区、华北地区、华东和华南部分地区参与机场汇流航线，涉及 16 个航空公司飞行路径选择竞争。其一同组成京广空中廊道航线网络系统，研究空域范围为 23°33′43″~40°05′18″ N，112°30′11″~116°36′05″ E。

2. 研究数据获取

从"飞常准"（http://www.variflight.com）和 FlightAware（http://zh.flightaware.com）提取京广空中廊道 1 日（2018 年 2 月 27 日）24 h 全部 848 架次国内航班（不包含港澳台航班）实际航迹点共计 55793 条数据（经纬度、计划/实际飞行时间）。数据采集遵循如下原则：①鉴于重复流量模式应用的主流特征（Rocha，2017），以 24 小时度量航线网络系统延误弹性，不仅能得到单个航班预定行程中受不同敏感因素影响的结果（Belcastro et al.，2016），而且能得到系统演变趋势，这对捕捉航线网络性能下降影响事件以及分析航线网络结构都是可行的。②回顾以往研究实践（Kafle and Zou，2016），选择 0.5 min 时间分辨率的航迹点数据，在解决计划时间和实际时间并行处理问题时有较高精度，也适于解释研究结果。③去掉不完整飞行轨迹（占所有航班 2%）并摒弃所有航迹点间隔大于 10 min（间断信息）的航班（占所有航班 1%），以避免在延误演化过程分析中造成错误指示，最终纳入后续分析的可用航班占比为 97%。

3. 研究资料预处理

京广空中廊道是由 6 个枢纽机场节点（莫辉辉等，2018）直航航线，以及诸多参与机场汇流航线组成的航线网络系统，具有复杂的聚合结构特征。研究资料预处理就是在 ArcGIS 平台进行多距离空间聚类以实现简化的目的，具体包括确定航迹点分布形态、识别拐点、提取链路。①以枢纽机场节点划分航路段，计算 PEK—SJW—CGO—WUH—CSX—CAN 5 个航路段间航迹点的欧氏距离，经标准化得到无标度邻域距离。使用 Ripley K 函数计算给定距离内相邻航迹点个数，给定距离增量 $r=25$（相邻航迹最短距离以确保单架次飞行的最小宽度），获得 K-function 曲线。②Ren 和 Li（2018）提出了基于 K 函数曲线凹凸性质分类航迹模式的方法，认为相邻航迹点聚类中心数量随距离增量 r 而变化，故以连续拐点数量指示聚类中心数量。③连接聚类中心提取链路。以机场节点间最短飞行距离的航线为中心，进行流量合并得到中心航线，其余航线合并划为外围航线，最终将京广空中廊道航班飞行轨迹抽象为一个无定向网络。以上针对空中廊道航线网络的节点-链路设定，这是对宏观空域系统网络模型的补充与改进。

4.1.2 研究方法

前文已述，简单比较起飞和降落延误难以描述整个延误过程。应对系统延误弹性测算面临的挑战，这项研究尝试构建一个多层次系统延误弹性测算框架，既检测飞机偏离原计划的延误事件，也表征系统延误整体特征，并评估系统从延误中恢复的能力。具体如下：

（1）单个航班延误偏差测算。利用经纬度计算航迹点间距离，根据距离加权分配时间（使用 Python 3.6.4 实现），将航班计划起降和飞行时间分配给每一个航迹点，以实际时间减去计划时间指示飞行过程中产生的时间偏差[①]，正值意味着延误产生，负值意味着延误吸收，至峰值即代表一个延误事件形成。延误偏差的公式为

$$E = f(t_i^j) = \left[(t_1, x_1^j, y_1^j)^{(l)}, (t_2, x_2^j, y_2^j)^{(l)}, \cdots, (t_i, x_i^j, y_i^j)^{(l)}\right] \tag{4-1}$$

式中，x、y 分别为航迹点经纬度；i 为该航班飞行过程中延误事件出现的次数；l 为该飞行轨迹。

（2）系统延误累积量测算。使用概率密度函数（probability density function，PDF）可描述单个航班延误偏差 E 在某个确定取值点附近的可能性（陈卓等，2019）。分布函数 $f_E(t)$ 表示时长为 t 的延误事件的发生概率。案例中阈值 τ 在延误偏差的极值[–32.65,

---

[①] 以时间偏差指示延误只有在飞行速度设为常数的情况下才有效，实际上飞机将基于多种情况变速，在此期望速度变化最小（Belcastro et al.，2016）。

28.79]域内进行选择以包含所有延误事件，概率密度分布为

$$P^+(E=\tau)=F^+(\tau)-\sum_{\tau_i>\tau}P^+(\tau_i), \quad \tau>0 \tag{4-2}$$

$$P^-(E=\tau)=F^-(\tau)-\sum_{\tau_i<\tau}P^-(\tau_i), \quad \tau<0 \tag{4-3}$$

以互补累积分布函数（complementary cumulative distribution function，CCDF）描述所有大于阈值 τ 的延误偏差出现概率的和，表示延误幅度的概率分布以度量累积效应，延误事件次数即延误偏差函数经过阈值 τ 的次数（Sternberg et al., 2016）。正延误和负延误事件的累积分布分别由式（4-4）和式（4-5）得出：

$$F^+(\tau)=P(E\geqslant\tau)=\int_{\tau}^{+\infty}f_E(t)\,\mathrm{d}t, \quad \tau>0 \tag{4-4}$$

$$F^-(\tau)=P(E\leqslant\tau)=\int_{-\infty}^{\tau}f_E(t)\,\mathrm{d}t, \quad \tau<0 \tag{4-5}$$

正延误和负延误累积量分别为

$$d^+=\sum_{\tau>0}\tau\times p^+(\tau) \tag{4-6}$$

$$d^-=\sum_{\tau<0}\tau\times p^-(\tau) \tag{4-7}$$

式中，d^+ 和 d^- 可以在特定时间和位置上进行测算。

（3）系统延误弹性系数测算。系统对每一个正延误事件都能创建一个或多个派生事件形成累积或恢复，这种延误弹性适用于整个系统（Belkoura et al., 2016），故此可通过 d^+ 和 d^- 的关系测算系统延误弹性系数，用于评估系统从延误中恢复的能力，定义：

$$D=\log(d^+/d^-) \tag{4-8}$$

D 为负值代表系统无法弥补所累积的正延误事件，D 为正值则代表吸收延误的能力强于系统延误累积且体现系统弹性。

4.1.3　结果与分析

1. 航班延误偏差测算结果与延误产生/吸收

1）航班延误偏差分布

空中廊道航班飞行过程中延误偏差测算是系统延误评估的基础，其分布能反映系统延误短期演化，也可以指示系统延误整体特征。依据前述方法测算京广空中廊道 24 h 全部航班单次飞行过程中正延误偏差 E^+ 与负延误偏差 E^-，统计其发生时刻获得到航班延误偏差分布。另外，航班延误偏差可能在某个特定时段被一些因素（变速、改航等）所触发，因此以标准化的飞行距离（其中汇流航班以其汇入空中廊道至退出空中廊道的初始多维向量作为飞行距离）为度量标准进行统计[图 4-1(c)、(d)]，以观察京广空中廊道航班飞行过程中延误的发生阶段。

由图 4-1(a)、(b)可见，京广空中廊道飞行航班整体延误产生多于延误吸收，航班平均延误偏差为 1.4 min。依据航班延误标准，与大多数时段航班正常飞行相比(−15 min

$<E<+15$ min），$E>15$ min 的正延误航班集中出现在时段 7:18～10:09、13:44～16:15 飞行的航班，占比 74%。其平均延误偏差为 18 min，即该时段平均每次飞行要产生 18 min 左右的延误，最高延误产生达到 31 min。$E<15$ min 的负延误航班集中出现于在时段 5:58～7:03、19:52～22:46 飞行的航班，占比 66%。其平均延误偏差为–22 min，即该时段平均每次飞行要吸收 22 min 左右的延误，最高延误吸收达到 35 min。这说明单个航班延误偏差与不同时段空中廊道资源负荷/航班流量密切相关，时段深刻影响航线网络性能与运行效率，进而影响延误偏差（Marla et al.，2016），围绕这一问题曾产出大量时隙资源研究成果。由图 4-1(c)、(d)可见，多数航班在飞行前期主要为延误产生阶段，飞行中后期主要为延误吸收阶段，34%的航班其起飞延误成为后续飞行中延误演化的基础模式，延误吸收与飞行距离呈正相关。在不否认高峰时段航班平均正延误增加系统效率降低的同时，这项研究重点关注航线网络结构（机场节点及航线）在其中发挥的重要作用，考虑到当全部航班融入空中廊道系统后将会产生整体效应的改变，从航线网络结构视角量化系统延误避免了飞行过程整体性的割裂。

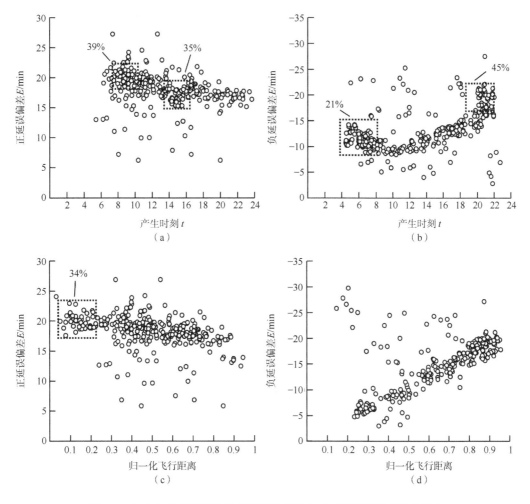

图 4-1　京广空中廊道单个航班延误偏差发生时刻及发生阶段散点分布

2）枢纽机场节点和两类航线延误偏差概率密度分布

分别以沿线枢纽机场起飞—抵达航班和沿线直航-汇流航班统计延误偏差得到其概率密度分布，以观察枢纽机场节点和航线汇流在系统延误演化中的作用。枢纽机场起飞—抵达航班延误概率分布呈现不对称的峰值叠置状态，且起飞航班延误均值普遍高于抵达航班。以 $E>15$ min 的起飞航班进行统计，延误概率表现为 PEK（峰值 6～8 min、11～19 min 处）>CAN（峰值 8～16 min、22～25 min 处）>WUH（峰值 6～15 min 处）>CGO（峰值 7～14 min、16～18 min 处）>CSX（峰值 5～8 min 处）>SJW（峰值 3～5 min、7～8 min 处）。以 $E<15$ min 的抵达航班进行统计，延误概率表现为 CAN（峰值–31～–27 min、–12～–10 min 处）>SJW（峰值–11～–4 min、–17～–12 min 处）>WUH（峰值–9～–6 min、3～4 min 处）>CSX（峰值–19～–16 min、–13～–12 min 处）>CGO（峰值–10～–8 min、0～3 min 处）>PEK（峰值–8～–6 min、5～8 min 处）。可见：①京广空中廊道沿线枢纽机场起飞航班产生大概率高值正延误，随着起飞延误航班的继续运营，扩散形成涟漪效应，使飞行前期以延误产生为主。经空中廊道飞行加速或机场中转缓冲等能够吸收部分延误，使抵达航班延误概率降低，所有经廊道飞行的沿线机场抵达航班正延误概率均小于 0.06。②随着枢纽机场等级和承载流量增加，起飞—抵达航班延误出现更高的平均值和峰值振幅，偏移延误均值的航班数量很少，较为明显的是 PEK 和 CAN，其起飞—抵达航班延误概率峰值均明显右偏，是该廊道主要的延误产生中心。

沿线枢纽机场直航航线整体呈现出延误吸收状态，汇流航线呈现出延误产生状态。以延误偏差>15 min 的标准统计，各方向汇入京广空中廊道的航班（汇流航线）其延误概率和均值均高于直航航班。其中，华东地区汇流航班延误曲线峰值变异性最高，其概率达到 23%；东北地区汇流航班的延误概率也达到 16%，这意味着汇流航班在京广空中廊道贡献了正延误，提高了延误均值。

2. 系统延误累积量测算结果与延误累积/恢复

系统延误累积量测算的目的在于指示单个航班融入空中廊道后系统延误累积-恢复的动态过程。参考 Dunn 和 Wilkinson（2016）测算欧洲空域系统延误弹性的分区方法并兼顾空域单元尺度，将京广空中廊道及其参与者所在空域以 0.1°×0.1° 经纬度划分网格，得到京广空中廊道航班实际飞行轨迹所在网格的延误累积量 d^+ 和 d^- 及其均值分布（图 4-2）。由图 4-2 可见，京广空中廊道正延误累积与负延误恢复并存，但延误累积大于延误恢复。使用自然断裂法（曹小曙等，2019），可将京广空中廊道航班实际飞行轨迹所在网格的延误累积量 d^+ 和 d^- 划分为 5 种延误状态（–722.3～–394.9、–394.9～–190.1、–190.1～–57.8、–57.8～34.4、34.4～174.3），对应延误累积均值分别为 –564.2、–194.9、–62.8、6.2、35.1。以不同长度的矩形对应于该延误状态下航线的重叠次数（流量密度），以分割线穿越矩形表示中心航线与外围航线所占比例。可以看出，高强度的延误恢复来自于流量密度较小的外围航线，其中直航航班的比例远高于汇流航班，分别为 86% 和 14%。为了进一步表征延误累积-恢复的程度及其所在空间位置，以空域累积和恢复延误的倾向揭示航线网络结构的影响。

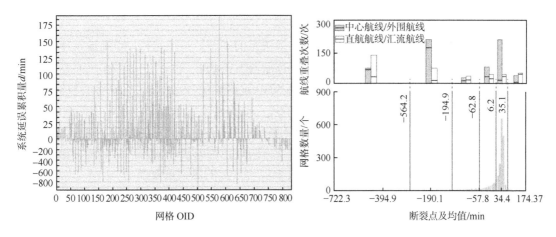

图 4-2 京广空中廊道延误累积量及其均值分布

京广空中廊道系统延误呈现出中心航线累积-外围航线恢复并存的动态过程。以网格位置统计中心航线共累积了 1889.7 min 延误（平均每个航班 3.6 min），外围航线恢复了 936 min 延误（平均每个航班 1.2 min）。具体分析如下：①中心航线涵盖了 68%的交通流（涉及 9 个航空公司），其大密度流量致使其成为延误多发地，并且与上游航班发生延误叠加形成累积，该廊道内中心航线高于平均正延误 60%以上的网格占比达到 75%～87%。尤其是 CGO—WUH—CSX 航路段最为明显，其中心航线正延误累积量 1269.7 min，航班平均延误 2.52 min，高于廊道内航班延误均值（1.4 min）。②外围航线成为延误吸收与延误恢复地带，多路径选择使得航班起飞延误或飞行前期累积的延误得以通过加速或绕飞吸收，进而得到恢复。该廊道内外围航线低于平均负延误 60%以上的网格占比达到 81%～89%。尤其是 CSX—CAN 航路段最为明显，其外围航线相对于中心航线总行程加长，而平均负延误累积量则达到 456.2 min（平均每个航班 2.64 min）。因此，在高流量时段选择距离较长的外围航线绕开拥堵区域能节省飞行时间，可以减少延误产生或实现了延误恢复。但是大多数营办商在机场节点间航线选择上青睐于中心航线，以尽量缩短飞行距离，因为动态改航（如绕飞）自适应弹性策略（Babić and Kalić, 2018）可能会提高飞行成本，这也涉及企业视角的航空政策、市场竞争等因素（杜德林等，2019）。

3. 系统延误弹性系数测算结果与延误恢复能力

系统弹性系数测算是以累积量为基础的，其目的是评估系统从延误中恢复的能力，即系统延误弹性。为了显示系统延误弹性系数 D 在整个空中廊道的分布，与前述方法相同，观察空域恢复高幅和低幅正延误的倾向，可以看到：

京广空中廊道的延误恢复能力主要体现在 SJW 终端区、WUH 终端区以及 CSX—CAN 航路段的外围航线；在 CGO—WUH、WUH—CSX 航路段中心航线与外围航线的延误弹性分异不明显；在汇流区域、PEK—SJW—CGO 航路段中心航线以及 PEK 终端区系统延误弹性降低。仅就航路段而言，在飞行距离和航班数量大致相同的情况下，各航路段间系统弹性系数均值也存在较大差异。

以上现象可归因于航路段链路流量汇聚决定的多路径灵活选择,即流量较分散的航段网络更具有弹性。以航线汇聚流量以及该航线航班的 E^+ 和 E^-、d^+ 和 d^- 4 个指标的贡献值对 D 均值的测试结果可见:①PEK—SJW 航路段 97.5%的航班选择中心航线飞行,高度集中的流量贡献了 0.78 的正延误累积量,该航路段无法从累积的延误中得到恢复(D 均值–0.12),航班延误将持续加重并影响下游航路段的运行效率。②SJW—CGO 航路段东北方向的汇流航班贡献了 0.45 的正延误累积量,但因其链路流量汇聚较为分散,其弹性系数有所提高(D 均值 0.39),该航路段表现出一定的延误恢复能力。但 SJW 距 CGO 302 km 处为整个空中廊道延误弹性最低区域,该处为东北地区航班汇入京广空中廊道的汇流点,占全部航班 20.8%的汇流航班,加入空中廊道致使该航路段严重拥堵,加之其低密度链路使路径选择余地较少,延误恢复能力持续降低。③WUH—CSX 航路段因 WUH 终端区表现出的较强延误恢复能力,以及多链路选择条件,在华东和华南两个方向航班汇流的情况下,仍表现出高延误弹性的特征(D 均值 0.88),呈现以吸收延误为主的恢复能力。④CSX—CAN 航路段链路流量汇聚最为分散且无汇流航班加入,但其延误弹性仍小于 WUH—CSX 航路段(D 均值 0.79),根本原因在于其中心航线延误的持续累积。

空中廊道系统延误弹性系数随枢纽机场节点间航路段流量分散程度而显著变化,系统延误恢复能力受流量分散程度制约,多链路便于实施动态改航,以创造出一种更有弹性的空中交通网络,这与前文论述的选择最短航线飞行与航路段分流状态下选择外围航线飞行是一致的。链路流量汇聚与中心航线-外围航线共同支持了空中廊道系统延误弹性的航线网络结构分析。

4.1.4 总结与展望

(1)基于所构建的延误偏差-延误累积量-延误弹性系数的多层次测算框架,检测了京广空中廊道航班飞行过程中实际时间与计划时间的偏差,进而计算得到单个航班延误偏差;通过概率分布累计单个航班延误偏差得到系统延误累积量,用以表征延误累积-恢复的动态过程;进而通过其关系表达系统延误弹性,以评估系统从延误中恢复的能力。其中,节点-链路设定和网格划分两方面的改进体现了细粒度研究特征,并基于航线网络结构分析京广空中廊道系统延误弹性异质性的原因。这项研究为测量和理解系统延误弹性提供了新的视角,也为空中廊道多样性航线选择和航班编排提供了依据。

(2)京广空中廊道航班飞行过程中整体以延误产生为主且在低流量时段表现出延误吸收能力,枢纽机场起飞航班延误均值普遍高于抵达航班,随着其等级和流量强度的增加,航班延误平均值和峰值振幅提高,且以延误偏差>15 min 的标准统计,各汇流航线的延误概率密度和均值都高于枢纽机场直航航线,这意味着在京广空中廊道中,汇流航线贡献了正延误;京广空中廊道系统延误呈现中心航线延误累积-外围航线延误恢复的动态过程,营办商对中心航线的青睐使得大密度流量汇聚,这成为延误叠加累积的主要原因;在不同航路段间京广空中廊道系统延误弹性有较大差异,随节点间流量分散程度增加而显著提高，多链路航路段触发积极的延误吸收而使其具有较强的延误恢复能力。空中廊道系统延误弹性与航线网络结构的关系是通过中心航线-外围航线和链路流量汇聚两个关键要素建立起来的。

（3）空中廊道或航空干线航班延误事件本质上呈现为一种复杂的连续动力学过程，鉴于系统网络效应的存在，确定航线网络结构关键要素用以分析系统延误弹性，有助于解释航空网络中特定链接对网络延误状态的影响。与以往调整航班时隙资源分配保留剩余容量的弹性策略相比，这项研究体现的是灵活空域利用和动态空域管理，即航线自适应重构与优化连接提高系统弹性保证系统效率。针对这一问题，未来要迎接若干细节的挑战：使用速度变化的概念代替匀速假设；使用时间序列概念解释延误传播；使用资源占用概念评估空中廊道运行性能，为潜在使用者提供更多的动态选择机会，并应在此基础上扩大研究范围，以全国航线网络为有机整体进一步开展相关研究。

4.2 京沪空中廊道航空流流量密度识别及其应用
——基于滑动窗口方法的研究

中国空域拥堵已成为航班延误的主要原因之一，而空域拥堵及航班延误与空域流量分配、资源占用状况密切相关，因此空域流量密度识别成为一个基础性研究课题。本节选取京沪空中廊道全部航线和机场节点为研究对象，从 FlightAware 系统中获得 1 日 17 h 617 架次航班信息，采用以时态数据流和飞行弧为基础的滑动窗口方法，识别其航空流流量密度变化特征，并将识别结果应用于空域灵活使用。研究认为：①该方法自动分配时间窗口内航迹点事件，将航迹点连接生成飞行弧，基于此可识别航空流流量密度的时间动态特征，流量密度峰值随时间进行北南往返运动，显示出时态数据流滑动窗口研究的时空一体化功能。②应用识别结果可计算流量限制值与资源占用指数，确定"高流量密度约束区域"和"低资源占用区域"，从而用于航线更改（绕飞）和起降航班时序整合（盘旋），其显示出流量密度识别在航班穿越方式选择和航班需求排队决策中的应用价值。

4.2.1 研 究 综 述

目前，我国各大机场间部分空域高峰时段交通流量及其产生的航线容量已接近或达到可用能力的极限，致使拥堵严重。但是，流量管理和空域管理应如何合作予以改进，并不总是很明确，从流量分配看也缺乏足够的疏散和补救方式（王姣娥和景悦，2017）。实践证明，在某些空域采取某种灵活使用措施，协调各管制单元之间的流量和容量，可以减缓空域资源配置压力，提高空域资源利用水平。

多年来，流量、容量与资源利用匹配的研究一直受到学界关注，早期评估主要以机场跑道为对象（Bowen and Pearcey, 1948），较为经典的有 Tofukuji（1996）动态改变东京机场扇区边界，实现空域重构的研究，其较详细地设计了机场终端区动态利用交叉口，以提升起降量、降低航班延误。但随着研究范围从微观（跑道、机场）向中观（扇区、终端区）延伸，发现减少资源占用更有利于增加航班通过量（Zou and Hansen, 2012）。例如，王剑辉（2015）依据终端区航段交叉点飞行特征（进场汇聚和离场分散），搭建起一个合理调度航班与降低航班延误、提高资源利用水平的关系概式。随着NextGen实施（路紫和杜欣儒，2015；杜欣儒等，2019），针对国家空域系统流量和容量不平衡、空域资源浪费或超负荷占用严重等问题，又兴起了以平衡流量和容量、提高空域灵活使用为目标的空中交通流量和容量管理（air traffic flow and capacity management，ATFCM）研究，具体包括容量约束区域空域资源有序分配（Kim and Hansen, 2015）、时隙资源占用（尹嘉男等，2015）、空中等待（Chen et al., 2017）、飞行时长优化（Takeichi, 2017）等。总体上看，研究大多还是停留在微中观层面，对大区域宏观（航路、廊道）层面的研究仍显不足，更缺乏对动态空域资源配置的整体分析，难以使微中宏观流量的时空资源分配形成互动。

针对空域流量动态评估中较少通过自动方式描述其运动变化规律的问题，近年来，学者们先后尝试采用核密度估计（刘虎和李伟峰，2016）、时空聚类（Sidiropoulos，2017）和支持向量机（Wang et al.，2018）等方法进行交通流识别，但普遍存在对其演变过程分析不充分的缺陷。相比较而言，滑动窗口方法能较系统地解决随时间变化的动态识别问题。例如，Datar等（2002）构建滑动窗口模型、杜威和邹先霞（2005）划分出基于时间的滑动窗口/基于元组的滑动窗口/分区滑动窗口、Braverman等（2009）给出时间戳窗口最优采样算法、郑昌艳等（2016）设计多种不同尺度时间窗口，以上研究基本实现了数据流的自动聚合统计、自动查询、有效自动采样、自动识别和预测。由此可见，在数据流支持下的滑动窗口方法尤其适用于对随时间序列连续变化事物的动态识别。

这项研究选取中国最繁忙的京沪空中廊道为研究对象，将滑动窗口方法引入航空流流量密度识别中，旨在实现对廊道内实际流量的自动统计和流量密度的动态识别，进而应用识别结果，以实际流量和静态容纳数量计算流量限制值，结合穿越流量确定"高流量密度约束区域"，并对航班穿越方式选择进行评估研究；以实际流量和流量限制值计算资源占用指数，确定"低资源占用区域"，并对航班需求排队进行决策研究。这项研究尝试在空中交通流大数据的支持下，为交通管理部门提高识别效率、充分开发廊道内空域资源提供依据。

4.2.2 数据来源

《中国民用航空发展第十三个五年规划》中提出构建空中大通道战略，其核心是提升空中快线的质量（包括地面快捷服务与空中航线组织），京沪航线因率先开设空中快线而汇集了高密度航空流。空中廊道作为空中航线组织系统的重要组成部分能支持空中快线高质量运行，这项研究旨在对京沪空中廊道航空流流量密度进行识别，并应用识别结果于灵活空域使用。京沪空中廊道是由北京首都国际机场、北京南苑机场与上海虹桥国际机场、上海浦东国际机场间所有航线组成的空域交通系统，从北到南纳入廊道的机场依次有济南遥墙国际机场、扬州泰州国际机场、常州奔牛国际机场和苏南硕放国际机场，还包括廊道以外的其他机场间途经该空域的所有航线，共涉及8个机场和91条航线。利用"飞常准"（http://www.variflight.com）统计出2017年9月5日（周二）7:00~24:00共617架次航班；又通过FlightAware官网（https://zh.flightaware.com），根据航班号获得每个航班航迹点信息，包括计划起飞和降落时间、实际起飞和降落时间、航迹点经纬度、航迹点时间、飞行速度及飞行时长等。

为分析廊道内航班动态变化规律需进行时段和航段划分（龙茂乾等，2016）。以每条航线上整点时刻间隔点位置作为分界点（Sergeeva et al.，2017）划分出17个时段，分别表示为T_1，T_2，$\cdots$，T_{17}。从中国高空航路图中获得京沪空中管制单元划设范围，依次对京沪空中廊道进行分段，从北到南分为北京01扇和04扇、北京11扇、北京14扇、北京15扇、上海06扇、上海04扇和05扇共6个航段，分别表示为S_1，S_2，$\cdots$，S_6（北航段S_1、S_2和S_3，中航段S_4和S_5，南航段S_6）。

4.2.3 研究方法

1. 方法论基础

（1）时态数据流。时态数据流是一种由实时、连续数据组成的具有时间序列特征的数据表现形式，是滑动窗口运行时极为适用的数据对象（杜威和邹先霞，2005）。在一条时态数据流中，设v为时态因子，A为所发生的事件，可记时态数据流$=\{[v(t_1), A_1]$，$[v(t_2), A_2]$，$\cdots$，$[v(t_m), A_m]$，$\cdots\}$，其中$t_1 < t_2 < \cdots < t_m < \cdots$，$[v(t_m), A_m]$表示在时态因子$v(t_m)$处发生的事件$A_m$。每个事件$A_m$含有$p$个属性$e_1$，$e_2$，$\cdots$，$e_p$，$e_i[v(t_j)]$表示时态因子为$v(t_j)$时的第$i$个属性值，$A_m\{e_1[v(t_m)], e_2[v(t_m)], \cdots, e_p[v(t_m)]\}$。在这项研究中，表述空间位置的空中交通航迹点数据加入时间因素后即形成时态数据流，由于其具有体现A跨时间尺度的空间位置推移变化性而具有时空特征。使用时态数据流，不仅表现了数据之间的时序关系，也描述了不同数据之间相互转换的时间过程（Wu et al.，2018）。综上，按照时态数据流中的时态因子对A进行分配，即成为应用滑动窗口方法对特定空中廊道航空流流量密度动态变化特征进行识别的基础。

（2）飞行弧。飞行弧是近些年发展起来的对空中交通动态流量密度、流量限制值、资源占用指数间逻辑关系的一种直观表达，由动态航迹点（飞行途中不同时间点对应的空间位置）和连接线（按时序将航迹点连接形成的飞行轨迹）构成（Vaaben and Larsen，2015），所有航班的航迹点（含有经纬度、时刻和飞行速度等属性信息）连接即形成飞行弧，其具有精确描述航班飞行时空位置的优势。在具体应用中，通过两个机场节点间的连接关系构造一个弧来关联网络中不同时刻的航迹点，其既代表计划航班和延误航班，也代表实际飞行时间和机场空域周转时间（Hu et al.，2015）。飞行弧方式能较深入地揭示流量密度时空分布、途中飞行速度/时长变化以及盘旋等待的本质特征，其核心技术是航迹点变化描述，包括速度变化（因航班延误而选择飞行速度增加的飞行计划）以及与其相关的航线更改[通过飞行恢复技术避开拥堵空域选择外围绕飞（Kim and Hansen，2015）、盘旋时长（航班连续转向不少于360°盘旋飞行的实际时间）（任志强和范国星，2010）]。综上，在流量密度识别和灵活空域使用应用研究中，利用飞行弧计算流量限制值、资源占用指数、速差和时长等，较好地支持了滑动窗口运行。

2. 滑动窗口方法

（1）原理。滑动窗口方法以设置的时间窗口[SW，时态数据流运行时间的计算周期（Belcastro et al.，2016）]为单位，按照时间序列运算完前一个 SW 的时态数据流后，自动进入下一个 SW 运算，所以其是一个对具有时刻属性的 A 进行自动分配，并做出相应数据处理的技术（Ryang and Yun，2016）。因其只在部分而不是所有时态数据流上运行，故仅包含当前 SW 时段内的数据，实现了对时态数据流的动态更新（新 SW 内 A 的添加和过期 SW 内 A 的删除）。鉴于等时间跨度时间窗口可改变 SW 中 A 的数量实现有效分配（Arasu and Manku，2004），因此采用等时间跨度时间窗口，实现航空流流量密度识别。近年来，空中交通流量的空间表达普遍加入时间要素，并形成新的逻辑体系，所以采用能体现时态数据时序性的航迹点 A，为应用滑动窗口方法识别航空流流量密度提供了数据基础。航空流在短时间内表现出明显的动态特征，通过实时处理系统数据，不仅能揭示短时的交通流量特征，而且能反映其随时间的动态变化规律。

（2）识别过程。①分配 A。时间滑块是滑动窗口方法实现的载体。以 1 h 为 SW 时间跨度，利用时间滑块中的 Start/End time of the slider 设置 SW；进而依据 A 的时刻属性，利用 Previous/Next time stamp 确定隶属于所选择 SW 中的 A；最后利用 Enable/Disable time on map 显示特定 SW 内的全部 A。②生成飞行弧。将 A 分配到各 SW 后，按 $SW_1 \rightarrow SW_m$ 时序，使用 Points to Line 将隶属于同一个 SW 内的每条时态数据流 A 自动连接（将前时态因子处发生的 A 自动连接后时态因子处发生的 A），即可生成飞行弧。③识别流量密度。使用 Line Density，计算同一 SW 内依据半径确定的飞行弧长度之和与面积的比值得到密度（程前昌等，2007），即可生成航空流流量密度图。该图的价值在于：通过连接关系，用飞行弧关联网络中的动态航迹点表示不同时刻的航班空间位置变动，并将空域内航空流流量密度直观表示出来，即实现了不同 SW 内实际流量的自动统计和流量密度图的自动生成。

4.2.4 识别结果分析

将京沪空中廊道内全部航迹点 A 导入 ArcGIS10.3，利用飞行弧分析工具，通过以上滑动窗口识别过程，可自动统计出廊道内不同航段各时段的实际流量和自动生成航空流流量密度图，用于识别流量密度动态变化特征。

由京沪空中廊道内航空流流量密度可见，随 SW 向后滑动，通过飞行弧数量属性可确定实际流量的 3 个高峰时段（$T_2 \sim T_3$、$T_5 \sim T_6$ 和 T_{15}）和 3 个峰值高点（T_2、T_6 和 T_{15}）。在某特定 SW 内，通过对不同航段流量密度识别，可实现空间差异比较，北航段整体流量密度大于中南航段,这主要是在航线联系上受到不同机场节点方向容纳的旁支航线(航班数量)汇入的影响。17个SW内各航段的流量密度表现出时空异质性,在时段T_1~T_4流量密度高峰航段由北向南移动,在时段T_5~T_8流量密度高峰保持于北航段,在时段T_9~T_{13}又向南移动,在时段T_{14}~T_{17}反向向北移动,流量密度高峰航段的北—南—北—南—北往返运动是由机场间航班时刻资源配置造成的,所以流量密度高峰航段的确定能为各时段流量控制提供依据。

以上在时态数据流的支持下,应用滑动窗口方法研究空中廊道流量密度,具有自动分配廊道内航迹点、连接飞行弧、生成流量密度图的优势。相对于人工识别而言,更便于按照SW时序总结日内高峰航段和流量峰值点时空特征及其动态变化规律,这为多种类型区域的确定以及航班穿越方式选择、航班需求排队决策提供了计算数据。

4.2.5 识别结果应用

航空流流量密度识别结果的应用基本上包含两个灵活空域使用策略(Diao and Chen, 2018):一是面对"高流量密度约束区域"的穿越方式选择,保证航班正常通行;二是利用"低资源占用区域",将相同时间抵离航班分配到一系列动态服务上,由先来先服务(first come first service, FCFS)法则转变为按航班需求排队法则,防止航班延误产生。

1. "高流量密度约束区域"穿越方式选择

"高流量密度约束区域"多分布于穿越流量[从上游航段穿过两航段间交界处到下游航段的交通流量(程前昌等,2007)]较大且受流量限制(廊道宽度影响)的空域。采用滑动窗口方法识别时,利用统计出的实际流量,结合静态容纳数量可计算流量限制值(按照航段S_i在不同时段T_j的实际流量需求比分配的航班数量)(张洪海等,2009),京沪空中廊道内对应航段S_1~S_6的流量限制值分别为30架次/h、26架次/h、26架次/h、20架次/h、23架次/h、24架次/h。北京机场附近表现为高流量密度区域,但其终端区强大的航班调配技术,使其流量约束程度较低(流量限制值最大)。反而,受实际流量分配影响,航段S_4和S_5交界出入口处穿越流量较大(尽管流量限制值最小),可被确定为"高流量密度约束区域"。识别结果应用的一个重要方面是在"高流量密度约束区域"对航线更改(绕飞)或直接穿过的评估。

现选取计划飞行轨迹相同的南京→北京MU2831和MU2811与计划飞行轨迹相同的上海→北京KN5978和KN5988两组4个航班为例,对比获得直接穿过约束区域优先权的MU2831和KN5978航班与选择航线更改(绕飞)的MU2811和KN5988航班的飞行速度和飞行时长。由A的飞行速度属性给出相邻A的速度变化,直接穿过约束区域航班的平均飞行速度分别为725 km/h和798 km/h,速差极差分别为27 km/h和14 km/h;航线更改(绕飞)航班的平均飞行速度分别为827 km/h和808 km/h,速差极差分别为44 km/h和372 km/h,速度较快且变化明显。航线更改(绕飞)穿越并非因飞行距离增加而造成飞行时长增加,MU2831航班飞行时长1 h 46 min并抵达延误,MU2811航班飞行时长仅

1 h 32 min 且抵达正点。以上分析说明，选择航线更改（绕飞）穿越"高流量密度约束区域"是一种实现正点抵达的有效选择。航线更改研究是灵活空域使用的主要实践领域，其动态规划涉及飞机路径选择和速度控制两个方面。

2. "低资源占用区域"航班需求排队决策

"低资源占用区域"也可利用滑动窗口方法的识别结果来确定，即在特定 SW 统计出航段 S_i 内的实际流量并与航段 S_i 的流量限制值相比，计算出资源占用指数（SI）（张兆宁和曹悦琪，2018），"低资源占用区域"是指存在 SI＜1 的所有时段对应的平均 SI＜1 的航段（当 SI＜1 时说明航段内资源未达到充分占用）。时段 T_1、T_4、T_8～T_{13} 和 T_{17} 存在 SI＜1，其所对应的航段 S_1、S_2、S_3 和 S_6 可被确定为"低资源占用区域"。与前述相同，机场终端区的强大航班调配能力致使"低资源占用区域"多存在于机场所在航段，这为实现空域资源的灵活使用提供了充足空间。"低资源占用区域"灵活使用涉及机场提供灵活降落方式，满足不同航班需求的若干方面，其中盘旋飞行能较准确地说明航班需求排队决策实施的效果，因此识别结果应用的另一个重要方面是在"低资源占用区域"对航班需求排队进行决策。

依据廊道内航班飞行轨迹，可设定盘旋飞行的航班共计 17 个，全部发生在机场附近，平均盘旋时长 6.5 min，除 KN5986（S_1）和 CA1518（S_2）航班外，均存在于航段 S_6（盘旋时间占比达到 89.19%）。现以航段 S_6 中单跑道无锡机场上空盘旋航班为例，选取长春→无锡 ZH9646 和无锡→深圳 ZH9802 以及青岛→无锡 MU2702 和无锡→沈阳 AQ1071 两组 4 个航班，探讨利用"低资源占用区域"按航班需求排队的优势。ZH9646 航班在已延误的情况下盘旋（时间 11:12～11:17），为 ZH9802 航班正常起飞（时间 11:00）提供跑道；MU2702 航班在未延误的情况下同样盘旋（时间 16:57～17:03），为 AQ1071 航班正常起飞（时间 16:50）提供跑道。可见，由起降排队分离转变为起降航班时序整合（盘旋），利用"低资源占用区域"实施航班需求排队决策，较 FCFS 能有效地减少航班整体延误时间（王莉莉和顾秋丽，2014），防止延误传染扩散。

4.2.6 总　　结

（1）采用时态数据流时序联系和飞行弧时空交互表达方式，运用滑动窗口方法自动分配航迹点 A 于 SW，并按时序将 SW 内航迹点 A 连接自动生成飞行弧，进而自动统计实际流量生成航空流流量密度图，基于此，可识别京沪空中廊道航空流流量密度的动态变化特征：具有高峰时段（T_2～T_3、T_5～T_6 和 T_{15}）和峰值高点（T_2、T_6 和 T_{15}），受旁支航线汇入的影响，北航段整体高于中南航段，受航班时刻资源配置的影响使其峰值呈北—南—北—南—北往返运动。这显示出时态数据流滑动窗口研究的时空一体化功能。

（2）在灵活空域使用的应用中，流量密度识别结果基本上包含两个策略：一是穿越方式选择的评估，京沪空中廊道内限制值最小航段存在于 S_4 并向北向南递增，"高流量密度约束区域"位于穿越流量较大的航段 S_4 和 S_5 交界处，航线更改（绕飞）经过约束区域较直接穿过的飞行速度快、飞行时长较短,该方式是航班穿越约束区域实现正点抵达的有效选择。二是航班需求排队的决策,京沪空中廊道内"低资源占用区域"位于航段 S_1、S_2、S_3 和 S_6,在此改 FCFS 为航班需求排队、改起降排队分离为起降航班时序整合(盘旋),可保障航班正常起飞,并防止延误传染扩散。流量密度识别结果的灵活空域使用应用为精准分析空域利用情况和方案实施效能提供了有效方式。

(3)空中廊道内"高流量密度约束区域"和"低资源占用区域"的空域资源临时分配都为未来优化航班运行链条、系统提升航班协同运行能力提供了综合治理的手段,也体现了灵活空域使用的本质意义。将航线重新规划、调速和空中等待等航班优化调度方式应用于飞行恢复是未来微中宏观航空流流量时空配置互动研究的重要发展方向。

4.3 京成空中廊道航空流网络结构和运行结构的集成检测及其在分化组织中的应用

空中廊道作为航空流组织和分配方式,其网络结构和运行结构较为复杂。这项研究开发网格时空图方法,并用于京成空中廊道航空流网络组成模式、航空流时空密度波动与聚合/分化分析,进一步提出时间错峰和空间扩容方案,以实现空域资源高效转化。研究发现:①基于流理论进行航空流网络和运行结构研究,形成了整流距离及尺度阈值的思想、流变基础上时空结合的思想、时间要素影响聚合/分化点的思想。②5 种邻近阈值检测下航空流交叉角度和密度持续增大,以航空流网络结构分析,存在并行流、交叉流、全覆盖流、半覆盖流 4 种组成模式,其中全覆盖流邻近性最高额外飞行距离最短。③以航空流运行结构分析,流密度波动在时空维度下呈现出高频数点状或短线状集中分布特征:上午低频高分布/晚间高频高分布,两大峰值以及距离中值区为近似对称分布;聚合分化点时空利用特征存在较大差异,时间上呈现阶梯递减(阶值越高点数越少)且最高阶点出现在晚间,空间上呈现高集聚。④基于网格时空图构建的滑动窗口微时刻调整可较好地用于时间错峰;并行结构调整和动态快速分流可较好地实现空域容量增大。⑤高铁网络对航空流网络具有替代作用,空中廊道航空流研究对空中大通道航空流组织具有支持作用。

4.3.1 背　景

美国新一代航空运输系统(next generation air transportation system,NGAT)方案和欧洲"同一天空"(SESAR)计划以及中国民航航空系统组块升级(aviation system block upgrade,ASBU)规划等,均提出新运行概念和运行方式的高级操作构想,如基于轨迹的操作（trajectory based operation，TBO）、超密度航空流操作、优先级排序、流应急管理等，推动空中交通范式从"控制"向"组织"转变，增强系统性能，限制拥堵传播。在航空流导入和反馈的不断迭代和优化过程中，以上新概念和新操作构想得到丰富和完善，其均是以航空流网络结构（air flow network structure）（Baspinar et al.，2017；Carro et al.，2018）和运行结构（air flow operation structure）（张一诺等，2020）检测为前提，通过密度与距离、拥堵与延误、系统效率与可预测性等来改善空中交通系统整体性能。

以往航空流研究多以静态和固定形式为主，其对于大尺度空间格局而言具有较大意义。但随着空间形态理论发展及其与航空实际问题的深入结合，研究重点从地理格局描述/解释转向过程识别和理解，即探究动态结构的细粒度特征及其流动本质。ICTs 的快速发展和大数据背景使精准收集大规模个体运动数据成为可能，大规模新形式航迹时空连续数据及其隐含的流信息带来了前所未有的机会，不仅创新了空域中流模式、流结构、流关系和流过程研究，而且极大地支持了航空流网络结构和运行模式及其相互作用研究（杨延杰等，2020；Chen et al.，2016）。空中廊道作为一种全新的航空流组织和分配方式，相对于机场终端空域（杜欣儒等，2019）及多机场系统（Loo et al.，2005）等空域单元而言，其航空流运动具有带状空域结构特征以及拥堵-延误传播特征，航迹时空趋同性更明显且影响时长/区段更广，最优路径替代和串联作用更显著，与国家空中大通道系统规划与改革的结合更密切，因此具有独特的研究意义。此外，空中廊道航空流网络结构和运行结构研究在解决空域通行能力与容量匹配这一问题上有一定应用价值。

这项研究基于航空流密度和拥堵特征的代表性、主流延误的严重性、位置的独特性及周围空域的复杂性等，以京成空中廊道为例，开发网格时空图方法，研究空中廊道航空流网络组成模式和航空流时空密度波动与聚合/分化问题，提出时间错峰和空间扩容方案，以支持高密度航空流运行、组织和分化。最后对空铁竞争替代下的航空流变化和空中廊道对空中大通道流组织的支持作用进行了讨论。

4.3.2 理　　论

1. 基础理论支撑

1）流理论与航空流

①当空气空间成为空中交通流形成和交互的载体时，作为一种衍生流动需求便形成了航空流。借鉴"流空间"（space of flows）概念，可将其定义为地理相互作用产生的航空要素流动，以及通过流动实现的航空组织，其引发了形态、结构和功能多方面的变革。基于此，航空流一直是空间科学研究的目标（杨延杰等，2020）。地理学家具有整合空间位置和运输理论的独特能力，这使其在航空流研究中做出了诸多贡献，如最大流量、最短路径和最优网络等（Loo et al.，2005）。②航空网络研究多使用航线和航班数据，其借助统计学模型，建立由机场节点和航线组成的航空网络关系，或界定为单个航空公司网络集合，进而依赖复杂网络分析实现空间联系及布局、交互模式、网络拓扑结构及

性能的评估（Dai et al., 2018）。航空网络研究有助于揭示复杂地理现象与潜在社会经济过程间的关联性和支持航空运营决策与运输布局设计（Sun and Wandelt, 2015）。

2）途中航空流与航空流网络

①途中航空流（enroute traffic flow）指空中穿越的交通流流体，途中巡航占用空域时间最长（Chen et al., 2017），途中航空流研究更加关注流的动力学（如飞行密度、飞行速度等）特征，突出了空中交通流量的动态性和连续性。针对航空流汇聚带来的空域占用与释放问题，强调了平衡动态交通需求与空域容量的重要性（Netjasov, 2012）。②研究各种长距离的短时航空流动、短距离的瞬时航空流动已成为常态，表征航空流运动的时空大数据渐趋多元化，并适于多种时空尺度（空间：流量—流向—流速—流距，时间：多年—年内—月内—日内—时段内）。在时空尺度上多属性的航空流不断变化形成了交互网络，即航空流网络（air traffic flow network）。随着动力学加入，由最初关注航空网络结构到同时关注"流网络"结构及运行结构，航空流网络因加入时间因素而与航空网络有所不同。例如，采用离散时间动态系统对网络上的交通流建模，并借助图论表示传输（Baspinar et al., 2017）；将空中交通流聚合为线要素，以处理合并和分流问题（Menon et al., 2004）；结合流体力学的连续性方程和单元传输模型中的空间划分，基于速度刻画交通流动态和分布特征，解决空域中短期空中交通流量优化问题（Chen et al., 2017）。航空流网络及运行研究对揭示多重属性与结构的空域资源利用具有重要意义。

3）航空流网络结构与运行结构研究对方法论提出挑战

时空数据具有海量性、动态性与多维性等时空特征，而统一表达和解析网络结构与运行结构仍缺乏有效的研究方法。其集中体现在：①目前，利用空间分析方法，表达网络空间格局，或基于年离散时间表达网络空间演化，普遍忽略时间的连续性和动态性（王姣娥等，2019）；②基于流量矩阵与统计学建模，对其时变特征与空间特征进行分离表达，普遍忽略网络的多维性；③依据几何拓扑特性建构航空网络，普遍缺乏流运行属性叠加和演化驱动力分析（Wang et al., 2014）。多维运算的不统一，时空维度非对称和时空特征不一致等问题，导致高维海量时空数据动态表达与可视化的不足，其日渐成为制约地理时空分析的重要因素（罗文等，2013），迫切需要一种数据驱动的方法构建网络，该方法应使用航迹数据（Carro et al., 2018）构建动态网络，在此，节点是定位点和时间戳定义的航迹点，边是航迹及航迹间的连接。

2. 空中廊道航空流理论及其应用

（1）将整流距离及尺度阈值思想用于航空流网络结构研究。成"簇"并行航迹吸纳到空中廊道组成廊道流量，流量增加导致空中廊道附近航空流网络结构较为复杂。空中廊道作为一种空域分配方式，被认为是对现有空域的整合以及对航线的优化，空中廊道或部分空中廊道将重合或取代现有航线，收益将通过并行结构的建立、交叉交通干扰的降低、移动限制的减少、延误时长和次数的减少等实现，基于此，空中廊道流网络结构及组成无法与当前航线分开，其航线间的邻近性需要检测（Yousefi and Zadeh, 2013），其是揭示流网络组成和流间关系的基础，决定流的峰值点和时空密度波动，也决定流的聚合分化。测量两个空间流端点（起点/终点）间的距离用于邻近关系考察，缺乏对尺度的敏感性和邻近边界的定义，不能完全代表两个流之间的紧密度，不足以评估邻近流的相似值以实现邻近性检测，应将流视为不可分割的对象，测量整流距离以检测"簇"。最佳尺度又称检测窗口半径或阈值，随尺度增大，对检测局部流的数量具有积极作用，最佳尺度悬而未决，可通过多尺度检测结果比较予以实现（杨延杰等，2020）。

（2）将流变基础上的时空结合思想用于航空流运行结构研究。除了流的空间关系分析外，还应进一步扩展更高维的流时空分析（杨延杰等，2020），检测流峰值点和时空密度及异质性分布等（Gao et al., 2018）。航空流运行中，航迹的叠加效应使得流时空密度在整个空中交通网络中呈现波动特征，其特征的揭示可有效调整航迹、疏散拥堵、组织流量、调节加密时隙。以往研究多集中在空间维度上，以相似模式进行识别，如基于密度方法将相似航段聚类，还如基于静态密度、Lyapunov 指数、空间指标等来揭示流的复杂多变和动态演化（Yang et al., 2017）。较少有研究将时间维度纳入空间集群的时间变化中。但衡量流拥堵态势（产生、积累、传播和消散）有赖于时空密度研究，流的动态变化反映在紧密度、周期性和演变趋势上，动态交通流的复杂时态特征、时空多变关系及综合因素影响等研究是理解流运行动力学的关键，具有较大意义（Peng et al., 2020）。

（3）将动态时间要素影响聚合/分化点的思想补充用于航空流运行结构研究。传统研究聚焦于关键节点分布、控制度、层级联系、空间格局、网络稳定性等（Ren et al., 2019），空中廊道并行无交叉且明确定义航空流关于聚合分化点的研究尤为重要，与现有时不变思想的不同之处在于运行中是否考虑动态性和不确定性，加入时间要素，关注运行中聚合/分化点的交互多样性，有助于实现对空域静态拓扑结构与航空流动态关系的综合刻画。

4.3.3 方　　法

1. 网格时空图方法构建

多年来发展了多种形式的时空图用于描述交通流，最初仅是以标有地理位置的单一轨迹行进信息指示实时交通流运动，但随着大量轨迹可视化技术的成熟，一些软件（如 Matlab）借助网格与轨迹交叉可视化流量（Xue and Zelinski, 2010）被用于时空图生成，实现了流量可视化和热点/热区识别（杜欣儒等，2019）。针对空中廊道航空流研究目标，现基于 GIS 渔网挖掘网格属性开发网格时空图方法，设定网格时空步长（2 min/10 n mile），创建航迹时空映射，标记带有时间刻度的航迹数据集在空间范围的移动，显示不同时间和空间流在网格上的分布，刻画航空流网络结构和运行结构的时空特征，实现时间维度下动态虚化时刻资源研究与空间维度下静态固化空间结构研究的结合。图 4-3 显示了 CA4120 航班航迹网格时空图雏形。

第 4 章 高密度空中廊道航空流运行结构研究案例

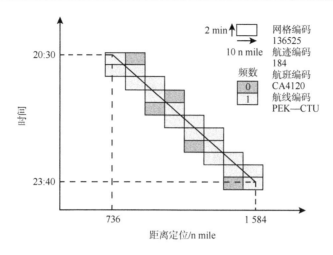

图 4-3 网格时空图雏形图

2. 技术路线

以网格时空图揭示航空流网络结构和运行结构需考察流的邻近性、时空密度和聚合/分化，其技术路线如图 4-4 所示。

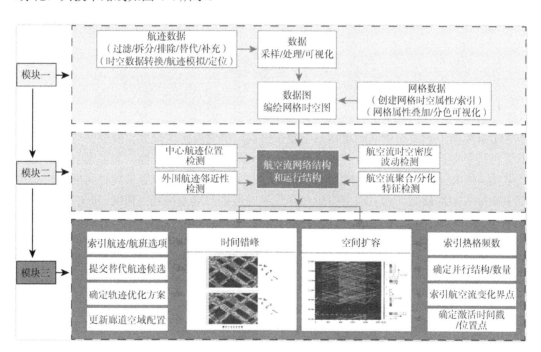

图 4-4 网格时空图技术路线

第一模块：数据图。经共享和经停航班过滤、拆分和排除，对于缺失和不完整的日内数据，将以周内和月内同义数据进行补充/替代，完成航线数据采样；设定原点定位并对应航班时刻转换时空数据生成航迹数据，识别随时间变化的交通流运行模式，显示不同时间和位置的航空流动态分布；叠加网格编绘时空图，创建网格时空属性和索引，并扩展其属性。

第二模块：网络结构检测，即根据航班量确定优先级，以检测中心航迹位置；按照额外飞行距离约束聚类中心航迹相似方向的外围航迹，以检测邻近性。运行结构检测，即时空维度上叠加网格属性，识别时段和区段内航迹数量和分布，以检测航空流时空密度波动；根据网格属性筛选分色可视化分布、时空聚类，以检测航空流聚合/分化特征和通行能力。

第三模块：应用。①时间（微时刻）错峰调整：通过网格时空图构建滑动窗口，以网格占用显著性和动态性分析航迹交互作用，以支持微时刻错峰调整。确定高拥堵时空区域；设置阈值滤除低频网格，确定高拥堵时段和区段的微调网格；检测高频数网格和热格内的邻近流及航迹交叉，计算途中航空流飞行路径的重叠时间窗口，确定微调网格及航迹；为经过网格的航迹设定滑动时间窗口（SW），进行起飞时间更改 $T=T\pm n$（$n=1$，2，3，…，15）或速度更改 $V=V\pm n$（$n=1$，2，3，…，n），实现微调并提交替代航迹候选方案，生成各方案时空图；根据此时间窗口中航迹移除或修改更新，实现空中廊道时空网格频数削减达到占用优化，选取最优方案更新航空流配置。②空间扩容：根据网格属性索引热格，确定垂直和水平折中的并行流数量和结构，根据航迹簇状叠加效应的典型性，索引流量变化界点，并通过界点网格属性激活时间戳/位置点实现动态开合。

4.3.4　区域与数据

1. 研究区选取

①京成空中廊道在中国廊道体系中复杂性高、航空流密度最大、涉及参与者航线和枢纽机场最多、时空拥堵特征（典型短时长和小区段）最具代表性。②京成空中廊道基线航线（PEK—CTU）在中国枢纽机场间航线延误成本测算中，显示其时间延误成本和空中维持成本均最高。③京成空中廊道基线航线连接的端点机场（PEK 和 CTU）运行效率（通过跑道长度/航站楼面积/行李领取数量等投入指标与旅客吞吐量/航班延误率等输出指标评估）呈下降趋势（Fan et al., 2014）。④在中国"10+3"空中大通道中，京成空中廊道网络具有独特作用，与京昆空中大通道在方向上和关键机场节点上高度一致，CTU 是京昆空中大通道调整后最大受益机场之一，受益国内通航城市达 64 对，同时其连接成都—拉萨复线和广兰空中大通道，交通串联作用显著。基于此，选取京成空中廊道作为航空流网络结构和运行结构的研究案例。

2. 数据设计与处理

时空连续数据因其多属性、时空对接性和细粒度特征等为航空流实体和关系的表达及计算提供了支持。航迹数据作为时空连续数据的一种，可大致分为实际航迹数据和模拟航迹（大圆飞行轨迹）数据，前者由实时航班跟踪生成，表征航班当日当次的实际飞行距离和实时飞行速度等信息,可用于揭示实际流量分布;后者基于航班抵离机场坐标计算大圆飞行距离,再结合计划飞行时长计算平均速度最终形成,因其数据更具稳定性和共性,可较好地用于新空域结构探索。多位学者均依据大圆飞行轨迹研究了连接机场的空中廊道的选取问题(Xue and Kopardekar,2008)。

数据设计与处理步骤如下:从"飞常准"(http://www.variflight.com)和 FlightAware(http://zh.flightaware.com)统计日内(2019 年 7 月 15 日)24 小时在 5%额外飞行距离约束下的参与者航线和航班;对周内奇偶飞行计划和取消航班导致的数据缺失,以本周内和月内数据予以补充确保数据完整;删除共享航班,将直飞与经停航线合并(经停航线拆分为两条),同时保证经停机场也符合距离约束。最终获得京成空中廊道 37 条航线和 306 架次航班(图 4-5),其中删除经停机场不符合距离约束的航线 4 条和航班 25 架次。数据中同一航线往返航班数不一致问题多为经停航班不一致且经停机场不在距离约束范围内。

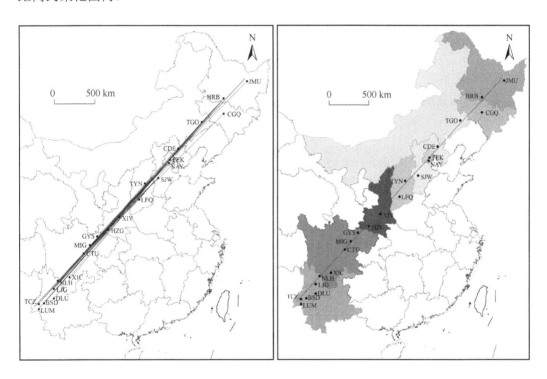

图 4-5　京成空中廊道空间范围

从上述网址采集 306 架次航班时刻信息,经时刻-时空数据计算、时空聚合/分化点转化、航迹生成,编绘网格矩阵(2070/10)×(1440/2)时空图(图 4-6),图中航迹由一组占用网格参考系统描述,表征累计飞行分钟数而非飞行条数,从而考察飞机随时间对密度的贡献比。

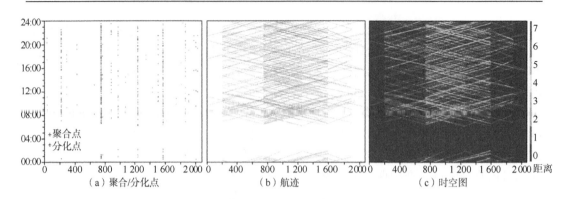

图 4-6 聚合/分化点、航迹、时空图

4.3.5 结果与分析

1. 航空流网络结构：组成模式

基于前述整流距离及尺度阈值，设定航迹为垂直角度进入和退出，以额外飞行距离约束邻近性构建航迹集合，通过百分比阈值实现围绕中心航迹的外围航迹增量控制，分别以 5%、6%、7%、8%、9% 为阈值形成 5 种航迹聚类，考察航空流网络组成模式（图 4-7）。

由图 4-7 可见，围绕中心航迹形成平行或近似平行、长度不一的邻近流"簇"，检测外围航迹的迭代过程中，外围航迹与中心航迹的交叉角度和外围航迹的数量不断增大，但其航空流网络结构固定不变。以航迹起止点描述可将空中廊道航空流网络概括为 4 种流组成模式：起止点同侧平行流、异侧交叉流、全覆盖流和半覆盖流。以外围航迹加入空中廊道网络的额外飞行距离成本衡量，4 种模式中全覆盖流效益最高（额外飞行距离最短）；平行流、交叉流和半覆盖流的效益与长度和角度有关（长度越长角度越小为最优），对并行结构宽度的迭代将实现同一阈值范围内更多的邻近流汇入。

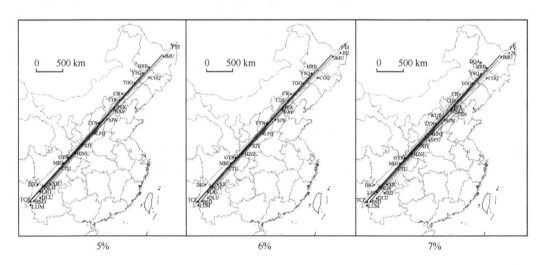

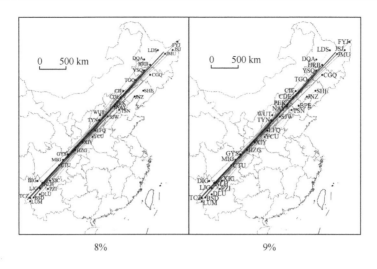

图 4-7　5 种阈值约束下的航迹聚类

2. 航空流运行结构：密度波动与聚合/分化

1）时空密度波动

根据图 4-6，分别统计各网络频数下时空图中的航迹，生成时空流量密度波动图（图 4-8），用以细化空中廊道流量的动态分布。

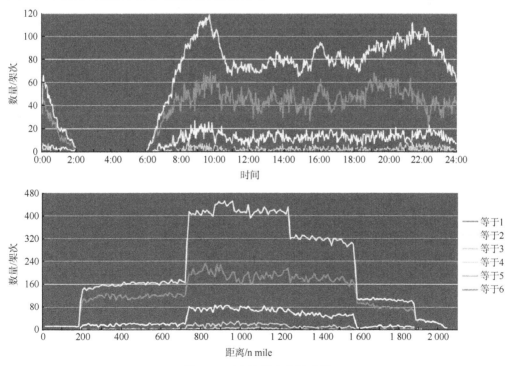

图 4-8　时空流量密度波动图

由图 4-8 可见，①时间维度下，动态流量呈现峰谷相间和多峰差异分布：除高频数点状或短线状集中分布在上午和晚间（两大主峰）外，各频数流量分布趋势大致协调，一些时段出现断流。9:02～9:50 总频数峰值波动在 113-116-119；21:24～22:20 总频数峰值波动在 112-104-108。上午和晚间高峰的差异体现在：上午总频数峰值主要由低频数高分布引致，高频 6 和 7 缺失；下午总频数峰值主要由高频数高分布引致，频数 6 超过整个空中廊道半数且频数 7 集中在该时段。可见，晚间高峰时刻资源更为紧张，具体时刻的差异显示了资源余量情况和错峰调整的可能性。②空间维度下，动态流量呈现以距离中值区为近似对称轴的分布：高频数点状或短线状集中分布在中值区前半段 750～1230 n mile，其最低频数为 4，总频数峰值 451-434-440-446-451 出现在 880～970 n mile（约石家庄正定机场至太原武宿机场间）。可见，空中廊道参与者机场的空间分布决定了空间维度上的流量分布。上述波动特征可支持运行结构调整和流量分化。

2）时空聚合/分化

由图 4-6，通过标记时空图网络内航迹点可筛选出聚合/分化点（图 4-9），用于分析时空通行能力。由图 4-9 可知：①时间分布呈现阶梯递减规律，阶值越高点数量越少，最高阶点 6 出现在晚间，与前述时间密度波动特征相吻合，这是由不同机场航班时刻资源同质化所形成的。②空间分布呈现高集聚性，高值 64、200、78、130 分别集中在 197 n mile（哈尔滨）、737 n mile（北京）、1 246 n mile（西安）、1 584 n mile（成都），一天内几乎全部时间均有聚合/分化点分布，

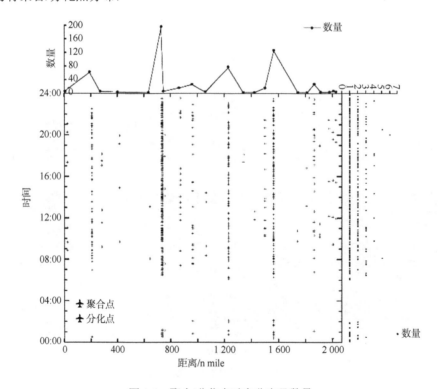

图 4-9 聚合/分化点时空分布及数量

表明其空间位置的较高时间利用率，极小空间容纳了大量航班，这与前述流空间密度波动特征相吻合，是由高流量机场的差异分布和高流量航线流量在空间上的集聚所形成的。聚合/分化点特征可用于评估空中廊道空域容量。

4.3.6 应用前景

1. 时间错峰

以往基于局部航空流的地面控制，极易引发网络的传染扩散，为此实践中多通过抵离时间和速度控制提高网络鲁棒性，如 Peeta 和 Ziliaskopoulos（2001）基于邻近航迹间安全距离估算拥堵，通过时隙分配调整航迹重叠时间，以动态分配流量（Xue and Kopardekar，2008）；Westminster University 和 Performance Review Commission（2004）定义 SW"微调"阈值（≤15 min），以降低繁忙空域航空流密度；高伟等（2019）设计了个体移动轨迹-滑动窗口方法，以识别航空流异常变化，并解释空中廊道拥堵。

选取动态密度晚高峰时段（21:24～22:20）和中值区前半段区段（930～1230）交互形成的时空区域作为京成空中廊道航迹热区。过滤网格低频 1～4，对 5、6、7 高频数网格时间窗内的每个航迹进行标识，并检测邻近航迹及交叉点，以 MU9650 和 3U8890 更新航迹为例，更改起飞时间（$T=T\pm5$）为首次滑动，滑动窗口微时刻调整后的航迹时空图如图 4-10 所示。由图 4-10 可见，调整前的 3 个网格高频数 7 分别降为 6、6、5，频数 6 分别降为 6、5、5，频数 5 网格位置出现漂移但总量下降且频数未增加。可见，基于网格时空图构建的滑动窗口微时刻调整可较好地用于时间错峰。

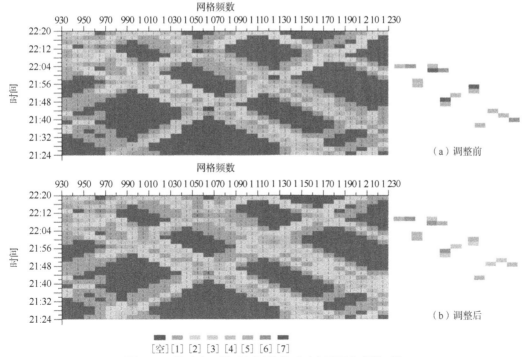

图 4-10 滑动窗口微时刻调整前后时空图网格频数对比

2. 空间扩容

1）并行结构调整

通过对空中廊道内航空流组合排列的调整来实现结构扩容。空中廊道可通过并行结构设置满足参与者机场交通需求，实现整体扩容和流量释放。基于对京成空中廊道航空流时空密度波动特征和微时刻调整，并行结构数量为6，微时刻调整后的网格最高频数与聚合/分化点最大值一致，确保通行能力满足最大流量的同时，实现最小空间并行数量上的资源最大化利用。并行结构预设三种模型，堆叠结构具有相对低交叉，但连续占据6个高度层可能导致非空中廊道用户通行的高成本和高延误；并排结构基于高海拔空域资源释放和流量低交叉，忽略了该高度不可能适合所有航班且造成水平空间被大量占用；组合结构是以上两种模式的垂直与水平折中，在较少交叉的基础上，为空中廊道参与者提供较灵活的高度层选择且充分考虑对剩余流量的影响，作为一种并行结构该模型最为合理。

2）动态快速分流

根据空中廊道内航空流需求变化（流的日内时段变化）实施动态快速分流设定，随航迹在空中廊道内移动开启至最后一个航迹结束后合并。基于京成空中廊道航空流汇聚和分布，根据时空图网格随时间被占用的频次划设空中廊道动态流量分区（图 4-11）。由图 4-11 可见，时间点 A 和 B 之间的 R_1 区属于时段内的断流区，时间点 C 以后的 R_2 和 R_3 区由机场空间分布决定，当原有航线/航路容量可满足流量通行时，无须实施空中廊道快速分流；时间点 A 前的 W 区航迹多为过夜抵港的累积航空流，最初开启区段为最繁忙区段（737～1 584 n mile）；时间点 C 后的 $Q/S/T$ 区随早高峰流量激增，空中廊道全区段逐渐开启实现了动态快速分流。

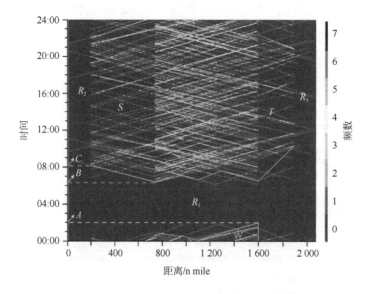

图 4-11 京成空中廊道动态流量分区

4.3.7 讨 论

1. 关于空铁竞争影响航空流网络结构变化的讨论

对比两个年份（2019 年 7 月 15 日和 2017 年 5 月 8 日）京成空中廊道航空流运动，发现两年间该空中廊道航空流网络组成和运行密度发生显著变化，其中以西安—成都航线内航班变化最明显（由 20 班减至 6 班）且西安—绵阳和太原—绵阳直达航线取消。两年研究数据同为夏季，航班时刻同为周一数据，这一变化极可能与西成高铁开通（2017.12.6）相关。关于空铁竞争对航空流的影响已有较多研究（Jiang and Zhang, 2016）。例如，高铁流替代航空流显著存在于航线距离小于 1 000 km 尤其小于 500 km 的区域（Bilotkach et al., 2010; Albalate et al., 2015）；高铁时长小于 1.5 h 致使航空流锐减，而超出航时 5 h 则相反（Gu and Wan, 2020）。但除了距离和时间因素引起航空流变化外，是否还存在其他网络效应值得进一步探讨。

①西安—成都和西安—绵阳航线距离（500km<d<1 000 km）符合替代区间，前者为西成高铁全段，后者为西成高铁中段。太原—绵阳航线距离（>1 000 km）超出最大替代距离，但因中转西安—绵阳高铁（西成高铁换乘）而被替代。②西成高铁开通前后交通流组成及平均运行时长（图 4-12）为：开通前航空流、普通列车流/快速列车（K）流/特快列车（T）流运行时长分别为 100 min 和 15 h27 min；开通后由航空流、K/T 流、动车组列车（D）流、高速动车组列车（G）流组成，运行时长分别为 100 min、14 h33 min、4 h、3 h49 min。因此，航空流锐减，D/G 流在西成交通流占比达 85%，较航空流运行时长多 2 h14 min，尽管超过了最佳替代时长（>1.5 h），但仍符合替代时长约束（<5 h）。上述变化基本符合空铁替代的距离和时间约束，但网络效应（串联和换乘）带来的时空联动和衔接效率也起到了一定作用，带来了阈值上的突破，同时也给予了航班时刻核算的新思考：现有机场时刻资源核准以片区统筹而非机场，在片状基础上，未来配置应关

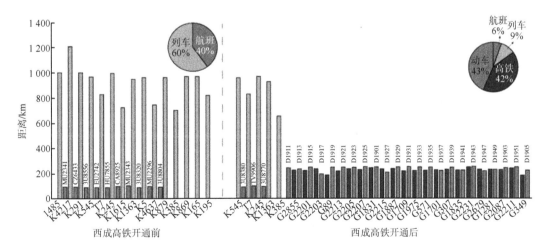

图 4-12 西成高铁开通前后交通流组成及时长分布

注带状结构,综合沿线机场航班时刻及该线路竞争替代高铁流的时刻分布。这一研究可服务"干支结合"和"空铁联运"系统。多式联运在不同网络间的转换依赖路径衔接,而时刻衔接是联动的基础支撑。

2. 关于空中廊道航空流研究对空中大通道航空流组织的支持作用

《中国民用航空发展第十三个五年规划》提出构建单向循环空中大通道设想,目前已完成京昆等 5 条空中大通道和成都-拉萨等 2 条复线建设。以空中大通道/航空大通道/单向循环航路等为关键词在中国知网搜索,发现自 2013 年京昆大通道运行至今未见重要研究成果,仅有少量研究发表在非核心期刊,尚无理论概括和系统方法构建(张潇潇和王莉莉,2015),相较下空中廊道研究较为成熟且成体系。两者均是在不断增长的空中交通流压力和日益严重的拥堵和延误背景下提出来的,均是基于单线变复线的时空流量组织概念,前者利用闲置支线航线对现有主干航路结构优化调整,通过对偶航路、干支线串联及空中快线实现;后者基于大圆飞行轨迹,依托高流量航线,在额外飞行距离的约束下,纳入参与者航线构建新空域结构,通过时间错峰、空间扩容实现。综上,两者均为大时空尺度上的空域结构优化调整和扩容组织方式。基于此,空中廊道理论体系、技术方法,均可在空中大通道串联干支线、扩容分流、动态管理及通过能力评估等方面起到支持作用。具体包括:有关流网络组成及模式研究可提供串联干支线及新机场选址的支持;有关流时空密度波动研究可提供时空拥堵识别及航线流量影响评估的支持;有关应用研究可提供微时刻资源优化、并行结构分流、动态流量分化管理、立体交通换乘等支持。

4.3.8 总　　结

(1)基于 GIS 渔网挖掘网格属性构建的网格时空图模型,能刻画航空流运行的诸多时空特征,并用于京成空中廊道航空流网络组成模式、航空流时空密度波动与聚合/分化研究,进一步通过时间错峰和空间扩容方案,以实现空域资源高效转化。

(2)基于整流距离及尺度阈值下 5 种邻近阈值范围检测流网络结构呈现并行流、交叉流、全覆盖流、半覆盖流 4 种组成模式,其中全覆盖流邻近性最高;基于流变基础的流密度波动呈现出高频数点状或短线状集中分布,上午(低频高分布)/晚间(高频高分布)两大峰值以及以距离中值区为近似对称分布;基于动态时间要素影响下,聚合/分化点时空利用差异呈现时间维度的阶梯递减和空间维度的高集聚特征。

(3)基于网格时空图构建的滑动窗口微时刻调整可较好地用于时间错峰;组合并行结构调整和动态快速分流可较好地实现空域容量增大和灵活空域使用。

参 考 文 献

曹小曙, 梁斐雯, 陈慧灵. 2019. 特大城市空间形态差异对交通网络效率的影响. 地理科学, 39(1): 41-51.

陈卓, 金凤君, 王姣娥. 2019. 基于高速公路流的东北大都市区边界识别与结构特征研究. 地理科学,

39(6): 929-937.

程前昌, 胡大胜, 易忠君. 2007. 中国地面交通线路密度的空间差异及变化. 地理与地理信息科学, 23(5): 71-76.

杜德林, 莫辉辉, 王姣娥. 2019. 三大国有航空公司网络空间结构比较与演化. 热带地理, 39(2): 196-205.

杜威, 邹先霞. 2005. 基于数据流的滑动窗口机制的研究. 计算机工程与设计, 26(11): 2922-2924.

杜欣儒, 路紫, 董雅晴, 等. 2019. 机场终端空域航空流量热区云图模型及其北京首都国际机场案例研究. 地球科学进展, 34(8): 879-888.

高伟, 路紫, 董雅晴. 2019. 个体移动轨迹–滑动窗口方法与航空流异常变化识别——以京沪空中廊道为例. 地理与地理信息科学, 35(6): 66-72.

金凤君, 王成金, 曹有挥, 等. 2016. 中国交通地理研究进展(英文). Journal of Geographical Sciences, 26(8): 1067-1080.

刘虎, 李伟峰. 2016. 基于AIS数据的海上交通流区域自动识别. 中国航海, 39(4): 87-90.

龙茂乾, 孟晓晨, 李贵才. 2016. 京沪沿线铁路网络系统职能分工研究. 地理研究, 35(9): 1701-1713.

罗文, 袁林旺, 俞肇元, 等. 2013. 基于主张量的时空数据特征驱动可视化方法. 应用基础与工程科学学报, 21(2): 276-286.

莫辉辉, 王姣娥, 黄洁. 2018. 中国枢纽机场网络体系演变格局. 热带地理, 38(5): 599-605.

任志强, 范国星. 2010. 飞机盘旋/转弯机动研究. 飞行力学, 28(2): 24-27.

王剑辉. 2015. 基于航段交叉点的终端区进离场容量评估. 湘潭大学自然科学学报, 37(1): 121-126.

王姣娥, 杜德林, 金凤君. 2019. 多元交通流视角下的空间级联系统比较与地理空间约束. 地理学报, 74(12): 2482-2494.

王姣娥, 景悦. 2017. 中国城市网络等级结构特征及组织模式——基于铁路和航空流的比较. 地理学报, 72(8): 1508-1519.

王莉莉, 顾秋丽. 2014. 特殊情况下的进离场航班排序问题研究. 交通运输系统工程与信息, 14(2): 102-107.

杨延杰, 尹丹, 刘紫玟, 等. 2020. 基于大数据的流空间研究进展. 地理科学进展, 39(8): 1397-1411.

尹嘉男, 胡明华, 张洪海, 等. 2015. 独立离场模式下多跑道时空资源优化调度方法. 航空学报, 36(5): 1574-1584.

张洪海, 胡明华, 陈世林. 2009. 机场终端区容量利用和流量分配协同优化策略. 西南交通大学学报, 44(1): 128-134.

张潇潇, 王莉莉. 2015. 基于单向循环航路网规划的航路交叉点及航段容量模型研究. 中国民航飞行学院学报, 26(5): 5-9.

张一诺, 路紫, 丁疆辉. 2020. 京广空中廊道系统延误弹性测算与航空流运行结构分析. 热带地理, 40(2): 22-33.

张兆宁, 曹悦琪. 2018. 基于高度层的航路短时利用率模型研究. 重庆交通大学学报(自然科学版), 37(8): 107-111.

郑昌艳, 梅卫, 冯小雨. 2016. 基于多时间窗口的空中目标机动模式提取及识别方法. 探测与控制学报, 38(5): 81-87.

Albalate D, Bel G, Fageda X. 2015. Competition and cooperation between high-speed rail and air transportation services in Europe. Journal of Transport Geography, 42(1): 166-174.

Arasu A, Manku G S. 2004. Approximate Counts and Quantiles over Sliding Windows. Proceedings of the Twenty-Third ACM Sigmod-Sigact-Sigart Symposium on Principles of Database Systems.

Babić D, Kalić M. 2018. Modeling the selection of airline network structure in a competitive environment. Journal of Air Transport Management, 66(1): 42-52.

Baspinar B, Koyuncu E, Inalhan G. 2017. Large scale data-driven delay distribution models of European air traffic flow network. Transportation Research Procedia, 22(3): 499-508.

Belcastro L, Marozzo F, Talia D. 2016. Using scalable data mining for predicting flight delays. ACM Transactions on Intelligent Systems and Technology(TIST), 8(1): 5-18.

Belkoura S, Peña J M, Zanin M. 2016. Generation and recovery of airborne delays in air transport. Transportation Research Part C: Emerging Technologies, 69(8): 436-450.

Bilotkach V, Fageda X, Flores-Fillol R. 2010. Scheduled service versus personal transportation: the role of distance. Regional Ence & Urban Economics, 40(1): 60-72.

Bowen E G, Pearcey T. 1948. Delays in the flow of air traffic. The Aeronautical Journal, 52(448): 251-258.

Braverman V, Ostrovsky R, Zaniolo C. 2009. Optimal Sampling from Sliding Windows. Proceedings of the Twenty-Eighth ACM Sigmod-Sigact-Sigart Symposium on Principles of Database Systems.

Carro G I, Valdés R M A, García J M C, et al. 2018. The influence of the air traffic network structure on the occurrence of safety events: a data-driven approach. Safety Science, 113(3): 161-170.

Chen B Y, Yuan H, Li Q, et al. 2016. Spatiotemporal data model for network time geographic analysis in the era of big data. International Journal of Geographical Information Science, 30(6): 1041-1071.

Chen D, Hu M, Zhang H, et al. 2017. A network based dynamic air traffic flow model for en route airspace system traffic flow optimization. Transportation Research Part E Logs and Transportation Review, 106(10): 1-19.

Dai L, Derudder B, Liu X. 2018. The evolving structure of the Southeast Asian air transport network through the lens of complex networks, 1979–2012. Journal of Transport Geography, 68(4): 67-77.

Datar M, Gionis A, Indyk P, et al. 2002. Maintaining stream statistics over sliding windows. SIAM Journal on Computing, 31(6): 1794-1813.

Delgado L, Prats X. 2012. En route speed reduction concept for absorbing air traffic flow management delays. Journal of Aircraft, 49(1): 214-224.

Diao X, Chen C H. 2018. A sequence model for air traffic flow management rerouting problem. Transportation Research Part E: Logistics and Transportation Review, 110(2): 15-30.

Dunn S, Wilkinson S M. 2016. Increasing the resilience of air traffic networks using a network graph theory approach. Transportation Research Part E: Logistics and Transportation Review, 90(6): 39-50.

Eurocontrol. 2010. Network Congestion 2030 Project, Final Report Volume II, Isdefe and Innaxis for Eurocontrol.

Fan L W, Wu F, Zhou P. 2014. Efficiency measurement of Chinese airports with flight delays by directional distance function. Journal of Air Transport Management, 34(1): 140-145.

Ferguson J, Kara A Q, Hoffman K. 2013. Estimating domestic US airline cost of delay based on European model. Transportation Research Part C: Emerging Technologies, 33(8): 311-323.

Filippone E, Gargiulo F, Errico A. 2016. Resilience management problem in ATM systems as a shortest path problem. Journal of Air Transport Management, 56(7): 57-65.

Fleurquin P, Ramasco J J, Eguíluz V M. 2014. Characterization of delay propagation in the US air-transportation network. Transportation Journal, 53(3): 330-344.

Gao Y, Li T, Wang S, et al. 2018. A multidimensional spatial scan statistics approach to movement pattern comparison. International Journal of Geographical Information Science, 32(7-8): 1304-1325.

Gu H Y, Wan Y L. 2020. Can entry of high-speed rail increase air traffic? Price competition, travel time difference and catchment expansion. Transport Policy, 97(10): 55-72.

Hickman R, Ashiru O, Banister D. 2010. Transport and climate change: simulating the options for carbon reduction in London. Transport Policy, 17(2): 110-125.

Hu Y, Xu B, Bard J F, et al. 2015. Optimization of multi-fleet aircraft routing considering passenger transiting under airline disruption. Computers & Industrial Engineering, 80(2): 132-144.

Janić M. 2015. Reprint of "Modelling the resilience, friability and costs of an air transport network affected by a large-scale disruptive event". Transportation Research Part A: Policy and Practice, 81(11): 77-92.

Jiang C, Zhang A. 2016. Airline network choice and market coverage under high-speed rail competition. Transportation Research Part A Policy & Practice, 92(10): 248-260.

Kafle N, Zou B. 2016. Modeling flight delay propagation: a new analytical-econometric approach. Transportation Research Part B: Methodological, 93(11): 520-542.

Kim A, Hansen M. 2015. Some insights into a sequential resource allocation mechanism for enroute air traffic management. Transportation Research Part B: Methodological, 79(9): 1-15.

Loo B P Y, Ho H W, Wong S C. 2005. An application of the continuous equilibrium modelling approach in understanding the geography of air passenger flows in a multi-airport region. Applied Geography, 25(2): 169-199.

Lordan O, Sallan J M, Escorihuela N. 2016. Robustness of airline route networks. Physica A: Statistical Mechanics and its Applications, 445(4): 18-26.

Marla L, Vaaben B, Barnhart C. 2016. Integrated disruption management and flight planning to trade off delays and fuel burn. Transportation Science, 51(1): 88-111.

Menon P K, Sweriduk G D, Bilimoria K D. 2004. New approach for modeling, analysis, and control of air traffic flow. Journal of Guidance Control Dynamics, 27(5): 737-744.

Netjasov F. 2012. Framework for airspace planning and design based on conflict risk assessment Part 1: conflict risk assessment model for airspace strategic planning. Transportation research, Part C. Emerging Technologies, 24(10): 190-212.

Peeta S, Ziliaskopoulos A K. 2001. Foundations of dynamic traffic assignment: the past, the present and the future. Networks & Spatial Economics, 1(3): 233-265.

Peng H, Wang H, Du B, et al. 2020. Spatial temporal incidence dynamic graph neural networks for traffic flow forecasting. Information Sciences, 521(6): 277-290.

Rebollo J, Balakrishnan H. 2014. Characterization and prediction of air traffic delays. Transportation research part C: Emerging Technologies, 44(7): 231-241.

Ren G, Zhu J, Lu C. 2019. Identifying influential waypoints in air route networks based on network agglomeration relative entropy. Chinese Journal of Physics, 57(2): 382-392.

Ren P, Li L. 2018. Characterizing air traffic networks via large-scale aircraft tracking data: a comparison between China and the US networks. Journal of Air Transport Management, 67(2): 181-196.

Rocha L E C. 2017. Dynamics of air transport networks: a review from a complex systems perspective. Chinese Journal of Aeronautics, 30(2): 469-478.

Ryang H, Yun U. 2016. High utility pattern mining over data streams with sliding window technique. Expert Systems with Applications, 57(15): 214-231.

Sergeeva M, Delahaye D, Mancel C, et al. 2017. Dynamic airspace configuration by genetic algorithm. Journal of Traffic and Transportation Engineering(English Edition), 4(3): 300-314.

Sidiropoulos S, Han K, Majumdar A, et al. 2017. Robust identification of air traffic flow patterns in metroplex terminal areas under demand uncertainty. Transportation Research Part C: Emerging Technologies, 75(2): 212-227.

Sternberg A, Carvalho D, Murta L. 2016. An analysis of Brazilian flight delays based on frequent patterns. Transportation Research Part E: Logistics and Transportation Review, 95(11): 282-298.

Sun X, Wandelt S. 2015. Evolution of the international air transportation country network from 2002 to 2013. Transportation Research Part E Logistics & Transportation Review, 82(8): 55-78.

Takeichi N. 2017. Nominal flight time optimization for arrival time scheduling through estimation/resolution of delay accumulation. Transportation Research Part C: Emerging Technologies, 77(4): 433-443.

Tao R, Thill J C. 2016. Spatial cluster detection in spatial flow data. Geographical Analysis, 48(4): 355-372.

Tofukuji N. 1996. An airspace design and evaluation of enroute sector by air traffic control simulation experiments. Electronics and Communications in Japan(Part I: Communications), 79(8): 103-113.

Vaaben B, Larsen J. 2015. Mitigation of airspace congestion impact on airline networks. Journal of Air Transport Management, 47(5): 54-65.

Wang J, Mo H, Wang F. 2014. Evolution of air transport network of China 1930-2012. Journal of Transport Geography, 40(10): 145-158.

Wang L L, Ngan H Y T, Yung N H C. 2018. Automatic incident classification for large-scale traffic data by adaptive boosting SVM. Information Sciences, 467(46): 59-73.

Westminster University, Performance Review Commission. 2004. Evaluating the True Cost to Airlines of One Minute of Airborne or Ground Delay: Final Report. Eurocontrol.

Wu Y, Tan H, Qin L, et al. 2018. A hybrid deep learning based traffic flow prediction method and its understanding. Transportation Research Part C: Emerging Technologies, 90(5): 166-180.

Xue M, Kopardekar P. 2008. High-Capacity Tube Network Design Using the Hough Transform. AIAA Guidance, Navigation and Control Conference and Exhibit.

Xue M, Zelinski S. 2010. Complexity Analysis of Traffic in Corridors-in-the-Sky. 10th AIAA Aviation Technology, Integration, and Operations(ATIO)Conference.

Xue M, Zelinski S. 2013. Optimal integration of departures and arrivals in terminal airspace. Journal of Guidance, Control, and Dynamics, 37(1): 207-213.

Yang L, Yin S, Hu M, et al. 2017. Empirical exploration of air traffic and human dynamics in terminal airspaces. Transportation Research Part C Emerging Technologies, 84(11): 219-244.

Yousefi A, Zadeh A N. 2013. Dynamic allocation and benefit assessment of NextGen flow corridors. Transportation Research Part C: Emerging Technologies, 33(4): 297-310.

Zou B, Hansen M. 2012. Flight delays, capacity investment and social welfare under air transport supply-demand equilibrium. Transportation Research Part A: Policy and Practice, 46(6): 965-980.

第5章 机场终端空域航空流运行结构

5.1 中国枢纽机场时间延误成本估算与航空流影响分析及其中美比较

以延误成本（EC）估算模型为基础，以补充机型配置比和引入航班执行阶段为影响参数，估算了24小时中国枢纽机场单位时长延误成本和时间延误总成本，进行了时间延误成本的航线影响分析及其中美比较，得到如下结论：①区域枢纽机场时间延误成本普遍低于复合枢纽机场，但前者中机型单位时长延误成本和登机口成本均高于后者，从中可透视出其分别与中国航线网络中心集聚、航空地理市场（机型配置）需求和航线网络模式应用密切相关；枢纽机场空中维持成本在时间延误总成本中占比最大，说明中国空中廊道设置存在缺陷。②枢纽机场间（航线）以及枢纽机场与非枢纽机场之间（航线）时间延误总成本的差异深受航线属性所影响，其根本又在于航空地理市场（机型配置）需求以及空中廊道参与机场位置。③中美枢纽机场和枢纽机场间（航线）时间延误成本均有较大差异，主要表现为中国空中维持成本远高于美国，这是由空中廊道特征路径宽度和航迹交叉点数量两个因素造成的。

5.1.1 研究背景与研究综述

目前我国面临严重的航班延误。据2017年《全球机场放行准点率报告》[①]，世界十大延误率最高的机场中中国占8个，其中昆明长水（KMG）、上海虹桥（SHA）和上海浦东（PVG）3个枢纽机场占比超过40%，温州龙湾机场为全球最高（50.87%），由此引发国内业界和学界对航班延误，特别是对空域管理决策至关重要的枢纽机场航班延误的关注。迄今为止，对空中交通系统运行质量的考量仍主要依赖于经济反馈，航班延误成本即其关键因素之一，枢纽机场航班延误成本估算已成为重要学术问题。

回顾延误成本估算研究可见，2000年以后逐步由单条航线的燃料消耗指标向协同考虑一定时间周期内机场抵离航线的延误时长指标转变，即由燃料相关的延误成本估算向时间相关的延误成本估算转变，以防止通过降低航班飞行速度进而降低燃料成本的做法，因为较慢的飞行又导致诸如空域资源占用和空中交通管理等其他成本的增加。实践证明，基于时间的延误成本估算不像基于燃料的延误成本估算那样具有随机和偶发的波

---
① http://news.carnoc.com/list/391/391851.html.

动变化，且能捕捉到可控飞行时间内灵活空域使用（如航线更改）所产生的成本，这使延误成本描述方式更为合理、指示作用更为明确，并有助于促进航空公司延误管理的优化。自 2014 年 Aktürk 等（2014）提出时间延误成本的概念及系统探讨时间延误成本的循环累积效应以来，这一延误成本衡量标准的转变已成为导向性潮流。然而，目前时间延误成本估算研究与实践中仍存在若干不足，如：①多局限于航班地面等待延误估算，并用以分析机场运营成本（Serhan et al., 2018），其难免存在枢纽机场间（航线）抵离航班延误成本的交叉重复计算。②将超过航路最大容量限制却仍在执行飞行的航班预计为延误，并进行延误成本归一化处理（Murça et al., 2018），无法将有效规避受限空域且准时抵达的航班从延误成本估算中剔除，其时间延误成本估算不是针对事实延误时长进行的。③在航空运力供需平衡视角下的延误成本评估中，偏重航线距离和航班飞行频率增减（Mohammadian et al., 2019）而忽略了机型（座位容量）的决定性作用。④基于航空公司运营成本中，劳动力和资本双要素构建的航班延误成本经济模型偏重生产要素影响变量（杨秀云等，2013），不能反映航班执行阶段对时间延误成本各子环节的影响。

基于以上分析，这项研究以 EC 估算模型为基础，以补充机型配置比和引入航班执行阶段为影响参数，使用不同机型的事实延误时长替代预测延误时长，估算了中国枢纽机场的单位时长延误成本和时间延误总成本，尝试弥补以往对时间延误成本估算的不足。进一步说，相对于大量应用航班时刻异质性方法进行机场延误成本研究而言，用以衡量整个航空网络系统运营状态的航线分析却被忽视了，鲜见研究成果。据此，这项研究以航线为单位，对枢纽机场间（航线）和枢纽机场与非枢纽机场之间（航线）时间延误总成本进行空间分层异质性聚类分析，通过不同的聚类等级表述航线属性对时间延误成本空间差异的增强作用，从而揭示了中国枢纽机场时间延误成本的形成机理以及关键环节。在此基础上，通过航迹数据比较中美枢纽机场时间延误成本的差异，为未来中国航线网络结构调整和空中大通道[①]建设提供参考依据。

5.1.2 研究方法与研究数据

1. 研究方法

1）模型选择与改进

鉴于机场和机场间（航线）时间延误成本估算中尚存在重复性抵离交叉计算、非事实延误时长计算、忽略机型影响的弹性计算和无差别的航班执行阶段计算等缺陷，需要构建一种更加综合的方法，同时考虑循环累计效应，以解决前述相关问题。基于此，这项研究借鉴欧洲控制研究中心以机型为基本单元的 EC 估算模型及其相关算法（Pérez-Rodríguez et al., 2017），仍以机场类型、O-D 航线、航班计划/实际抵离时刻为基本输入项，也分机型统计事实延误时长，包括繁忙机场盘旋延长飞行时间和拥堵航线绕

---

① 《国务院关于印发"十三五"现代综合交通运输体系发展规划的通知》. http://www.mot.gov.cn/zhengcejiedu/shisanwuxdzhjtystxfzgh/xiangguanzhengce/201703/t20170307_2172958.html.

飞(改变速差)减少飞行时间等,以替代预测延误时长。同时补充不同枢纽机场的机型配置比调整了 EC 估算模型单位时长延误成本标准值,引入国际民用航空组织(ICAO)行业考核标准(Performance Review Unit)中的航班延误分类(登机口延误、滑行延误和空中维持延误)用于航班执行阶段划分(Ferguson et al.,2013)。这样就分离出两个与时间延误成本精准估算紧密相关的影响参数:机型配置比与航班执行阶段。

2)影响参数界定

依前所述,时间延误成本与某种机型的单位延误时长关系密切,以往研究也证实,由单位延误时长指示的时间延误成本随机型有很大变化(Pérez-Rodríguez et al.,2017)。这项研究拟参考 ICAO 和 EC 估算模型给定的某种机型的单位时长延误成本标准值,估算中国枢纽机场单位时长延误成本。该标准值是按机型累积多个成本(航空公司直接成本、空域资源占用成本等)而构成的,能被用于单位时长延误成本估算(Ferguson et al.,2013);在此基础上对该标准值进行加权赋值,Edwards 等(2016)曾给出 6 种机型加权系数:从大机型(B777-300ER 和 A333)至中机型(B777-800、A321、A320 和 A319)依次为 0.30、0.25、0.15、0.15、0.10、0.05,其表征了大机型在航班延误传染扩散中的深刻影响。从"飞常准"App 获得所有航班对应的机型,经机型合并(Picard et al.,2019),如将 B-5940、B-5917、B-5966、B-300Q 等统一为 A320,得到各枢纽机场 6 种机型的配置比,用于枢纽机场单位时长延误成本估算。

单位时长延误成本可被分解为地面等待(登机口和滑行)、空中维持 2 个不同航班执行阶段。按照 EC 估算模型的划分以及以往关于地面延误效益评估中揭示的飞行重路成本的差异(Wu and Law.,2019),对离港延误航班使用地面等待成本,显示登机口延误时长(T-gate)和滑行延误时长(T-taxi)所产生的成本;对抵港延误航班使用空降延误成本,显示空中维持延误时长(T-airbone)所产生的成本(提前抵达航班计为零)。从 FlightAware 获得登机口阶段和滑行阶段的计划/实际抵离时刻,统计 2 个航班执行阶段延误时长,其与总延误时长之差即为空中维持延误时长,它们一同用于枢纽机场时间延误总成本估算。

2. 研究数据与加工

枢纽机场时间延误成本估算的基础是航班延误时长统计。按《中国民用航空发展第十三个五年规划》确定的 12 个枢纽机场,即 4 个复合枢纽机场——北京首都(PEK)、上海虹桥(SHA)、上海浦东(PVG)、广州白云(CAN)和 8 个区域枢纽机场——重庆江北(CKG)、成都双流(CTU)、武汉天河(WUH)、郑州新郑(CGO)、沈阳桃仙(SHE)、西安咸阳(XIY)、昆明长水(KMG)、乌鲁木齐地窝堡(URC),避开周二和周末效应的极端影响,对 2017 年 5 月 15 日(周一)24 h 所有国内抵离航班,从中国枢纽机场官方门户网站、FlightAware 和"飞常准"App 查询航班计划/实际抵离时刻,剔除共享航班、提前取消航班以及无标注机型的航班,统计得到中国枢纽机场共计 2 801 架次航班的事实延误时长数据集。其航班最低取消率为 1%(CKG)、最高取消率为 18%(URC),有效数据占比能支撑各机场时间延误成本的独立分析。

参考欧洲航空公司使用的衡量标准[①]，①将枢纽机场间（航线）抵离交叉航班的延误时长统一划归到起飞机场，如将 PEK 离开—PVG 抵达的航班计入 PEK 延误时长中，避免 PVG 航班的延误时长重复交叉计算。②只采集出发地和目的地的航班时刻，经停机场不做统计，即将中转航班划归为直航航班，这有利于记录一次完整的飞行单元且不影响时间延误成本估算。③大量国外研究，如 Ferguson 等（2013）均证实以航班延误时长超过 15 min 估算延误成本能明显增强指示效果，所以这项研究不依中国民航准点率统计标准（计划起飞时间 30 min 内完成起飞），而是采用 15 min 延误时长估算枢纽机场时间延误成本。

为清晰显示 24 小时中国 12 个枢纽机场航班延误时长变化情况并考虑到相同时间节点上存在多架次延误航班同时抵离，绘制航班延误时长变化散点图，再将各点相连表述延误时长波动变化态势，形成图 5-1。由图 5-1 可知，复合枢纽机场和区域枢纽机场及其内部航班延误时长变化呈现多样性特征，复合枢纽机场航班延误时长整体高于区域枢纽机场。航班延误时长统计是单位时长延误成本和时间延误总成本估算的前提：机型配置比与 EC 估算模型中延误成本标准值相乘得到枢纽机场单位时长延误成本，单位时长延误成本与 3 个航班执行阶段的延误时长相乘得到枢纽机场时间延误总成本。

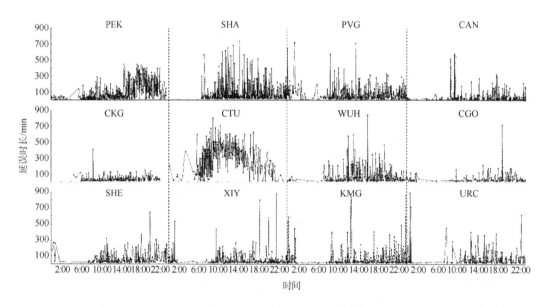

图 5-1　24 小时中国枢纽机场航班延误时长变化

5.1.3　研究结果与分析

1. 时间延误成本估算

1）枢纽机场单位时长延误成本

将 6 种机型的配置比与其单位时长延误成本标准值相乘，即得到中国 12 个枢纽机

---

① European airline delay cost reference values，31March，2011. http://www.docin.com/p-619737190.html.

场 3 个航班执行阶段（登机口/滑行/空中维持）单位时长延误成本估算结果（表 5-1）。表 5-1 显示：①复合枢纽机场大机型配置比较高，3 个航班执行阶段单位时长延误成本均随座位容量而增加，呈现机型-成本线性上升趋势；区域枢纽机场 3 个航班执行阶段单位时长延误成本却以中机型 B737-800（162 座）为最大值，不同于复合枢纽机场。这可以归结为航空地理市场（机型配置）需求的固定影响（Xiao et al.，2017），在市场潜力不变的前提下，仅依赖飞行频率和座位容量的调整来降低航班时间延误成本是较难实现的。②枢纽机场 6 种机型 3 个航班执行阶段在单位时长延误成本占比中，依次为空中维持成本、滑行成本和登机口成本，且空中维持成本（即空域资源占用成本）远高于后 2 个阶段（地面管理成本），说明了空中廊道的根本性制约作用。

表 5-1　中国枢纽机场 6 种机型 3 个航班执行阶段单位时长延误成本（单位：欧元/min）

机型/座位容量		A319/122 座	A320/158 座	A321/185 座	B737-800/162 座	A333/370 座	B777-300ER/300 座
标准值*		0.6/2.6/7.1	0.6/2.6/7.7	0.7/3.0/9.5	0.5/2.9/7.8	1.8/4.5/27.6	0.6/10.6/14.2
中国枢纽机场（配置比和时间延误成本）	PEK	2.93% (0.12/0.47/1.26)	17.59% (0.70/2.81/8.09)	23.28% (0.93/4.19/13.27)	23.62% (0.71/4.02/11.10)	20.34% (2.24/13.02/33.76)	12.24% (0.49/3.30/10.40)
	SHA	1.09% (0.04/0.17/0.47)	21.68% (0.87/3.47/9.98)	21.68% (0.87/3.90/12.36)	39.78% (1.19/6.76/18.70)	12.48% (1.37/7.99/20.72)	3.28% (0.13/0.88/2.78)
	PVG	3.47% (0.14/0.55/1.49)	30.11% (1.20/4.82/13.85)	24.09% (0.96/4.34/13.73)	25.36% (0.76/4.31/11.92)	6.20% (0.68/3.97/10.30)	10.77% (0.43/2.91/9.15)
	CAN	6.13% (0.25/0.98/2.64)	23.24% (0.93/3.72/10.69)	15.63% (0.63/2.81/8.91)	43.03% (1.29/7.31/20.22)	7.12% (0.78/4.56/11.82)	4.85% (0.19/1.31/4.12)
	CKG	19.12% (0.76/3.06/8.22)	51.39% (2.06/8.22/23.64)	13.94% (0.56/2.51/7.95)	13.94% (0.42/2.37/6.55)	1.2% (0.13/0.76/1.98)	0.40% (0.02/0.11/0.34)
	CTU	14.77% (0.59/2.36/6.35)	33.86% (1.35/5.42/15.57)	24.58% (0.98/4.42/14.01)	19.87% (0.60/3.38/9.34)	6.67% (0.73/4.27/11.07)	0.26% (0.01/0.07/0.22)
	WUH	4.55% (0.18/0.73/1.95)	21.21% (0.85/3.39/9.76)	6.44% (0.26/1.16/3.67)	66.29% (1.99/11.27/31.16)	0.76% (0.08/0.48/1.26)	0.76% (0.03/0.20/0.64)
	CGO	2.16% (0.09/0.35/0.93)	23.74% (0.95/3.80/10.92)	3.24% (0.13/0.58/1.85)	70.50% (2.12/11.99/33.14)	0.36% (0.04/0.23/0.60)	0 (0/0/0)
	SHE	4.33% (0.17/0.69/1.86)	47.99% (1.92/7.86/22.07)	14.86% (0.59/2.67/8.47)	31.58% (0.95/5.37/14.84)	0.62% (0.07/0.40/1.03)	0.62% (0.02/0.17/0.53)
	XIY	10.03% (0.40/1.61/4.31)	38.19% (1.53/6.11/17.57)	15.86% (0.63/2.85/9.04)	34.95% (1.05/5.94/16.43)	0.97% (0.11/0.62/1.61)	0 (0/0/0)
	KMG	5.99% (0.24/0.96/2.58)	26.65% (1.07/4.26/12.26)	3.31% (0.13/0.60/1.88)	62.40% (1.87/10.61/29.33)	1.65% (0.18/1.06/2.74)	0 (0/0/0)
	URC	19.71% (0.79/3.16/8.50)	24.42% (0.98/3.91/11.23)	15.12% (0.60/2.72/8.62)	37.21% (1.12/6.33/17.49)	2.33% (0.26/1.49/3.86)	1.16% (0.05/0.31/0.99)

*为 EC 估算模型标准值，来自 Ferguson 等（2013）。

注：A333 参考了 B747-400（406 座）的延误成本方案。

2）枢纽机场时间延误总成本

由上述单位时长延误成本估算结果与 3 个航班执行阶段的延误时长相乘，即得到不同航班不同执行阶段的时间延误成本,其相加后得到各枢纽机场时间延误总成本。中国枢纽机场时间延误总成本计算结果如图 5-2。

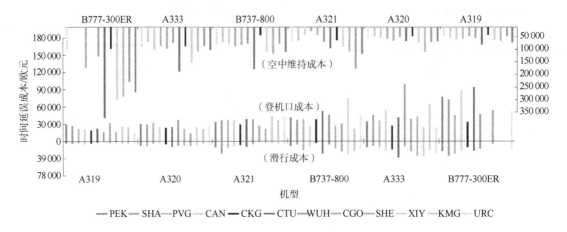

图 5-2 中国枢纽机场 6 种机型 3 个航班执行阶段时间延误总成本

该图显示:①复合枢纽机场时间延误总成本普遍高于区域枢纽机场,这是由中国航线网络结构的中心性特征(莫辉辉等,2010)造成的,基于此,派生出对航空网络传输效率的影响。②区域枢纽机场中机型时间延误总成本却高于复合枢纽机场,尤以 CTU 和 XIY 为典型,仔细分析可见,其均发生在与 PEK 的航线上,且 PEK—XIY—CTU 空中廊道内延误航班数量最多,在此假定是由中国空中廊道及空中交通拥堵所造成的,后文将专题讨论中国空中廊道设置存在的缺陷。③虽然两类枢纽机场滑行成本和登机口成本占比不大,且各枢纽机场滑行成本的差异也不大,但区域枢纽机场登机口成本仍较明显高于复合枢纽机场,表明区域枢纽机场航班时隙资源系统分配能力不足。乐美龙等(2017)曾模拟了中国枢纽机场时空收敛性与登机口成本的关联度,指出机场终端空域容量与航班流量的适应性以及航班时隙配置仍是解决登机口成本的门槛。④与单位时长延误成本的阶段特征相同,中国枢纽机场时间延误总成本中仍以空中维持成本占比最大,尤其是复合枢纽机场更明显,进一步佐证了前述关于空中维持能力的分析,这与以往追求地面管理有极大不同。由此认为,时间延误成本的研究应向空域资源占用转变,未来空中交通系统运行质量有赖于空中基础设施和空域资源开发利用的改善。

2. 时间延误总成本的航线影响分析

时间延误总成本的航线影响分析可通过空间分层异质性(spatial stratified heterogeneity)进行阐述,这是一个应用各种分类算法将连续空间现象划分为离散层次的过程(Wang et al., 2010)。参照以往枢纽机场空间分层异质性研究经验,这项研究拟采用 K 均值测量方法(Merkert and Mangia, 2014),以航线为单位聚类分析枢纽机场间(航线)以及枢纽机场与非枢纽机场之间(航线)的空间差异。首先,根据 10 次迭代记录,从低到高划分中国枢纽机场时间延误总成本为 5 级,经 ANOVA 检验其具有较明显的空间分层异质性;然后,又通过层间变率最大化目标(Li et al., 2008)划出高聚类等级（第五级聚类和第四级聚类）和低聚类等级（第三级聚类、第二级聚类和第一级聚类）。①时间延误总成本集中在93条枢纽机场间的延误航线上，其62.50%的延误航线存在于高聚类等级中；复合枢纽机场间66.67%的延误航线存在于第五级聚类中，其中PEK—CTU、PEK—SHA、PEK—CAN 3条航线时间延误成本最高，合占所有航线时间延误总成本的9.22%，表明航空地理市场（机型配置）需求的增强作用，这与Pavlyuk等（2016）对欧洲机场延误弹性的研究结论一致。②枢纽机场与非枢纽机场之间的延误航线主要存在于低聚类等级中，但其中PEK—SZX（深圳宝安）和CTU—NKG（南京禄口）却属于第四级聚类，这与中国四大城市群（长三角、珠三角、京津、成渝）相对应并位于PEK—CAN和PEK—SHA空中廊道内，可以假设空中廊道参与机场位置（高流量航线汇聚的位置）强化了航线的时间延误总成本。由以上两点表明，时间延误成本深受航线属性所影响，其根本又在于航空地理市场（机型配置）需求，还与空中廊道参与机场位置相关。

5.1.4 中美比较

1. 枢纽机场时间延误成本比较

将以上中国案例研究结果与Ferguson等（2013）的美国枢纽机场单位时长延误成本案例研究结果、Edwards等（2016）的美国复合枢纽机场联系强度案例研究结果汇总，形成表5-2。对比可见，①中美枢纽机场单位时长延误成本均呈现机型-成本线性上升趋势，但与美国不同，中国区域枢纽机场大机型（如B777-300ER）单位时长延误成本低于中机型（如B737-800），这使中国枢纽机场中机型单位时长延误成本普遍高于美国。中国区域枢纽机场受航空地理市场（机型配置）需求制约，将主要业务集中于少数几种中机型以控制成本，如CGO、XIY和KMG均缺少大机型B777-300ER配置，而美国两类枢纽机场均以大机型为主（Ferguson et al.，2013）。②基于首位联系强度的影响，中国复合枢纽机场单位时长延误成本高于美国。中国位列前四的复合枢纽机场（PEK、CAN、SHA、PVG）首位联系强度合占75.37%，而美国位列前四的复合枢纽机场（ATL、PHL、JFK、ORD）仅合占43.37%（Edwards et al.，2016），这导致单位时长延误成本的差异，中国平均值为823.1欧元/min，美国为472.3欧元/min。首位联系强度不仅强化了复合枢纽机场的空中交通承载负荷，而且增加了单位时长延误成本。③中国枢纽机场空中维持成本占比远大于美国，如PEK占比达到54.68%；而美国枢纽机场地面等待成本占比高于中国，如ATL占比为86.44%（43.55%和42.89%）。这一方面是由于美国颁布有严苛的乘客权利法案，另一方面是由于美国空中廊道具有较强的航空流组织能力。

表5-2 中美复合枢纽机场6种机型3个航班执行阶段单位时长延误成本和首位联系强度比较

中国	单位时长延误成本/(欧元/min)			美国		单位时长延误成本/(欧元/min)		
	登机口	滑行	空中维持			登机口	滑行	空中维持
A319	0.3	1.3	3.4	机型	A319	0.6	2.6	7.1
A320	1.2	4.8	13.8		A320	0.6	2.6	7.7
A321	0.6	3.2	8.4		A321	0.7	3.0	9.5

续表

中国	单位时长延误成本/(欧元/min)				美国	单位时长延误成本/(欧元/min)		
	登机口	滑行	空中维持			登机口	滑行	空中维持
B737-800	1.2	6.6	18.4	机型	B737-800	0.5	2.9	7.9
A333	0.6	2.8	8.7		A333	1.92	4.62	27.8
B777-300ER	0.1	0.8	14.3		B777-300ER	0.6	10.6	14.3
PEK	71.9	280.1	424.7	复合枢纽机场	ATL	179.6	176.8	55.9
CAN	77.2	253.8	357.4		PHL	117.0	77.4	66.8
	66.9	146.2	291.4		JFK	201.6	98.1	88.6
	76.3	112.9	310.5		ORD	118.4	132.4	104.3
	联系机场（数量）/占比					联系机场（数量）/占比		
PEK	SHA（59）、PVG（20）、CAN（42）、WHU（15）、CTU（33）、XIY（43）、SHE（23）、URC（18）/32.4%			机场首位联系强度	ATL	CLT（19）、JFK（11）、PHL（21）、DFW（21）、ORD（25）、DEN（20）/16.58%		
CAN	SHA（60）、PVG（25）、WUH（23）、CTU（60）、KMG（18）、CKG（25）、URC（21）、XIY（2）、SHE（12）/25.6%				PHL	JFK（7）、ORD（16）、DEN（10）、LAS（6）、LAX（9）、SFO（8）/11.56%		
SHA	CTU（38）、KMG（15）、CGO（4）、WUH（79）、CKG（18）、SHE（43）、URC（16）/25.6%				JFK	DFW（6）、ORD（9）、ATL（10）、LAX（37）/7.72%		
PVG	KMG（15）、WUH（21）、XIY（36）、URC（3）/6.17%				ORD	CLT（15）、DFW（26）、ORD（2）、PHX（12）/7.51%		

注：美国 6 种机型单位时长延误成本引自 Ferguson 等（2013）。美国时间延误成本前四位枢纽机场分别为 ATL（亚特兰大机场）、PHL（费城机场）、JFK（纽约肯尼迪机场）、ORD（芝加哥奥黑尔机场）；联系机场分别为 CLT（夏洛特机场）、DFW（达拉斯机场）、DEN（丹佛机场）、LAX（洛杉矶机场）、SFO（旧金山机场）。

2. 枢纽机场间（航线）时间延误成本比较

应用航班航迹数据，通过流量合并可生成航空流集簇，用以表述枢纽机场间实际飞行航线和比较空中维持成本的差异。从 Flightradar24 获得 24 小时中国 12 个枢纽机场间 329 条航线的航班航迹数据（所有机型 1 min 分辨率），按照"航线间偏差直线距离小于 25 海里，则删除该条航线，并将其交通流合并于另一航线"的做法（Ren and Pavlyuk，2018），生成中国枢纽机场间 81 条航空流集簇；又依据 Ren 和 Pavlyuk（2018）给出的美国年客运流量前 10 位 O-D 航线的 173 条航空流集簇，计算得到中美枢纽机场间（航线）时间延误总成本（表 5-3）。表 5-3 显示：①中国枢纽机场间（航线）时间延误总成本普遍高于美国，这主要是复合枢纽机场空间"交互强度"的贡献。中国时间延误总成本较高的航线多存在于高聚类等级中且集中与 4 个复合枢纽机场相连，而美国时间延误总成本较高的航线则存在于多个不同枢纽机场间。②进一步分析，中美枢纽机场间（航线）时间延误总成本的差异还与航线网络模式使用有关（图 5-3）。中国较多应用点对点航线网络模式，对复合枢纽机场的依赖（如第五级聚类中的航线都与之相连）削弱了航线的可组合性，增加了空中交通拥堵，而美国则较多应用中心-辐射航线网络模式，具有更大的可变性和过流次数（Cook et al.，2015）。加之前述的中美区域枢纽机场机型配置比的差异，降低了中国区域枢纽机场航线效率，增加了航班延误。③中国枢纽机场间（航线）时间延误总成本中空中维持成本占比较大，如 PEK—SHA 达到 72.99%；而美国则相对较小，如 SFO—DEN 仅占 28.39%（Ren and Pavlyuk，2018）。结合前述中国枢纽机场单位时长延误成本中空中维持成本的较大占比可见，讨论空中维持成本产生的原因很有必要。

表 5-3　中美前 10 位枢纽机场间（航线）3 个航班执行阶段时间延误总成本比较　　（单位：欧元）

中国	时间延误成本				美国	时间延误成本			
	登机口	滑行	空中维持	总计		登机口	滑行	空中维持	总计
PEK—KMG	16 547	62 979	169 572	249 098	DEN—CLT	14 499	71 972	76 086	162 557
PEK—SHA	29 592	34 487	173 140	337 219	LAX—JFK	43 668	167 542	156 062	267 272
PEK—CAN	17 641	68 828	241 567	328 036	SFO—DEN	22 719	52 593	31 354	106 666
PEK—CTU	24 352	59 329	248 979	332 660	ATL—DFW	50 207	70 232	27 704	148 143
PEK—XIY	47 983	41 140	133 639	222 762	CLT—ORD	30 354	111 835	187 679	229 868
CTU—CAN	21 095	29 069	201 833	251 997	JFK—CLT	23 588	265 200	45 255	334 043
CTU—SHA	40 611	56 130	145 523	242 264	JFK—SFO	27 699	125 408	156 253	309 360
CTU—WUH	29 554	55 115	75 821	160 490	ATL—DEN	55 128	145 523	6 169	206 820
KMG—XIY	11 007	14 764	181 690	207 461	ATL—PHL	35 457	174 688	35 380	245 525
CAN—SHA	28 323	44 707	91 317	164 347	LAX—ORD	101 536	101 823	17 632	130 991

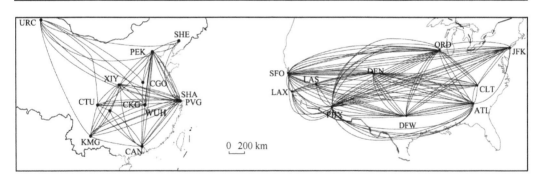

图 5-3　中美枢纽机场间航线网络模式比较
修改自参考文献（Ren and Pavlyuk，2018）

5.1.5　关于空中维持成本与空中廊道设置的讨论

以往基于航线网络与流量管理的延误成本研究普遍认为，机场延误主要是由管理缺失造成的，如 Cook 等（2015）在量化网络拥堵和延迟度量后均指出其原因在于系统容量管理滞后。然而却发现，中国复合枢纽机场航班延误总时长普遍高于区域枢纽机场。而事实上相对而言，中国复合枢纽机场均已具备更高的航空运输管理水平，所以肯定另有其他成因。以上指出了中心性（首位联系强度）、航空地理市场（机型配置）需求、空中廊道参与机场位置、航班执行阶段以及航线网络模式等。在此拟集中讨论中国枢纽机场时间延误总成本构成中占比最大的空中维持成本问题及其与空中廊道设置的关系。因为不仅中国复合枢纽机场时间延误总成本高于区域枢纽机场主要是由空中维持成本造成的，而且中美枢纽机场单位时长延误成本和枢纽机场间（航线）时间延误总成本的最大差异也表现在于空中维持阶段。此外，以往航班延误研究较多关注地面等待，而缺乏与空中的结合也难以为空域资源充分开发利用提供依据。可以说，空中维持阶段是时间延误成本的关键环节。

应用中美枢纽机场间（航线）航迹数据，可从空中廊道特征路径宽度（航迹活动范围）和航迹交叉点数量（集聚或解聚点）两方面，评估枢纽机场间（航线）航空流的效率。美国空中廊道特征路径宽度均大于中国，最短特征路径宽度分别为 54.60 n mile 和 25.29 n mile（Ren and Pavlyuk, 2018）；美国航迹交叉点数量均低于中国，美国灵活的航迹流模式使得空中廊道内不存在交叉点，中国则存在一个或多个交叉点。当两个枢纽机场间抵离航线表现出不同航迹时，指示空中廊道特征路径变宽，航迹交叉点数量减少，单位时间过流增大。为更好地对比中美枢纽机场间（航线）空中廊道特征路径宽度、航迹交叉点数量与空域资源利用之间的关系，选取中国 CAN—CTU 与美国 DFW—ORD 进行比较（图5-4），这两对航线直线距离和日内航班次数相似（CAN—CTU26 架次和 DFW—ORD34 架次），然而两者可用性差别很大，其特征路径宽度分别为 269.63 km 和 395.25 km，美国在 55.25 km 范围外均无航迹交叉点（Murça et al., 2018），中国则在距 CTU305.72 km 范围外还存在航迹交叉点。当航线选择性较低以及网络异常（如机场临时关闭）时就有可能出现拥堵。对比中国"N"形空中廊道上的 PEK—CTU 和 PVG/SHA—CTU 还发现，其较 CAN—CTU 而言，宽度更窄且航迹交叉点数量更多。美国相对于短距离空中廊道（如 LAS—PHX）而言，其长距离空中廊道（如 LAX—DFW）特征路径宽度更宽（Ren and Pavlyuk, 2018），降低空中维持成本的能力更强。

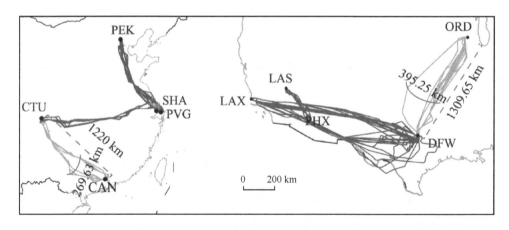

图 5-4 中美空中廊道特征路径宽度和航迹交叉点数量对比

以往给出的航班延误成本破解方案聚焦于完善机场体系,包括增加机场数量/培育新的枢纽机场（Bush and Starkie，2014）、增加航线数量（Starkie，2012）、扩大机场基础设施建设（Jacquillat and Odoni，2018）等,但这些对策同时也会影响空域资源充分开发利用。因此,在认同空域管理改革（叶倩等,2013）、航空流网络优化（徐敏政等,2014）等以外,这项研究认为构建空中廊道、增加额外参与机场配,以航班时刻调整（吴文婕等,2015）应成为一种首选方案,以动态干预空域资源分配。莱茵河—阿尔卑斯空中廊道发展议程已证明采用多样化空中、廊道网络利用模式在不同时段实施不同策略可降低延误成本（Mandel and Schnell，2001）。未来中国在航空网络改革中应重点加强高聚类等级枢纽机场间的空中廊道建设。

5.1.6 总结与展望

（1）中国复合枢纽机场延误时长、单位时长延误成本和时间延误总成本整体高于区域枢纽机场,且表现为机型-成本线性上升趋势。中心性特征和首位联系强度是其主要原因；区域枢纽机场中机型时间延误成本以及登机口成本较高,是由航空地理市场（机型配置）需求和航线网络模式应用造成的,并与航班时隙资源分配有关。

（2）中国枢纽机场空中维持成本在时间延误总成本的占比远大于地面等待成本,且中国和美国枢纽机场单位时长延误成本和枢纽机场间（航线）时间延误总成本的差异也主要表现于航班执行阶段的占比上,中国枢纽机场空中维持成本占比远大于美国,其原因是空中廊道特征路径宽度狭窄和航迹交叉点数量增多。空中廊道过流能力影响枢纽机场空中维持成本,进而影响时间延误成本,这一研究结论找到了时间延误成本发生的关键环节,其与以往关于改善机场交通管理水平的认知以及追求地面管理有极大不同。

（3）在航空地理市场（机型配置）需求和空中廊道参与机场位置的共同作用下,产生了枢纽机场间（航线）以及枢纽机场与非枢纽机场之间（航线）时间延误总成本的空间分层异质性。前者基本存在于高聚类等级,而后者普遍存在于低聚类等级,复合枢纽机场间（航线）聚类等级最高。聚类等级的差异既体现在复合枢纽机场与区域枢纽机场之间也体现在枢纽机场与非枢纽机场之间,两者一同指示了航线属性的增强作用。

（4）以上延误成本估算与航线影响分析以及中美比较反映了中国枢纽机场和枢纽机场间（航线）时间延误成本产生的相关特殊原因,其对枢纽机场延误干预具有积极意义。未来的研究工作应进一步聚焦空域资源充分开发利用：一是以枢纽机场中心性和航空网络离散性为视角,探讨中国航空网络利用模式（航空流的时段分布）对时间延误成本的影响；二是以节点连接性和航迹连通性为视角,揭示中国空中廊道内各参与机场间的航迹欧氏距离和特征路径宽度对时间延误成本的影响。

5.2 机场终端空域航空流量热区云图模型及其在北京首都机场的应用

大型枢纽机场终端空域航空流密度计算与热点空域识别是智能化时代一个新的挑战性研究课题,旨在利用航迹大数据自动生成航空流并解读其运行规律。这项研究针对机场终端空域航空流密度及其与空域资源占用之间的关系问题,设计了一个机场终端空域航空流量热区云图模型,以北京首都机场为案例,构建了由飞行航迹点构成的航空流经度、纬度和高度基本参数以及角度(转向)、速度(速差)额外参数与时间参数的时空数据集,通过航迹聚类和航迹点次数叠加生成4D流量热区云图,进而用细胞单元对应的基本参数和时间参数属性识别了热点空域范围,又用航迹网格识别了额外参数的变化以补充解释其影响,最后用概率密度拟合验证了4D识别的结果。这项研究识别出北京首都机场局部进近空域的热区分布和两个高度层上的热点空域峰值以及飞行转向、速差的影响,揭示出由飞行占用时长差异引起的热点空域范围变化规律。应用4D流量热区云图模型实现了细致准确的信息构建、热点空域变化的阶梯性表达、时空密度及其范围的多参数可视化,其可辅助自动动态空域分区和空域资源配置决策,对缓解当前空中交通需求和空域资源限制的矛盾具有一定参考意义。

5.2.1 研究背景与研究综述

空中交通的快速增长以及日益严重的航班延误要求更充分地发挥现有机场空侧能力,以提高相关空域资源产能及其利用率。面对这一挑战,为适应空中交通需求的复杂性和空域资源利用的多维性,国际航空运输协会(International Air Transport Association,IATA)、欧盟、FAA和中国民航局都在探索、测试和实施受容量约束的特定时间内航空流最优方案(Farhadi et al.,2014)。该方案理论上形成了三个关键变革:灵活空域使用强调在精准时间计划下空域连续使用(Kopardekar et al.,2008)、动态空域配置强调在多种空域优化方法下空域重构与调整、动态空域分区强调繁忙区段、繁忙时段空域划设与航线更改(Sunil et al.,2015)。该方案实践上实施了新的航空流计划(air traffic flow planning,ATFP):预测航空器穿越拥堵空域单元(Manley and Sherry,2010),协调空中交通流变化与空域时隙资源分配,适应有限空域资源容量的影响。以上灵活性和动态化变革与实践均是以机场终端空域航空流密度估测为前提的,需要基于航空器航迹时空分布识别不同时间的热点空域,因为这一空域最有可能影响航空流(Wei et al.,2014)。其中,特别关注航迹的空间和时间相互作用,如NextGen即通过TBO检测相同时间、同一空域单元空中交通流量（Kopardekar et al.，2008），划分出 3 个空间维和 1 个时间维（Wandelt and Sun, 2015），以求解决需求能力时空不平衡问题（Churchill and Lovell，2012）。近年来，4D 可视化技术的发展为机场终端空域航空流密度的动态识别提供了支持。

综述当前航空流密度计算与热点空域识别相关研究可发现，以固定航路信息作为数据集构建标准，难以反映航迹点的某些特殊情况；以整数划归作为空域分区标准，难以反映终端空域航空流的阶梯变化；以 3D 参数识别作为空域流量建模标准，难以反映航空流在不同维度的空域占用问题；以地面延误计划作为机场终端空域时刻资源管理标准，难以反映多维空间的航空流预测和决策。为弥补以上不足，这项研究以机场终端空域航空流变化规律为对象，在 Enea 和 Porretta（2012）提出的 4D（4D-Trajectory）空域需求交互操作模型的基础上，并受气象图的启发，尝试建立一个具有时空属性的并包括航空流量统计、飞行航迹点叠加计算和热点空域识别的流量热区云图模型，较全面调查机场终端空域各网格内航空流的变化特征。

案例研究证明，所提出的 4D 流量热区云图模型，在数据集构建、空域单元划分、评估参数设定以及未来实践等关键问题上具有一定优势：利用航迹点信息构建数据集，可以得到每个时间段内航迹点的空间状态，其具有较好的数据可追踪性，其基本参数、额外参数和时间参数形成的高仿真航空流场景，为航迹点多时间周期的空间状态研究奠定了基础，也为未来立体交通流量智能化管理提供了依据。其动态变化的描述方法也可以用于其他机场终端空域与时间相关的航空流流量热区识别，以辅助决策机场终端空域容量释放，解决空域需求和空域流量相匹配问题。

5.2.2 研究依据和数据采集

1. 研究依据

时段选取、单元划分、参数确定的主要依据如下。

（1）Klein 等（2008）在自动识别空域资源共享与配置的研究中，采用 15 min 间隔扫描指定空域的过载状况，Enea 和 Porretta（2012）在某一航路空中交通流密度 K 均值聚类时使用 15 min 和 30 min 两种时间间隔，Kopardekar 等（2008）也曾提出"15 min 有限调整"时间间隔设定和"15 min 短延迟"研究方案。结果证明，这个时段已能较好地满足空域资源动态研究的需要。

（2）Delahaye 和 Puechmorel（2008）在遗传算法应用中将空域分割成一组细胞单元，Basu 等（2009）在递归几何分割法应用中也使用细胞单元划分方式，Yousefi 等（2007）将空域细胞单元划分方式发展为正六边形细胞单元；此外，Prevot 等（2003）在应用 TBO 范式评估空域时具体给出 0.1°（纬度）×0.1°（经度）（6 n mile）和 304.8 m 高度的细胞单元范围，Bonami 等（2013）定义的空域网格单元的范围为 1.85 km×1.85 km×228.6 m。实践表明，细胞单元方式能更准确地定向和更集中地描述空域资源配置，具有在离散空域统计航空器数量的优势。

（3）McNally 等（2008）在航空器冲突预测中应用飞行转向、速差特征向量描述航空流密度并将速差超过 277.8 km/h 的航迹点标记为变速点，Shridhar 和 Cooper（1998）在空域复杂性测试评估中标记航空器变速为 200s 内速度变化大于 245 km/h，Romli 和 Yaakob（2014）界定飞行转向 10 min 内总角度变化大于 100°。综上，这项研究采用 20 min 时段系统自动生成的 0.01°（纬度）×0.01°（经度）×328.5 m 高度的细胞单元飞行航迹点数据，来识别热点空域及评估空域资源占用情况。

2. 数据采集

对特定时间内大规模航迹点数据处理和存储的需求，促使空域地图分割小比例化，并以集合单元表示其相关参数，特别是使用大数据构建多维立体时空参数，以实现人机互动的可操作性。这项研究利用大规模航迹点云数据，在进行数量增量和批量处理后，将机场终端空域研究问题分割为多个平面问题，用以辅助热点空域识别。

借鉴前人研究资料获取的做法（Dai and Cochran，2009），从北京首都机场（PEK）门户网站（http://www.bcia.com.cn）和 FlightAware 截取 2017 年 8 月 26 日 8:00～9:00 时段全部航班抵港前 20 min 和离港后 20 min 飞行航迹点的经度、纬度和高度基本参数以及角度（转向）、速度（速差）额外参数与时间参数原始数据组成一个数据矩阵，为保证样本数据加工的精度，剔除系统自身问题导致的航迹数据缺失的航班（因为部分航段的飞行航迹可能在实时航班飞行图中遗漏），并对航迹数据不完整的航班用相近航迹替代，最终形成研究资料，进而生成 PEK 单位时间内全部抵离航班多参数时空变化指示图（图 5-5）。图 5-5 给出了所有航班每个飞行航迹点的 6 个维度的场景信息，该场景的飞行航迹点组合可用于评估该系统的最终状态。

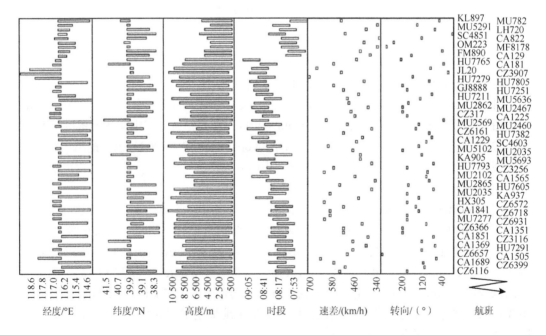

图 5-5　PEK 1 小时内全部抵离航班多参数时空变化指示图

与数据采集中使用航路信息相比，使用飞行航迹点信息具有航空流细致准确识别的优势。一直以来，研究中较多采用固定航路信息，如 Basu 等（2009）截取带有时间标识的动态航路信息构建航路段，Brinton 和 Lent（2012）对某一时段某一航路上的航空流密度进行 K 均值聚类。这类研究多利用空域结构图建立航路网络关系，以航空器的航路因素作为空域划分标准，并认为其结果能贴合实际的空域交通情况。但是航路信息因缺乏局部时段性，因此只能反映统计时段内航空流的整体状况，在反映该时段空中交通的特殊情况时仍存在障碍。而飞行航迹点信息能对应该时段每个参数的特殊性，所以利用飞行航迹点云数据生成热点空域更能有效地辅助动态空域划设。此外，飞行航迹点信息有利于每个参数的可视化表达，能更细致、准确地反映机场终端空域交通流变化。

5.2.3　模　　型

4D 流量热区云图模型由航空流量统计、4D 参数曲面生成、叠加次数计算和热点空域识别 4 个步骤组成。将整个机场终端空域划分为许多大小相同的细胞单元后，计算每个细胞单元中航迹点叠加次数，依据给出映射规则，将叠加次数相近的细胞单元自动合并为一个热区。该模型应用中用"SQL"语言映射多变量数据集的智能规则，用数学操作导引智能化推理，用规则性聚类得出评估结果，形成一种航迹点云数据加工处理机制，通过映射关系对 GPS 缺失值进行替换和补充，最终转化为清晰的智能输出。

1. 航空流量统计

该步骤是以细胞单元统计机场终端空域起始时间 t_s 和终止时间 t_e 间隔 Δt（$t_e=t_s+\Delta t$）内飞行航迹点的基本参数、额外参数和时间参数。鉴于实际飞行比计划飞行更为客观，故研究中输入实际航空流航迹点数据，并将机场终端空域 20 min 经度、纬度和高度 3 维数据相同的飞行航迹聚为一类。用有向线段 M_iN_i 表示某一细胞单元内航空器 i 的航迹（共 59 条），用 $M_iN_iT_{\text{in}}$ 和 $M_iN_iT_{\text{out}}$ 表示航空器 i 抵离细胞单元的飞行航迹点（共 2 599 个），每一个细胞单元内航空流量数据集 $f_{\Delta t}$：

$$f_{\Delta t} = \{M_iN_i \mid M_iN_iT_{\text{in}} \geqslant t_s, S_iE_iT_{\text{out}} \leqslant t_e\} \tag{5-1}$$

将细胞单元内飞行航迹点做抵离两类划分：

$$x(i,j) = \begin{cases} 1, & \text{若}(i,j)\text{为抵达点} \\ -1, & \text{若}(i,j)\text{为离开点} \end{cases} \tag{5-2}$$

在流量统计过程中，细胞单元内飞行航迹点数量需满足航路最大流量的限制，表示为

$$x(i,j) = 1, \forall (i,j) \in [0, S_{\text{ar}}] \tag{5-3}$$

$$x(i,j) = 0, \forall (i,j) \in [0, S_{\text{dp}}] \tag{5-4}$$

式中，S_{ar} 和 S_{dp} 分别为抵离航迹点最大航路流量。还需满足航路方向连续性，表示为

$$x(i,j) = 1, \quad 若 x(i_1,j) = x(i_2,j) = 1, \forall i_1 < i < i_2, \forall 0 < j < n \tag{5-5}$$

$$x(i,j) = 1, \quad 若 x(i,j_1) = x(i,j_2) = 1, \forall j_1 < j < j_2, \forall 0 < i < m \tag{5-6}$$

通过过程化 SQL 语言（PL/SQL），对各细胞单元内飞行航迹点数量求和，可得最终航空总流量。

2. 4D 参数曲面生成

该步骤是对细胞单元内所有飞行航迹点进行 4D 参数定义，并生成 4D 参数曲面。①设经度（x）、纬度（y）和高度（z）基本参数以及时间参数（c）在一个指定空域内连续变化，将时间 7:40 定义为 0 s，经度和纬度使用 WGS-84 坐标。②4D 参数曲面生成：首先，采用矩阵实验室（MATLAB）2017a 中 surf 函数，以细胞单元飞行航迹点各参数控制该点在屏幕上的显示，将网格化后的数据矩阵输入程序运行指令中 $[x,y,z]=\text{size}(\text{data})$；其次，采用 slice 函数绘制三维物体切片图，在此对四维坐标飞行航迹点数量按叠加次数定义为 0~10、10~20、20~30、30~40、>50 共 5 档，以颜色表示叠加次数的变化，使用只叠加一次的细胞单元作为创建热点空域的起点，通过颜色变化把参数曲面的表现力扩展到四维。叠加次数的颜色变化可以任意设置，其连通性将确保覆盖连续的空域段。

与使用整数划归方式相比，空域单元划分中使用细胞单元方式更有利于对小比例尺梯度变化的表达。以前学者曾设计整数划归算法进行空域多边形分割，如 Mitchell 等（2008）在某些虚拟航空器节点实验以及 Klein 等（2008）在空域凸多边形分割时均是以整数划归节点数据为基础的并用于空域分区计算。但是因其外循环计算过程的不断叠加，其计算结果只能生成一个较大的区域，区域属性也被视为一个较固定的数值，不存在连续的梯度。为解决这一问题，鉴于机场终端空域内航空流密度具有的离散性，在流密度计算中，可采用细胞单元方式，将离散空域划分为相互毗邻的细胞单元并进行飞行航迹点叠加次数计算，从而使叠加过程是为改变航空流密度的过程，将空域离散化生成过程看作优化问题。在计算过程中再配以较大分辨率的细网格，可保证热点空域曲面较为平滑，进而保证热点空域范围精准化。这种精准化是通过智能化梯度表达实现的。后文的概率密度拟合曲线验证了其机场终端空域航空流的梯度变化。

3. 叠加次数计算

该步骤是计算细胞单元内飞行航迹点的叠加次数，来获得重叠区域的经度、纬度和高度以及时间数据集。初始条件不同，生成的热点空域也不同：条件 1 是使用基本参数进行 3D 流量热区识别，采用 meshgrid 函数创建二维坐标细胞单元，采用 griddata 函数对不规则数据向量（x,y,z）进行曲面拟合，在此选用线性（linear）插值算法，以使飞行航迹点随机数据的曲面拟合效果更好（Vazhkudai and Schopf, 2002）；条件 2 是使用基本参数和时间参数进行 4D 流量热区识别，在上述 meshgrid 基础上，将 griddata 函数的参数扩大到四维，在此选用 v4（MATLAB 4 griddata method）插值算法，将占用空域时间"常数列"作为插值选项，以使热点空域变化曲面更加平滑，插值结果将分段返回前述形成的数据矩阵中。计算航迹点叠加次数是一个大规模复杂识别的智能化过程。其优势主要表现为对资源数据进行有效处理，并以安全的方式对数据进行存储，从而有助于资源的动态管理和动态配置的需求。

以往的低维度研究方法，尽管构建了基于航迹交叉点的网络图并广泛应用，如 Trandac 等（2002）以机场、航路点和交叉点作为中心点生成 2D Voronoi 图，Delahaye 和 Puechmorel（2008）对 2D 空域以随机产生的点（航空器位置）作为类中心聚类，Xue（2009）采用 2D Voronoi 图方法为空域流量建模；再如，Hanif 和 Justin（2013）考虑空域 3D 特性，分别依据不同高度层的航空流情况划分热点空域。但是这些方法没有考虑不同高度层的协调，没有表述时间参数对热点空域识别的具体影响，所以较适用于解决自由飞行空域和小空域规模问题。采用 4D 流量热区云图方法，将空域视为三维空间中平均分布的细胞单元，利用航迹确定个体初始位置的经度、纬度和高度基本参数以及转向和速差额外参数与时间参数，计算细胞单元内飞行航迹点叠加次数以识别热点空域，应视为一种进步。

4. 热点空域识别

该步骤是识别热点空域范围和所占用时间。对于前者，当检测到叠加时，改变叠加次数的赋值，通过飞行航迹在时间窗口的重叠得到热点空域位置，在触发形成第一个交叉点后更新系统状态，对叠加次数的颜色赋值进行更改。在每步叠加后即得到飞行航迹点的间隙和重叠数量，系统在判断出热点空域状态后，将返回初始数据中继续新的指令，最终生成热点空域范围。其整个循环过程是对飞行航迹点的初始信息替换，是生成热点空域信息的图解全过程。对于后者，在分析飞行航迹点间的时空相互作用中需识别每条航迹潜在的空域占用时间，在 3D 和 4D 条件下，借助 MATLAB 三维数据游标（data cursor）可得到热点空域飞行航迹点间的时间间隔，即占用时长。热点空域的识别将通过细胞单元方法和航迹网格方法来实现，分别用于经度、纬度和高度的 4D 热点空域识别及转向与速差的 3D 热点空域识别。

5.2.4 研究结果与验证

1. 应用细胞单元对经度、纬度和高度进行热点空域范围的 4D 识别

对 PEK 1 h 内所有飞行航迹聚类，系统默认生成基本参数的 3D 流量热区云图[图 5-6(a)]，加入时间切片，后又生成 4D 流量热区云图[图 5-6(b)]，3 维旋转又自动生成 3D 和 4D 的流量热区平面图，用飞行航迹点叠加次数的颜色（色度渐变）表示航空流密度以及热点空域范围。

由图 5-6 可以看出，PEK 热点空域的基本格局是经度、纬度和高度 3 个维度上各存在一个峰值。①经度和纬度峰值位于机场终端空域偏东南，即东进场—东离场空域（$39.5°N \sim 40.8°N$，$116.1°E \sim 117.1°E$），体现为东南进近定位特征，其与繁忙航线抵离方向的航班数量有密切关系，其在仅依据航班数量的 3D 流量热区云图中反映更明显。增加时间参数后的 4D 流量热区云图中热点空域范围发生改变，一是东进场—东离场热点空域范围缩小，其与东南方向繁忙航线抵离航迹占用空域时间较少有关；二是增加了新的西北部热点空域（$40°N \sim 40.8°N$，$115°E \sim 115.5°E$），所受转向和速差的影响在下一部分阐述。②在 3D 和 4D 间，高度上的峰值有一定差异，3D 条件下在 2 000 m 以上存在大

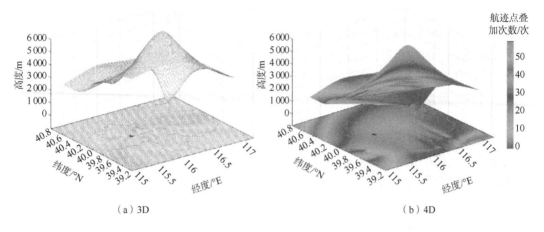

(a) 3D　　　　　　　　　　　　　　(b) 4D

图 5-6　PEK 终端空域 3D 和 4D 流量热区云图及其流量热区图

面积热点空域，4D 条件下在 2 000～4 000 m 存在小范围集中分布的热点空域，在 3 000 m 以下的东进场空域表现明显，其热点空域高度范围能被下文中对高度的概率密度拟合结果所验证。

2. 应用航迹网格对飞行转向与速差进行飞行航迹点增多的解释

飞行转向与速差也会影响航空流密度的非匀质性（Histon et al.，2002）。在经度和纬度二维间生成航迹网格，并以每个网格代表航迹点相应的空间位置，可描述飞行航迹的转向与速差。借鉴前人研究中曾使用的边缘单位来定义某一空域（Yousefi et al.，2007），共计生成 40 000 个航迹网格描述，将飞行航迹点连线形成飞行航迹网格图（图 5-7），用以解释机场终端空域飞行转向和速差对飞行航迹点增多的影响。

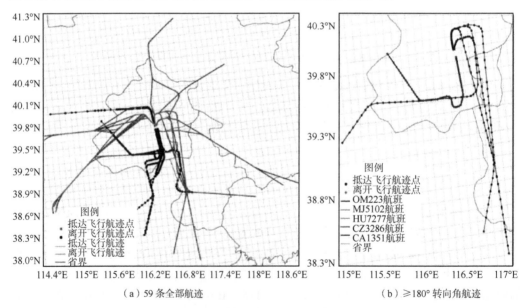

(a) 59 条全部航迹　　　　　　　　　(b) ≥180° 转向角航迹

图 5-7　PEK 终端空域航迹网格图

由图 5-7 可以看出：①PEK 东进场—东离场空域范围内有 5 条转向≥180°的航迹，均出现小幅度盘旋，其部分解释了机场偏北部进近空域飞行航迹点数量的增多。受制于跑道影响的航空器盘旋强化了机场低空空域资源占用。②PEK 西北部空域范围内出现多个变速点，5 条飞行航迹（1 条抵港和 4 条离港）的最大速差均在 415 km/h 以内，最小速差只有 251 km/h，远小于 59 条飞行航迹最大速差均值 503.04 km/h，其占用空域时间较长，部分解释了西北部空域飞行航迹点数量的增多。

3. 应用基本参数的概率密度函数进行 4D 热点空域分布的验证

为证实 4D 热点空域分布范围识别的准确性，以及更好地描述基本参数的概率分布特征，借鉴 Dunbar 等（2012）在机场终端空域资源配置研究中采用的概率估算方法，使用 MATLAB 分别对 PEK 终端空域飞行航迹点经度、纬度和高度基本参数进行拟合，得到线性曲线和概率密度函数（图 5-8）。

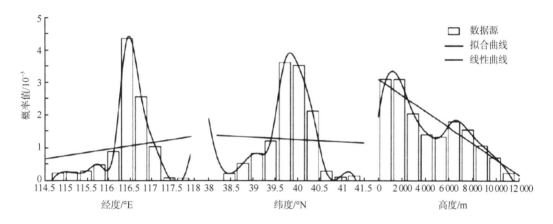

图 5-8　PEK 终端空域基本参数的概率拟合图

由图 5-8 可见，基本参数的概率分布特征：①经度和纬度参数的拟合曲线为单峰值对数正态分布，其中经度最大值位于 116.50 °E，纬度最大值位于 39.83 °N，其线性变化趋势为平缓上升和平缓下降，拟合曲线中经度和纬度峰值分别位于机场终端空域的东部和南部，线性变化趋势以及数据直方图与 4D 流量热区云图所显示的热点空域范围较为吻合，验证了对 PEK 热点空域位于机场偏东南的识别。②高度参数的拟合曲线为双峰值对数正态分布，在＜3 000 m 和≥3 000 m 空域各存在一个峰值，其中 1 244 m 空域航空流密度最大，验证了对 PEK 热点空域进近分布的识别。

针对基本参数的对数正态分布拟合度检验问题，这项研究采用 MATLAB 中的 mle 函数进行最大似然估计，通过曲线拟合工具得到基本参数的拟合度检验值为 0.9325、0.9162、0.9083，均能满足对数正态分布。这项研究又在拟合度检验的基础上进行残差分析，测定 3 个基本参数的系数 R^2 分别为 0.8447、0.8273、0.7129，F 值分别为 52.713、41.417、36.681，Durbin-Watson 检测值分别为 0.0022、0.0041、0.0092，均显示残差序列存在正自相关。基本参数的拟合曲线和概率密度函数验证了 4D 流量热区云图方法较有效。

5.2.5 总结与展望

1. 主要结论

①PEK 终端空域的东、南进港点和离港点附近存在较集中分布的热点空域；在机场终端空域高度层形成东南部 1 244 m 和西北部 6 502 m 两个热点空域，转向和速差分别对机场东部热点空域和西北部热点空域的产生有较大影响，飞行航迹点的时间参数成为主导因素。②采用基于飞行航迹点信息的细胞单元划分方式，经叠加次数计算生成 4D 流量热区云图，其较 3D 流量热区云图而言，存在较大差异：西北部低空热点空域出现，东离场出港点附近热点空域范围减小；该模型不仅可以用于离散飞行航迹点的热点空域识别，也可以用于离散事件空间状态分析，飞行航迹点基本参数概率密度拟合结果验证了 4D 流量热区图模型的有效性。③以飞行航迹点叠加次数作为目标函数计算的航空流密度，通过 3D 中选用线性插值算法和 4D 中选用 v4 插值算法，更平滑地显示了热点空域的曲面，并通过细网格描述了热点空域变化的阶梯性。

2. 应用前景展望

航空流量热区云图模型通过数据预处理，改善了航迹点数据质量，提供了对大范围航空流精准状态的描述，也提供了对多参数集聚空域的表述，因此该模型能更直观、有效地捕捉空中交通拥挤的形成和消退过程，能更好地研究航空流的运行规律，具有较广阔的应用前景：①由实际飞行数据信息构建带有时间标识的航迹段，在综合考虑影响航空器飞行航迹点的多种复杂性参数的基础上，划分细胞单元，得到繁忙空域范围以及热点空域位置，可精准估算空域内的流量约束；②基于飞行航迹点信息构建数据集，通过细胞单元表示航空流密度的梯度变化，可实现不同时段的空域密度可视化，并为进一步优化空域分区提供参考；③4D 飞行航迹点叠加算法的应用和热点空域的识别有助于空域信息使用并辅助建模，也有助于对航空流状态和可能出现的流量高峰进行预测，其是缓解航班延误和空中交通拥堵的一项关键技术。

在未来的实践中，航空流量热区云图模型还将有助于推进立体交通流量管理。目前，空中交通流量管理（air traffic flow management，ATFM）控制方案集中于地面延误以及基于机场跑道的航班时刻资源管理，缺乏不同高度的分层智能管理。随着空地结合的变革，NextGen 已将 ATFM 重点聚焦于机场终端空域。航空流在分配时，不仅考虑地面二维空间还要考虑三维乃至多维空间。鉴于多参数算法应用中其维数和复杂度不随航班数量而变化，因此根据不同时空尺度预测航空流量，支持热点空域自动生成、智能识别。立体交通流量管理模型有望不断发展，成为未来 ATFM 优化评估和战略设计的重要工具。

5.3 上海浦东机场航班延误时间概率分布及其与航空流运动的关系

运用机场官方门户网站网络查询系统，获取了上海浦东机场一周日内航班延误数据，生成延误概率拟合图，并得出航班延误时间概率分布函数，进而分析了不同航线类型间航班延误样条曲线与线性趋势的差异性规律与形成机制。研究发现，各航线类型日内航班延误的线性曲线变化趋势普遍表现为"传染扩散"上升；不同航线类型航班延误时间概率分布差异性规律是：干线与支线航班延误数量变化趋势呈"升降"差异、全方位网络服务与低成本航空公司航班延误数量高值区分布呈"左右"差异、国内与国际航线航班延误数量峰值时段呈"前后"差异、中心-辐射与城市对航线网络模式航班延误时长呈"长短"差异；以上航班延误时间概率分布规律是由机场"度值"、时刻资源、距离参数及系列飞行特征和 LTO/巡航"灵敏度"等因素共同作用形成的，进一步又是由空中交通流量快速增长、机场空侧能力增长及空域资源供给不匹配造成的。这项研究可为不规则空中交通中断管理、航班时刻资源优化、机场间空域资源合理调度提供理论依据。

5.3.1 背景与综述

由航班延误造成的空中交通意外中断将产生高额的航空计划调度成本（张凡等，2016），最终带来空域资源分配的冲突，基于此，航班延误发生后的空域调度已成为机场空域资源充分开发利用的重要研究课题，并基于时空变量开发了系列航班延误时间概率估算方法，用于提高航班日常运营的稳定性（刘春玲，2014）和调节航空网络的适应性（李亚飞等，2016）。

以往学者开展的航班延误时间概率分布基本形态和拟合度检验研究，为不同航线类型航班延误的差异性分析提供了方法论和认识论基础。例如，Lan 等（2006）和 Wesonga 等（2012）分别使用 ASQP（美国国内航班定期客运业务查询系统）航班抵达数据、多原因航班延误数据和航班计划时间表数据等，拟合了多种航班延误时间概率分布形态，拟合度检验表明，对数正态分布显著性较高。而同时，Hsiao 和 Hansen（2006）发现了航班延误的"负"日内变化趋势并解释了早晨延误更严重的影响，Tam（2011）又提出了航班延误的工作日效应，Xu 等（2008）还综合考虑航班起飞时间和机场容量，评估了机场航班延误周期，这些研究通过增加解释变量，支持了航班延误时间概率分布的多样性分析。然而，到目前航班延误时间概率分布与不同航线类型（包括航空公司、航线网络模式）关系的系统研究尚为欠缺。这项研究以上海浦东机场为例，通过样本统计分析了 4 组航线类型航班延误时间概率分布的差异性规律，并尝试揭示其延误发生的影响因素以及形成机制。

5.3.2 数据采集、拟合检验与时间概率分布变化趋势描述

1. 数据采集

从上海机场官方门户网站（http://www.shanghaiairport.com）获得 2017 年 6 月 17～23 日一周白天（6:00～18:00）所有抵离航班延误数据（计划时间和实际抵离时间之间的非负偏差），并形成数据集。为了更好地描述航班延误的时间概率分布，研究中标记为取消的进出港航班因无法计算延误时长，而未列入延误航班范围，鉴于较大时长的延误航班不利于时间概率分布检测，故只选取延误时长在 300 min 以内的航班，其占总延误航班的 98.40%。最后计以 6 146 个有效数据用于下文分析。浦东机场一周日内白天航班延误时长变化如图 5-9 所示。

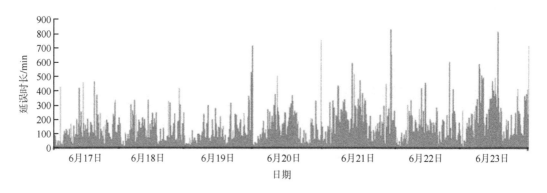

图 5-9 浦东机场一周日内白天航班延误时长变化

2. 拟合与检验

使用 MATLAB 软件生成航班延误时长直方图后对浦东机场航班延误数据进行正态分布、对数正态分布、伽马分布和威布尔分布拟合（图 5-10）；又通过曲线拟合工具（curving fitting tool）得到拟合度检验值。

由图 5-10 可知，浦东机场航班延误近似服从对数正态分布，延误时长的时间概率为

$$F(x) = \frac{1}{x\sqrt{2\pi}0.0096} e^{-\frac{(\ln x - 0.3971)^2}{2 \times 0.0096^2}} \quad (5-7)$$

在上述时间概率拟合的基础上，对浦东机场对数正态模型进行残差分析，经检验其测定系数 R^2 为 0.8273，F 值为 52.713，Durbin-Watson 检测值为 0.0022，显示了残差序列存在正自相关，根据残差序列数据函数 rcoplot（Lindsey，2004）可给出残差序列散点分布及其残差变化范围（图 5-11）。

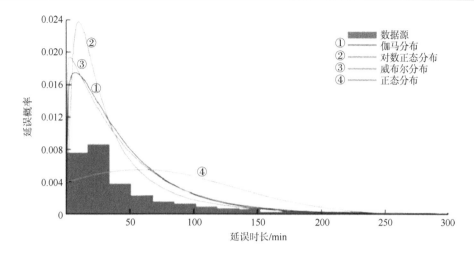

图 5-10　浦东机场航班延误时间概率分布拟合

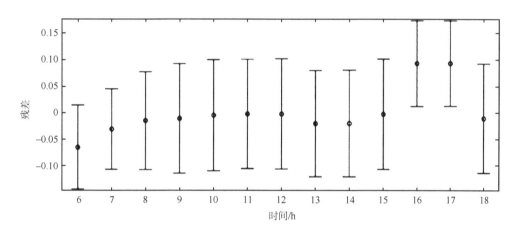

图 5-11　浦东机场时间变量对数正态模型残差变化

航班延误时间概率分布和航班延误影响研究领域中，不同航空公司、不同机场类型对日内航班延误变化均具有统计学意义（Pérez-Rodríguez et al.，2017）。为了更好地说明航班延误时间概率分布与不同航线类型的关系，将航线划分为 4 组 8 类，图 5-12 显示了其时间概率分布的拟合度检验值，从中可见各类航线航班延误均近似服从于伽马分布，即相同延误时长的航班延误时间概率基本相同，符合小尺度延误时长（延误时长＜30 min）特征，调用 nlinfit 函数可得 8 类航线的伽马分布均可满足 95% 以上的置信区间。为进一步分析日内航班延误样条曲线和线性变化趋势，统计日内每时段航班延误数量得到航班延误样条曲线和线性回归结果（图 5-13）。

3. 时间概率分布变化趋势描述

对浦东机场航班延误时间概率分布变化趋势的分析可从日内和周内两个尺度进行。日内航班延误数量样条曲线变化表现为早上黄金阶段（7:00～8:00）陡增及全天连续波

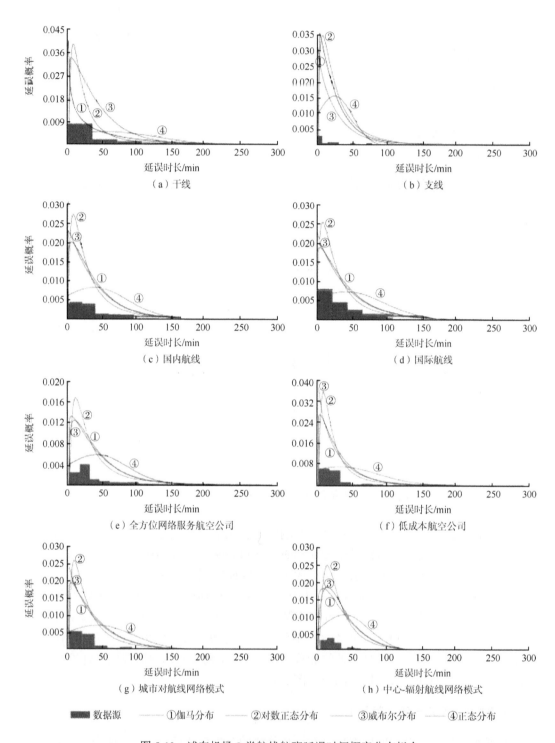

图 5-12 浦东机场 8 类航线航班延误时间概率分布拟合

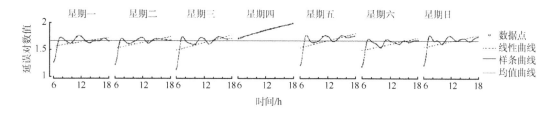

图 5-13 浦东机场日内航班延误时间概率线性变化趋势

动增长的线性上升趋势（图 5-13）。早上时段延误率最低（6:00~7:00 航班延误数量占该时段总航班延误数量<10%）而下午时段最高（16:00~18:00 占比>35%，17:00~18:00 达到峰值），图 5-11 中标出的未能符合正态残差变化的异常时段（16:00 和 18:00）实际为随机事件导致的后续时段通行能力下降（上海区域部分航路空中交通管制，http://www.chinaatm.com.cn/Notice.aspx）。基于此，可以概括时间概率分布变化趋势是：机场内部横向传染基础上的线性上升，初始航班延误会导致其航班时刻相邻及依赖航班（机场）的横向"传染扩散"延误，上一时间段未完成的过站航班将累积到下一时间段，使机场该时间段内实际航班量大于计划航班量，延误航班占用空域资源的时间转化为其他航班的延误时间。

周内航班延误表现为较大振幅的以工作日更为频繁的小尺度延误时长特征（图 5-9），周四表现出最高延误概率，而周六最低（图 5-13），这间接说明空中交通流量-容量与航班延误概率的关系，即工作日航班飞行需求增加，导致航班延误概率增加。关于工作日航班延误概率更大的研究结论已得到共识，如 Abdel-Aty 等（2007）发现，航班延误存在周内时间周期现象，并称其为周内不对称概率分布。更细致地，Pérez-Rodríguez 等（2017）指出，周二航班延误概率在一周内处于峰值，星期系数对航班延误的影响中周二最为重要，其航班延误比率 exp（1.278）=3.62 高于其他。这种航班延误的"工作日效应"体现的仍是空中交通流量-容量基础上的空域资源供需关系。

为进一步分析不同航线类型的航班延误概率变化趋势，又分出干线与支线、全方位网络服务（full service network carrier，FSNC）与低成本航空公司（low cost carriers，LCC）、国内与国际航线，基于航班延误数量样条曲线进行差异性分析；分出中心-辐射和城市对航线网络模式，基于航班延误时长样条曲线进行差异性分析（城市对航班基数大、各时段内航班延误数量多，故以时长指标替代数量指标）。

5.3.3 航空流运动分析

1. 干线与支线

干线与支线是依据机场间（Grubesic et al., 2013）或区内外（Chawdhry et al., 2009）客运量需求对航线规模进行的划分。中国《民航总局关于促进支线航空运输发展的若干意见》（2005 年）和《民用航空支线机场建设标准》（2006 年）将支线定义为中小型机场（年旅客吞吐量≤50 万人次）始发航线以及航程较短的航线。国内学者多采用航线距离 800 km 标准划分干线与支线（潘坤友等，2009）。依此分别统计两类航线每小时航班延误数量，生成航班延误样条曲线，并进一步生成航班延误时间概率线性曲线（图 5-14）。由图 5-14 可见，两者间表现出样条曲线波动变化的共性和航班延误数量线性曲线的"升降"差异：干线表现为上升的线性趋势，支线表现为下降的线性趋势。

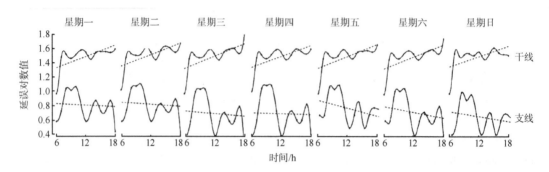

图 5-14　浦东机场干线与支线航班延误样条曲线和线性曲线变化趋势

"升降"指示的是日内航班延误数量增加或减少的变化趋势，这种差异形成于不同机场"度值"的作用。依据 Freund-Feinstein 和 Bekhor（2017）提出的空中交通网络中机场最大航班流量"度值"概念，发现"度值"与机场航班流量之间呈现幂律分布规律，通过行业加权份额赋予机场节点权重计算流量"度值"的方法，发现可以使用机场需求"度值"（airport dependency index，ADI）表述和解释干线与支线的"升降"差异。本案例中，干线机场间全天各时段均存在较大航班流量，ADI 值较高，在延误数量与航班数量呈正相关的基础上，加剧了平均延误时长和扩大了日内航班延误线性"传染扩散"效应，两者一同作用下产生了日内干线航班延误数量的上升态势。而干线机场对支线机场的 ADI 值较低，加之支线航班计划流量远小于干线，甚至部分时段（主要是晚高峰）存在空域空闲，日内航班延误数量自然不断减少，一同形成航班延误线性曲线的下降态势。实际上，关于航班延误"负"日内变化趋势的研究结论（Lan et al.，2006）应该主要是针对支线机场的，而 ADI 值较大的干线机场因自身航班延误吸收能力较弱，容易放大影响，并导致网络中大面积、长时间的航班延误，最终导致干线与支线航班延误时间概率线性曲线呈现"升降"差异。

2. 全方位网络服务航空公司与低成本航空公司

FSNC 与 LCC 是依据运营模式对航空公司类型的划分。《2018~2022 年中国廉价航空行业商业模式与投资前景分析报告》列出现有 LCC 包括春秋、奥凯、上海吉祥、华夏、西部航空等。分别统计两类航空公司每小时航班延误数量，得到延误对数值后生成航班延误数量样条曲线和时间概率线性曲线（图 5-15），由图 5-15 可见，两者间表现出日内样条曲线陡峭变化的共性和航班延误数量（通过样条曲线）高值区相对于 12:00 的"左右"差异：FSNC 出现在上午黄金时段（9:00~10:00）（王伟和王成金，2013），即航班延误高值区"左偏"，LCC 出现在午后低谷时段（14:00~15:00），即航班延误高值区"右偏"。

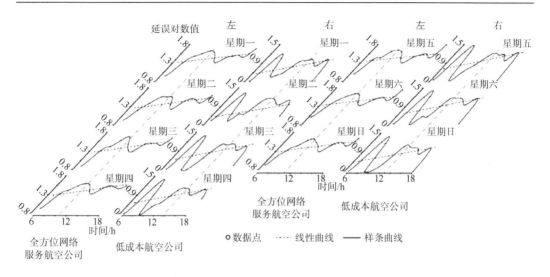

图 5-15 浦东机场 FSNC 与 LCC 航班延误样条曲线和线性曲线变化趋势

"左右"指示的是日内航班延误数量高值区出现在偏左侧(上午)或偏右侧(午后)的时段分布特征,这种差异是在航班时刻资源紧张状况下形成的。FSNC 与 LCC 两类公司因辐射范围不同,在空域资源配置不充分的情景下会受到航班时刻(flight time)的结构性偏向(Gilks et al., 1995)。对此,Bendinelli 等(2016)和 Mumbower 等(2014)都指出,LCC 面临较多来自 FSNC 的航班时刻资源配置竞争,航班延误概率普遍较高。这项研究拟以时刻资源占用关系,分析两类航空公司延误数量高值区的"左右"差异。浦东机场高峰时段空中交通容量限制下,将优先配置具有较强中转能力的 FSNC 航线,致使 LCC 的时刻资源占用比重无法达到 FSNC 的配置态势。FSNC 航班早上黄金时段得到时刻资源优先配置,与整体空中交通流量-容量一同形成航班延误数量后续减少;而 LCC 有所不同,不能享受配置优势,日内延误数量样条曲线波动更明显,后续延误增多,航班延误高值区出现在午后。可见,航班时刻资源配置是造成 FSNC 与 LCC 航班延误数量高值时段"左右"差异的基础。但是进行航班时刻资源优化评估时需注意航班时隙内在化(Daft and Albers, 2012)问题,即航班数量与延误数量及延误时长的关系。研究发现,LCC 延误时长较长以致在航班量较少的情况下,航班延误时间在当天占比仍然较大,这与 Freund-Feinstein 和 Bekhor(2017)对伦敦、柏林、纽约和多伦多四个城市间往来航线调查中的发现相同。由此可见,航班时刻资源配置对 FSNC 延误概率具有"绝对影响"(Fageda et al., 2015)的同时,对 LCC 也具有"深化影响"的作用(高值区航班延误时长)。

3. 国内航线与国际航线

国内航线与国际航线是依据国内机场和始发地、经停地、终点地中是否有一节点涉及国外领土对航空业务线路的划分。这项研究统计国内与国际航线每一时段内航班延误数量,生成样条曲线和时间概率线性曲线(图 5-16),由图 5-16 可见,两者具有时间概率线性曲线上升的共性和样条曲线峰值时段分布的"前后"差异:国内航线的高延误概率时段在早上黄金时段（8:00～9:00），国际航线的高延误概率时段在中午黄金时段（12:00～13:00）。

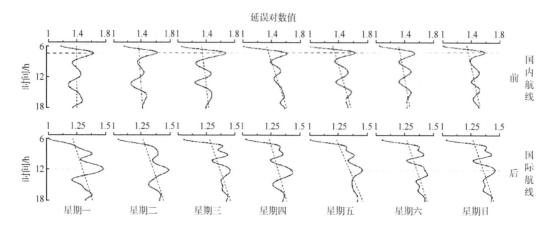

图 5-16　浦东机场国内航线与国际航线航班延误样条曲线和时间概率线性曲线变化趋势

"前后"指示的是日内航班延误数量峰值出现在早上或中午的时段分布特征，对这种差异，我们认为是在距离参数以及系列飞行特征的作用下形成的。①距离参数是影响两类航线航班延误峰值时段差异的基础因素。2007 年英国环境、食品和农村事务部（UK Department for Environment，Food and Rural Affairs，DEFRA）开创了基于扇区飞行距离参数测试、描述、评估国内和国际航线航班延误的新视角。Abdel-Aty 等（2007）对比研究航班延误概率后，证明 750～1 000 英里的航班延误概率高于其他范围，而长距离空中飞行可创造节省时间的机会，以弥补延误时长。浦东机场国内航线延误数量峰值时段（早上黄金时段）的航班主要是中途距离（750～1000 n mile）的成都、福州、北京等航线，符合中途效应。②同样地，以中途距离（东亚航线）为主的国际航线日内航班延误数量峰值时段却后延到中午黄金时段（此时段成田机场、名古屋机场、关西机场、仁川机场等中途航线占比达到 36%以上），与国内航线不一致（此时段航班延误数量是国内航线的 1.1 倍）。研究认为，后延特征表明中心目的地频率及其特定时间段的系列飞行特征影响显著。在这一问题上，Ehrgott 和 Ryan（2002）使用欧洲航空公司协会（Association of European Airlines，AEA）跨北大西洋航线数据、Zou 和 Hansen（2014）使用旧金山机场 4 个美联航空公司数据评估航班延误成本时，就发现航线行程结构及其组合的作用很明显。浦东机场随着早上黄金时段国内航线的大容量释放，国际特定时段（配置时段集中在午后）中途航线的中心目的地集中（频率增加），且 1 200 n mile 航班半径使用加速，又受到限制，具有最小的航班延误恢复能力，在系列飞行特征共同影响下，使延误后延至中午黄金时段。从中可见，国内与国际航线航班延误峰值时段分布状况涉及多个解释变量，距离参数主要影响航班延误峰值，即出现较多中途飞行距离时增加航班延误概率；而系列飞行特征主要影响航班延误时段，即特定时段中途航班目的地处于高频状态时增加航班延误概率。

4. 中心-辐射航线网络模式与城市对航线网络模式

中心-辐射航线网络模式与城市对航线网络模式，是依据两个以上机场中转衔接飞行和直达飞行对航线网络模式的划分。这项研究分别统计两类航线每小时内航班延误平均时长，得到延误数值后，生成航班延误时间概率线性曲线（图 5-17）。由图 5-17 可见，两者具有航班延误数量样条曲线上午时段振幅变化明显的共性和航班延误时长的"长短"差异：中心-辐射航线网络模式延误时长"较长"，城市对航线网络模式延误时长"较短"。

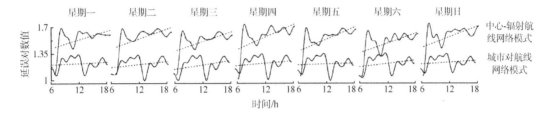

图 5-17 浦东机场中心-辐射航线与城市对航线网络模式航班延误样条曲线和线性曲线变化趋势

"长短"指示的是日内航班延误时长较长或较短的分布特征，这种差异是在爬升-起飞（LTO）/巡航飞行阶段"灵敏度"作用下形成的。回顾以往相关研究，Miyoshi 和 Mason（2009）依据英国民航局（UK Civil Aviation Authority，CAA）1 626 条国内航线和为英国机场提供服务的欧盟内航线数据，率先对两类航线网络模式的运营成本及航班起降进行了研究，随后以起降单位进行航班延误影响的研究渐成主流，Lu 和 Morrell（2001）对格拉斯哥—芝加哥不经停的城市对航线网络模式和经停的希思罗（London Heathrow Airport，LHR）的中心-辐射航线网络模式进行比较，证实城市对航线有较低的航班延误时间概率。Suau-Sanchez 等（2017）指出，中心-辐射航线中使用 LTO 阶段大于城市对，航线枢纽机场越多航班延误时间概率越大。综上可见，中心-辐射航线航班延误发生后相较于城市对航线会更直接地增加其航线传染延误的风险，将 LTO/巡航飞行阶段定义为"灵敏度"（sensitivity），用以解释两类航线网络模式航班延误时间概率分布差异。相对于城市对航线而言，中心-辐射航线网络模式下较多使用更受空侧能力约束的 LTO 过程（赵燕慧和路紫，2018），使延误"灵敏度"增加、延误时长增长。依据日内航班延误时长样条曲线可见，中心-辐射航线网络模式每时段的航班延误时长均大于城市对航线，尤其以上午黄金时段突出，这一时段内中心-辐射航线延误时长高达 52 min，而城市对航线仅 38 min。进一步对日内（6 月 22 日）所有上海—哈尔滨城市对航线和经停济宁的中心-辐射航线的航班延误时长进行比较发现，城市对航线平均航班延误时长仅 8 min，而中心-辐射航线平均航班延误时长为其 3.75 倍。再如，一周内上午黄金时段（9:00～10:00）上海—海口（经停温州）中心-辐射航线平均航班延误时长高达 40 min，而在航班延误数量线性峰值时段（17:00～18:00）的上海—海口城市对航线平均航班延误时长仅 4 min。基此说明 LTO/巡航阶段的"灵敏度"是造成"长短"差异的根本原因。

5.3.4 总结与展望

（1）航班延误时间概率分布规律是：整体呈现日内线性上升趋势（除支线为下降）和日内"传染扩散"；其中干线与支线间表现为航班延误数量变化的"升降"差异、FSNC与LCC间表现为航班延误数量高值区的"左右"差异、国内与国际航线间表现为航班延误数量峰值时段的"前后"差异、中心-辐射与城市对航线网络模式间表现为延误时长的"长短"差异。

（2）主要形成因素是："升降"指示干线和支线航班延误数量增加或减少的差异，是在机场"度值"作用下形成的。干线机场间 ADI 值较高，与整体"传染扩散"一同造成航班延误线性曲线上升。而干线机场对支线机场存在较多空域资源空闲时段，造成航班延误线性曲线下降。"左右"指示的 FSNC 和 LCC 航班延误数量高值区偏左侧（上午）或偏右侧（午后）的差异，是由航班时刻资源作用形成的。FSNC 航班上午黄金时段得到时刻资源优先配置，使航班延误数量高值区出现在上午黄金时段且后续延误减少。而 LCC 则后续延误增多，航班延误高值区出现在午后。"前后"指示的国内和国际航线航班延误数量峰值出现在早上黄金时段或中午黄金时段的差异，是在距离参数及系列飞行特征作用下形成的。国内航线延误数量峰值时段航班以中途距离为主，符合中途效应，而同样以中途距离为主的国际航线峰值时段却后延到中午黄金时段，体现了中心目的地频率及特定时间段的系列飞行特征的影响。"长短"指示的中心-辐射与城市对航线网络模式航班延误时长较长或较短的差异，是在飞行阶段"灵敏度"作用下形成的。中心-辐射航线 LTO 使用较多，使灵敏度增加、延误时长较长，城市对航线则延误时长较短。

（3）航班延误作用机制是：不同航线类型间，航班延误日内时间概率线性变化趋势具有共性，线性曲线斜率具有低差异性，航班数量、延误数量及延误时长具有多样性。这表明，其深层次上是由空中交通流量-需求的快速增长与空中交通基础设施能力增长、空域资源供给的不匹配造成的，即航空运输模式或设施无法满足需求。对此，Dillingham等（2005）和 Gopalakrishnan 等（2016）曾分析过较低机场跑道容量与航班延误的关系，指出空域需求量增加是造成空中交通管制和航班不规则延误的主要原因。

（4）研究意义是：基于航班延误时间变量描述其概率线性变化趋势，并分析其与不同航线类型的关系，提供了一种解释短期（日内）航班延误时间概率分布规律的方法，可将其作为未来智能化预测的资料基础，也可作为现实航班时刻资源配置和时隙间隔优化的评估基础。所揭示出的 4 组差异性规律，有助于较好地理解时间变量影响下的空域资源利用效率与空域资源充分开发之间的权衡。

（5）未来的研究工作应该聚焦于如下几个方面：利用航班延误序列数据，采用概率矩阵计算方法进行航班延误趋势的预测，从而为实施相应的航班延误应急管理提供预警。利用前一时段延误数据，结合航班初始延误率，模拟未来时段随机延误波及情况和传染扩散规律。针对大区域多机场航班延误时空模型应用，验证不同时段、不同空间类型下航班延误时间概率分布形态和估算空域资源占用成本。

参 考 文 献

乐美龙, 李星灿, 高金敏. 2017. 机场到达时刻数量决策随机模型. 系统工程理论与实践, 37(11): 2948-2954.

李亚飞, 刘高焕, 黄翀, 等. 2016. 京津冀地区民用机场交通可达性空间特征分析. 世界地理研究, 25(6): 57-65.

刘春玲. 2014. 航空经济区产业发展的国际经验及借鉴. 世界地理研究, 23(4): 157-166.

莫辉辉, 金凤君, 刘毅, 等. 2010. 机场体系中心性的网络分析方法与实证. 地理科学, 30(2): 204-212.

潘坤友, 曹有挥, 魏鸿雁. 2009. 近 12 年来我国航空客运网络结构演化. 经济地理, 29(9): 1507-1511.

王伟, 王成金. 2013. 枢纽机场航班时刻资源配置的时空网络模式——以北京首都国际机场为例. 地理学报, 68(6): 762-774.

吴文婕, 张小雷, 杨兆萍, 等. 2015. 乌鲁木齐国际机场时刻资源与航线布局的时空网络模式分析. 干旱区地理, 38(6): 1290-1299.

徐敏政, 许珺, 陈娱. 2014. 基于最多叶子生成树的中国航空网络轴辐结构构建. 地理学报, 69(12): 1847-1857.

杨秀云, 王全良, 何建宝. 2013. 航班延误问题的研究动态、演化趋势及启示. 经济经纬, 30(4): 76-82.

叶倩, 吴殿廷, 戴特奇, 等. 2013. 中美航空客运网络层次结构和地域系统对比分析. 地理研究, 32(6): 1084-1094.

张凡, 杨传开, 宁越敏, 等. 2016. 基于航空客流的中国城市对外联系网络结构与演化. 世界地理研究, 25(3): 1-11.

赵燕慧, 路紫. 2018. 航线网络碳排放模型及外部性要素分析. 地球科学进展, 33(1): 103-111.

Abdel-Aty M, Lee C, Bai Y, et al. 2007. Detecting periodic patterns of arrival delay. Journal of Air Transport Management, 13(6): 355-361.

Aktürk M S, Atamtürk A, Gürel S. 2014. Aircraft rescheduling with cruise speed control. Operations Research, 62(4): 829-845.

Basu A, Mitchell J S B, Sabhnani G. 2009. Geometric algorithms for optimal airspace design and air traffic controller workload balancing. Journal of Experiment Algorithmics, 14(1): 75-89.

Bendinelli W E, Bettini H F A J, Oliveira A V M. 2016. Airline delays, congestion internalization and non-price spillover effects of low cost carrier entry. Transportation Research Part A: Policy and Practice, 85(3): 39-52.

Bonami P, Olivares A, Soler M, et al. 2013. Multiphase mixed-integer optimal control approach to aircraft trajectory optimization. Journal of Guidance, Control, and Dynamics, 36(5): 1267-1277.

Brinton C, Lent S. 2012. Departure Queue Management in the Presence of Traffic Management Initiatives. Integrated Communications, Navigation and Surveillance Conference.

Bush H, Starkie D. 2014. Competitive drivers towards improved airport/airline relationships. Journal of Air Transport Management, 41(8): 45-49.

Churchill A M, Lovell D J. 2012. Coordinated aviation network resource allocation under uncertainty. Transportation Research Part E: Logistics and Transportation Review, 48(1): 19-33.

Cook A, Blom H A P, Lillo F, et al. 2015. Applying complexity science to air traffic management. Journal of Air Transport Management, 42(1): 149-158.

Daft J, Albers S. 2012. A profitability analysis of low-cost long-haul flight operations. Journal of Air

Transport Management, 19(2): 49-54.

Dai R, Cochran J E. 2009. Three-dimensional trajectory optimization in constrained airspace. Journal of Aircraft, 46(2): 627-634.

Delahaye D, Puechmorel S. 2006. 3D Airspace Sectoring by Evolutionary Computation. 8th Annual Conference on Genetic and Evolutionary Computation.

Delahaye D, Puechmorel S. 2008. 3D Airspace Design by Evolutionary Computation. IEEE/AIAA 27th Digital Avionics Systems Conference.

Dillingham T R, Pezzin L E, Shore A D. 2005. Reamputation, mortality, and health care costs among persons with dysvascular lower-limb amputations. Archives of Physical Medicine and Rehabilitation, 86(3): 480-486.

Dunbar M, Froyland G, Wu C L. 2012. Robust airline schedule planning: Minimizing propagated delay in an integrated routing and crewing framework. Transportation Science, 46(2): 204-216.

Edwards H A, Dixon-Hardy D, Wadud Z. 2016. Aircraft cost index and the future of carbon emissions from air travel. Applied Energy, 164(4): 553-562.

Ehrgott M, Ryan D M. 2002. Constructing robust crew schedules with bicriteria optimization. Journal of Multi‐Criteria Decision Analysis, 11(3): 139-150.

Enea G, Porretta M. 2012. A Comparison of 4D-Trajectory Operations Envisioned for Nextgen and SESAR, some Preliminary Findings. 28th Congress of the International Council of the Aeronautical Sciences.

Fageda X, Suau-Sanchez P, Mason K J. 2015. The evolving low-cost business model: Network implications of fare bundling and connecting flights in Europe. Journal of Air Transport Management, 42(1): 289-296.

Farhadi F, Ghoniem A, Al-Salem M. 2014. Runway capacity management-an empirical study with application to Doha International Airport. Transportation Research Part E: Logistics and Transportation Review, 18(68): 53-63.

Ferguson J, Kara A Q, Hoffman K, et al. 2013. Estimating domestic US airline cost of delay based on European model. Transportation Research Part C: Emerging Technologies, 33(8): 311-323.

Freund-Feinstein U, Bekhor S. 2017. An airline itinerary choice model that includes the option to delay the decision. Transportation Research Part A: Policy and Practice, 96(2): 64-78.

Gilks W R, Best N G, Tan K K C. 1995. Adaptive rejection Metropolis sampling within Gibbs sampling. Applied Statistics, 44（4）: 455-472.

Gopalakrishnan K, Balakrishnan H, Jordan R. 2016. Clusters and Communities in Air Traffic Delay Networks. American Control Conference(ACC), IEEE.

Grubesic T H, Murray A T, Matisziw T C. 2013. A strategic approach for improving rural air transport in the United States. Transport Policy, 30(6): 117-124.

Hanif D S, Justin M H. 2013. Configuration of airspace sectors for balancing air traffic controller workload. Annals of Operations Research, 203(1): 3-31.

Histon J M, Hansman R J, Aigoin G, et al. 2002. Introducing structural considerations into complexity metrics. Air Traffic Control Quarterly, 10(2): 115-130.

Hsiao C Y, Hansen M. 2006. Econometric analysis of US airline flight delays with time-of-day effects. Transportation Research Record: Journal of the Transportation Research Board, 1951(1): 104-112.

Jacquillat A, Odoni A R. 2018. A roadmap toward airport demand and capacity management. Transportation Research Part A: Policy and Practice, 114(8): 168-185.

Klein A. 2008. An Efficient Method for Airspace Analysis and Partitioning Based on Equalized Traffic Mass. 6th USA/Europe Seminar on Air Traffic Management Research and Development.

Klein A, Rogers M, Kaing H. 2008. Dynamic FPAs: a New Method for Dynamic Airspace Configuration. Integrated Communications Navigation and Surveillance Conference.

Kopardekar P, Rhodes J, Schwartz A, et al. 2008. Relationship of Maximum Manageable Air Traffic Control Complexity and Sector Capacity. 26th International Congress of the Aeronautical Sciences.

Laio F. 2004. Cramer-von Mises and Anderson-Darling goodness of fit tests for extreme value distributions with unknown parameters. Water Resources Research, 40(9): 1-10.

Lan S, Clarke J P, Barnhart C. 2006. Planning for robust airline operations: optimizing aircraft routings and flight departure times to minimize passenger disruptions. Transportation science, 40(1): 15-28.

Li L, Wang J, Cao Z, et al. 2008. An information-fusion method to identify pattern of spatial heterogeneity for improving the accuracy of estimation. Stochastic Environmental Research and Risk Assessment, 22(6): 689-704.

Lindsey J K. 2004. Statistical Analysis of Stochastic Processes in Time. Cambridge: Cambridge University Press.

Lu C, Morrell P. 2001. Evaluation and implications of environmental charges on commercial flights. Transport Reviews, 21(3): 377-395.

Mandel B N, Schnell O. 2001. An 'open sky' scenario for hamburg airport and Germany. Journal of Air Transport Management, 7(1): 9-24.

Manley B, Sherry L. 2010. Analysis of performance and equity in ground delay programs. Transportation Research Part C: Emerging Technologies, 18(6): 910-920.

Merkert R, Mangia L. 2014. Efficiency of Italian and Norwegian airports: a matter of management or of the level of competition in remote regions? Transportation Research Part A: Policy and Practice, 62(4): 30-38.

Mitchell J S B, Sabhnani G, Krozel J, et al. 2008. Dynamic Airspace Configuration Management Based on Computational Geometry Techniques. AIAA Guidance, Navigation, and Control Conference.

Miyoshi C, Mason K J. 2009. The carbon emissions of selected airlines and aircraft types in three geographic markets. Journal of Air Transport Management, 15(3): 138-147.

Mohammadian I, Abareshi A, Abbasi B, et al. 2019. Airline capacity decisions under supply-demand equilibrium of Australia's domestic aviation market. Transportation Research Part A: Policy and Practice, 119(1): 108-121.

Mumbower S, Garrow L A, Higgins M J. 2014. Estimating flight-level price elasticities using online airline data: A first step toward integrating pricing, demand, and revenue optimization. Transportation Research Part A: Policy and Practice, 66(8): 196-212.

Murça M C R, Hansman R J, Li L, et al. 2018. Flight trajectory data analytics for characterization of air traffic flows: a comparative analysis of terminal area operations between New York, Hong Kong and Sao Paulo. Transportation Research Part C: Emerging Technologies, 97(12): 324-347.

Pavlyuk D. 2016. Implication of spatial heterogeneity for airports' efficiency estimation. Research in Transportation Economics, 56(2): 15-24.

Pérez-Rodríguez J V, Pérez-Sánchez J M, Gómez-Déniz E. 2017. Modelling the asymmetric probabilistic delay of aircraft arrival. Journal of Air Transport Management, 62(5): 90-98.

Picard P M, Tampieri A, Wan X. 2019. Airport capacity and inefficiency in slot allocation. International

Journal of Industrial Organization, 62(1): 330-357.

Prevot T, Battiste V, Palmer E, et al. 2003. Air Traffic Concept Utilizing 4D Trajectories and Airborne Separation Assistance. Proceedings of the AIAA Guidance, Navigation, and Control Conference.

Ren P, Pavlyuk L. 2018. Characterizing air traffic networks via large-scale aircraft tracking data: a comparison between China and the US networks. Journal of Air Transport Management, 67(2): 181-196.

Romli F I, Yaakob M S. 2014. Travel time and cost analysis of PAVE application in Malaysia. Applied Mechanics & Materials, 11(629): 246-251.

Serhan D, Lee H, Yoon S W. 2018. Minimizing airline and passenger delay cost in airport surface and terminal airspace operations. Journal of Air Transport Management, 73(8): 120-133.

Shridhar R, Cooper D J. 1998. A tuning strategy for unconstrained multivariable model predictive control. Industrial & Engineering Chemistry Research, 37(10): 4003-4016.

Starkie D. 2012. European airports and airlines: Evolving relationships and the regulatory implications. Journal of Air Transport Management, 21(4): 40-49.

Suau-Sanchez P, Voltes-Dorta A, Rodríguez-Déniz H. 2017. An assessment of the potential for self-connectivity at European airports in holiday markets. Tourism Management, 62(5): 54-64.

Sunil E, Hoekstra J, Ellerbroek J, et al. 2015. Metropolis: Relating Airspace Structure and Capacity for Extreme Traffic Densities. 11th USA/EUROPE Air Traffic Management R&D Seminar.

Tam M. 2011. Optimisation approaches for robust airline crew scheduling. ResearchSpace@ Auckland.

Trandac H, Baptiste P, Duong V. 2002. A Constraint-Programming Formulation for Dynamic Airspace Sectorization. 21st Digital Avionics Systems Conference.

Wandelt S, Sun X. 2015. Efficient compression of 4d-trajectory data in air traffic management. IEEE Transactions on Intelligent Transportation Systems, 16(2): 844-853.

Wang J F, Li X H, Christakos G, et al. 2010. Geographical detectors-based health risk assessment and its application in the neural tube defects study of the Heshun Region, China. International Journal of Geographical Information Science, 24(1): 107-127.

Wei P, Spiers G, Sun D. 2014. Algebraic connectivity maximization for air transportation networks. IEEE Transactions on Intelligent Transportation Systems, 15(2): 685-698.

Wesonga R, Nabugoomu F, Jehopio P. 2012. Parameterized framework for the analysis of probabilities of aircraft delay at an airport. Journal of Air Transport Management, 23(6): 1-4.

Wu C L, Law K. 2019. Modelling the delay propagation effects of multiple resource connections in an airline network using a Bayesian network model. Transportation Research Part E: Logistics and Transportation Review, 122(2): 62-77.

Xu N, Sherry L, Laskey K. 2008. Multifactor model for predicting delays at us airports. Transportation Research Record: Journal of the Transportation Research Board, 2052(2052): 62-71.

Xue M. 2009. Airspace sector redesign based on Voronoi diagrams. Journal of Aerospace Computing Information and Communication, 6(4): 624-634.

Yousefi A, Khorrami B, Hoffman R, et al. 2007. Enhanced Dynamic Airspace Configuration Algorithms and Concepts. Metron Aviation Inc.

Zou B, Hansen M. 2014. Flight delay impact on airfare and flight frequency: a comprehensive assessment. Transportation Research Part E: Logistics and Transportation Review, 69(9): 54-74.

第6章 多机场系统航空流运行结构

6.1 多机场系统航空流动态分析及其应用展望
——以京津石空域为例

> 随着航空市场合作领域不断拓宽,多机场终端空域航空流动态研究渐已成为关键性、基础性科学问题。本章以京津石 3°×3°经纬度范围内,4 个机场终端空域 2 小时航空流实时数据为研究对象,构建小粒度滑动窗口方法,生成热区图、时序图和流向图,分析京津石 MAS 终端空域航空流动态特征。研究发现,在大型枢纽机场附近流量集聚,并受多机场汇流的影响形成条带分布;航班时刻资源配置与机场空域容量所决定的流时分布具有集中/波动的分异特征;在航线网络作用下,流向分布以大型枢纽机场为中心向外辐射,并在多机场共同作用下发生变形。流量、流时与流向的时空聚类及其在新空域结构组织中的应用,体现出灵活空域使用的效果,这与以往平衡空域流量、平衡时刻资源等有极大不同。MAS 终端空域航空流动态特征的识别结果,可用于多机场空域资源统一调控,以实现协同运行下的全容量效益。

6.1.1 研 究 背 景

目前,我国航空流增长面临着空域容量限制和固定空域结构运行效率低下的挑战。与机场终端区和空中廊道等空域单元相比,MAS 更为复杂,因其还涉及共享终端空域问题。为使多机场能更好地使用现有同一终端空域,并实现更高效的空域设计,准确地描述其航空流动态特征是一个先决条件(Murça et al.,2018)。以往多机场终端空域性能及预测研究聚焦于航班航路优化等(刘方勤等,2011),其中多项研究的数据获取和数据加工分析方式已经得到共识。例如,Murça 等(2016)在纽约 MAS 终端空域抵离航线优化中使用了小时段技术,对指定时段的航空流进行分析,不仅较清晰地识别了终端空域航空流模式,而且指导了特定时段内对终端空域进港能力的评估;再如,Tang 等(2012)研究了悉尼 MAS 终端空域(选用 5°×5°经纬度范围,包括主枢纽悉尼金斯福德·史密斯国际机场,以及惠灵顿国际机场等十几个小型机场,计 691 个航班)航空流流向问题,提出在航线网络作用下,以大型枢纽机场为中心,均衡分布航迹与航迹冲突点的多层次策略,从而促进空中交通流量的提高。此外,Manataki 和 Zografos(2010)

探索出一种直观的"空域情景"表示方式,给出大区域多机场协同运行时需要评估的多个方面,证明了通过航空流理解空域冲突的可能性;Li 和 Ryerson(2017)在航班位置和运动数据列表分类的基础上,建立了以终端空域定位点检测其抵达状态的方法,模拟了终端空域航空流轨迹及其变化。以上研究成果证实,基于航迹点数据进行小时段分析对航空流动态特征描述,以及对空域资源利用状态指示是有效的。但以往研究多是针对终端空域特定时间段的航空流分析,尚缺乏对航空流连续运动的阐释,难于表达其动态特征。这项研究尝试构建一种小时段滑动窗口方法,以弥补以往研究的不足,其为充分开发利用终端空域资源并实现大区域多机场协同发展提供依据。

6.1.2 研究方法

滑动窗口(SW)指数据流按照时间戳的先后顺序进入时间窗口,随时间向前滑动表示新旧数据替换(高自娟等,2011)。针对航空流演变过程问题,基于时间触发的 SW 实现了小时级别的航迹点数据实时更新、聚合统计、特征识别、优化排序等,从而能取得较好的识别效果(郑旭芳和王超,2015)。以航空流动态分析为目标,借鉴前述相关研究技术,在改进其缺陷的基础上细化时间窗口粒度,构建小粒度滑动窗口方法,旨在分析 MAS 终端空域航空流动态特征。其基本组成即①时间序列流设计:给定一个长度为 n 的时间序列流 S。

$$S = \{(p_1, t_1), (p_2, t_2), \cdots, (p_i, t_i), \cdots, (p_n, t_n)\} \quad (6\text{-}1)$$

式中,时刻 $t_1 < t_2 < \cdots < t_i < \cdots < t_n$;$p_n$ 表示时刻 t_n 的航迹点,包括航班号及其航迹的经纬度和高度,n 为流的当前长度。②子序列设计:将长度为 m 的子序列 C 视为 S 的一个片断,其由 S 中长度为 $m \leq n$ 的连续数据组成,令子序列为

$$SW_i = \{(p_i, t_i), \cdots, (p_{i+w}, t_{i+w})\} \quad (6\text{-}2)$$

式中,$i+w \leq n$,则称 SW_i 是以 t_i 为开始时间点,以 w 为长度的滑动窗口。同一对象(航迹)的任意两个相邻航迹点可连接成一个航迹线段,通过 $SW_1 \rightarrow SW_i$ 可实现时间窗口滑动和航迹点数据更新。③小粒度应用:令 S 的长度为 n,即可获得若干小粒度滑动窗口 $(SW_1, SW_2, \cdots, SW_i)$,实现小时级别的航迹点数据向分钟级别转换,进而实现 SW_i 的小粒度滑动。④航空流时空数据的获取和加工:特定时段内,一系列航迹可根据航迹点 P_n 的属性信息构成,其被视为航空流的时空数据集,体现航迹点跨时间的位置推移变化(王宏勇和郭建星,2005),满足 MAS 终端空域内航空流动态分析的需要。借助系列时空分析工具,选择小粒度滑动窗口方法可生成热区图、时序图和流向图。以上系列时空图是时空 GIS 在空域研究中的具体应用,不仅符合多维一体化大数据自动加工生成与时空可视化的发展趋势,也展示了多方面智能化(如数据挖掘、预测与决策)应用前景。

小粒度滑动窗口方法强调数据实时处理,其不同于粗粒度批量处理时空数据的研究(如网络元素和网络结构的拓扑关系)(牟建红等,2018),相对而言,其更适于航空流快速频繁变化特征(如流量热区、高峰时段和汇聚方向)和短周期过程的刻画与揭示,

所以对空域实时操作意义更大。

综上，基于小粒度滑动窗口方法，可识别 MAS 终端空域航空流动态特征的 3 个方面：通过航迹相互作用，结合某种指示指标（航迹冲突点），可识别流量热区、高峰时段，通过某种指示指标（出港定位点）分解航空流，可识别航迹汇聚方向。这项研究将依据京津石 4 个机场航空流时空数据，选择小粒度滑动窗口（15 min）为航空流时间分辨率（王伟和王成金，2013），进行多机场交互作用下终端空域航空流动态特征分析。

6.1.3 研究区域与资料

1. 研究区域

基于空中交通需求急剧增长、空域资源供给矛盾日益突出以及飞行冲突频发、严重航班延误等问题，《中国民用航空发展第十三个五年规划》提出京津冀机场群协同发展战略，旨在建设完善的机场群体系，京津石 MAS 终端空域航空流结构研究是重要的基础性问题之一。该 MAS 以北京首都国际机场（PEK）为大型枢纽机场，包括天津滨海国际机场（TSN）、石家庄正定国际机场（SJW）和南苑国际机场（NAY）等附加机场，年旅客运输量 2 亿人次以上。近年来，随着中国民用航空局大规模扩展机场航线，具有发达网络、高频次航班和极大持续扩张潜力的 PEK 与 TSN、SJW、NAY 共享同一终端空域，使该 MAS 终端空域航空流结构较为复杂，代表了一种具有并置特征的、大型枢纽机场终端空域的航空流结构情景。考察其存在的多机场航空流相互作用与交叉叠置关系，探索 MAS 终端空域资源动态利用问题具有现实意义。

2. 数据获取和加工

体现时序性的连续航迹点数据的获得越来越容易，这为小粒度滑动窗口方法应用提供了极为适用的数据对象（Kim and Hansen，2015），借鉴前述小时段技术，从"飞常准"（http://www.variflight.com）统计 4 个机场 2017 年 9 月 9 日 7:00~9:00 计 243 架次（PEK 157 班、NAY 17 班、SJW 18 班、TSN 51 班）实际抵离航班（删除共享航班）；借鉴 Li 和 Ryerson（2017）的方法，按照 30 min 时长对航迹数据进行处理，在 FlightAware（http://zh.flightaware.com）收集具有 30 s 时间分辨率的航迹点时间、索引位置数据。处理后的时间、索引位置数据包括特定机场终端空域每个到达航班的前 30 min 和起飞航班的后 30 min（限经纬网区域）航迹信息；又借鉴王伟和王成金（2013）关于扇区容量研究中时段划分的做法，采用 15 min 小粒度滑动窗口，按时间顺序划分出 7:00~7:15→8:45~9:00 共 8 个时间窗口。基于小粒度滑动窗口方法的时间连续性功能和数据自动显示功能，生成热区图、时序图和流向图，整合图层可透视运行期间 MAS 终端空域航空流流量、流时和流向特征，以及 PEK、NAY、SJW 和 TSN 航空流的相互作用。

6.1.4 研究结果与分析

1. 流量分析

MAS 终端空域航空流分享和争夺同一空域资源（Sidiropoulos et al., 2018）往往成为国家航空网络畅流的瓶颈，其终端空域流量差异性的解析是基础条件（Salaun et al., 2011），所以近年来发展形成的流量模式逐步成为空中交通稳定性估计的主流方法（Song et al., 2007）。基于此，这项研究以终端空域指定时段内飞行密度为计算基础，进行流量特征描述（陈志杰，2012）。将京津石 MAS 终端空域内全部航迹点导入 ArcGIS，连接形成航迹，生成航空流的 2D 热区图，将飞行密度最大的区域视为流量热区。飞行密度在高度上的变化，对空域资源利用和空域容量限制研究都具有重要作用，对此 FAA 根据 RTCA SC192 委员会和 MITRE 组织的需求实施了高空灵活空域使用计划（Kopardekar et al., 2007），通过立体流量分析和流量调整，增大了空域内在潜力和处理能力，参考其高度层划分并按照航迹点位置数据增加高度信息，得到 3D 热区图。MAS 终端空域运行航班在经纬度、高度和时间上多具有航迹相近性，因此其由航迹产生的航迹冲突点即可表征 4D 航空流时空运动，作为航空流动态特征识别的指示指标，测试航空流的飞行密度（陈志杰，2012）。依此利用附有时间的航迹点数据，经点转线生成各机场对应的航迹数据，根据航迹冲突限定条件，以 300s 时间差、5 海里横向距离差和 300 m 垂直距离差作为阈值，确定航迹冲突点（Tang et al., 2012），最终生成 2D/3D 航迹冲突点图。基于上述内容，在分析过程中，通过小粒度滑动窗口方法，能避免对航空流时序表达的破坏，从而完整地体现航空流的动态变化情况，使京津石 MAS 终端空域所有航迹冲突点按其所发生时间，通过 $SW_1 \rightarrow SW_i$ 自动滑入 7:00～7:15→8:45～9:00 不同时间窗口，生成航迹冲突点时序分布表。基于此表示流量随时间窗口滑动的变化趋势，对应 2D/3D 热区图即可分析其与流量之间的关系。

京津石 MAS 终端空域流量的集聚分布特征和条带分布特征如下：流量热区位于大型枢纽机场附近空域，抵离流量南密北疏，40°24'00"N 以北为低密度区。共形成西条带、西南条带、南条带 3 个主要条带，延伸条带是基于机场航空流共同运行区形成的，其中以 PEK—TSN、PEK—NAY 航迹汇聚量最大。京津石 MAS 终端空域流量的中低空空域集聚分布特征和高空空域低密度条带分布特征如下：中低空空域流量热区经纬度范围与上相同，这仍是 PEK 大量执行航班起降的结果。高空空域密度呈现降低趋势，仅在局部高空空域形成远离机场的低密度条带。另外，各时间窗口流量较大区域总是分布有高密度的航迹冲突点，航迹冲突点集聚分布在 PEK 附近中低空空域，而北部和东部空域航迹冲突点大为减少，间接印证了大型枢纽机场附近（受 PEK 航班量影响）集聚分布，所形成的 3 个条带指示在机场间相互作用下，流量时空位置具有相近性。基于此可见，流量分布呈现为大型枢纽机场附近中低空空域的点集聚，并由多机场汇流而形成延伸条带。

2. 流时分析

分析大型枢纽机场与附加机场间航班分配的严重不平衡性（王姣娥等，2006），引发了对 MAS 终端空域流时（航空流空间变化对时间特征的表达）的研究（王伟和王成金，2013；Dan and Song，2017）。使京津石 MAS 终端空域所有航班按进出港时间通过 $SW_1 \to SW_i$ 自动滑入 7:00～7:15→8:45～9:00 不同时间窗口（将时间界点航班滑入阈值之前的时间窗口），利用时间窗口内的航班数量，生成该 MAS 终端空域航班时序图，即可描述该终端空域航空流流时特征。机场间以及机场内部航空流相互作用造成终端空域航迹冲突点的时间分异。以往学者多以航迹信息指定时间戳（Enea and Porretta，2012），利用航迹冲突点时间窗口分析流时变化，并用航迹冲突点增多，表征多个轨迹共存于同一时间窗口（Ruiz et al.，2014），进而解释流时分异特征的形成及其航空流相互作用。同理，京津石 MAS 终端空域所有航迹冲突点按其发生时间通过 $SW_1 \to SW_i$ 自动滑入 7:00～7:15→8:45～9:00 不同时间窗口，生成航迹冲突点时序图。为了进一步掌握终端空域内的流时变化规律，还需根据高度层标准，描述航迹冲突点的空间分布的时序变化。

航班时序图显现了京津石 MAS 终端空域流时的集中、波动分异特征。

（1）流时具有集中性，时间窗口 8:30～8:45 进出港航班量最大，PEK 占比达 66%，表明对流时特征形成的支配作用。

（2）流时的波动性体现为不同时间窗口航班量的增降变化，包括增长趋势以及下降与上升并存状态。同时，随时间窗口滑动在两类机场间呈现的波动分异有所不同：大型枢纽机场的波动，是在整体航班量处于较高水平下完成的，这与其航班时刻资源紧张有关，在此机场空域容量是决定终端空域航班流时分异的主要原因。航迹冲突点时序图也显现出该 MAS 终端空域流时的集中/波动分异特征。①在航班量最高的时间窗口，大型枢纽机场附近中低空空域航迹冲突点大量集中，这也是大型枢纽机场对流时支配作用的反映。②时间窗口滑动下航班量的增降变化带来航迹冲突点波动，在航班量较低的时间窗口，航迹冲突点在中低空空域也较少；航迹冲突点的波动主要体现在大型枢纽机场附近中低空空域，而高空空域仅在局部有所体现，其原因也是多机场航空流相互作用。基于此可见，流时分布受大型枢纽机场支配呈现出集中特征，又在多机场共同作用下产生波动分异特征。

3. 流向分析

借鉴以往基于出港定位点指示航迹移动方向的研究经验，可有效确定 MAS 终端空域航空流流向（Li and Ryerson，2017）。从中国民用航空局发布的 PEK、TSN 和 SJW 标准仪表出港图（SIAC）中提取每个机场（NAY 与 PEK 存在共用出港定位点）的 SIAC 导航辅助名称，并从 SkyVector（https://skyvector.com）中获取出港定位点的经纬度坐标，绘制出京津石 MAS 终端空域出港定位点位置，再根据最小距离算法（Li and Ryerson，2017）确定航班使用的出港定位点，生成该终端空域出港流向图，用于指示流向特征。又对所有航班使用的不同出港定位点进行颜色编码，使京津石 MAS 终端空域所有航迹点按其所发生时间通过 $SW_1 \to SW_i$ 自动滑入 7:00～7:15→8:45～9:00 时间窗口，生成该终端空域出港流向时序图,用于探究流向的动态变化。研究中强调"主要流向"(Jimenez and Mavris, 2009)并通过航班数量表示某时间窗口机场间航空流相互作用(如3PEK、2TSN 表示该时间窗口相应出港定位点有 3 个 PEK 航班和 2 个 TSN 航班通过)。

出港流向图显现了京津石 MAS 终端空域航空流流向的辐射特征。受航线网络影响,以大型枢纽机场为中心,在西南向、西向和南向 3 个流向上形成辐射状航空流,其出港定位点利用率远高于北向和东向。从西南向 RENOB、西向 SOSDI 和南向 LADIX 出港定位点出发的航班,形成不断远离机场的辐射条带。以 PEK 为主枢纽的航线定位点,形成了以上流向辐射特征。流向研究与均衡利用出港定位点、提高终端空域资源利用率密切相关。但事实上,许多情况下,终端空域出港定位点存在多机场航空流共用情况,基于该 MAS 终端空域出港定位点描述的多机场相互作用,可识别流向的变形:形成的航空流走向在共用出港定位点汇流,一同引向外围空域。出港流向时序图进一步显现了京津石 MAS 终端空域航空流流向在不同时间窗口占用某个出港定位点的差异,由此表明,不同时间窗口航空流共用出港定位点对流向变形的影响。但在具体时间窗口其影响强度不一样,说明航空流流向变形与共用定位点密切相关,这是 MAS 终端空域多机场相互作用的另一个直接表现。基于此可见,流向在航线网络作用下呈现出辐射特征,又由航空流共用出港定位点引起变形。

6.1.5 应用展望

应用航空流流量、流时与流向的时间聚类和空间聚类,可展望其在新的空域结构组织中的应用,服务于空域资源动态利用与协同管理,解决密集区内交通汇聚与交通拥挤问题。

(1)划分时间跨度步长(如 15min)拓展形成多个空域单元[如按空间步长 30°(Sidiropoulos et al., 2017)组成空间域],再根据阈值(由流量分布)(Sidiropoulos et al., 2015)检测单个空域单元和整个 MAS 终端空域在相邻时段内是否具有显著流时变化,即可得到多组时间集群。结合实际"空域情境",根据 K 均值聚类算法(如以 K 均值聚类中心为动态航线位置点),对航迹与 MAS 终端空域边界所成角度进行空间聚合,即可得到若干组动态航线位置点。

(2)当前 MAS 新空域结构应用的一个发展方向是空中廊桥构建。Yousefi 和 Zadeh (2013)将其描述为,满足大密度复杂空域交通流需求而构建的一种扩容简流的空域结构、一种服务重要机场间大量跨界短距离交通流的轴线系统。参照"欧洲走廊"计划,空中廊桥应用于 MAS 航空流组织时,可通过时间集群(主导机场为重点)实现空中廊桥时段操作,并通过动态航线位置点(流量热区为重点)实现空中廊桥位置确定。根据前述时间集群反映的时刻特征(航班资源配置较多的时间窗口)可完成时段操作;当时间窗口流量较大、流向近似时开启空中廊桥疏解航空流,通过流量快速释放调节航班时刻资源分配矛盾的问题。按前述动态航线位置点分布,结合空间单元间流量流向特征(集聚和条带),穿越流量热区连接位置点,即可确定空中廊桥的位置。能用于热区流量疏导、高峰时段开合、汇聚方向选择等。

(3)新空域结构是一种建立在动态基础之上的灵活空域使用模式,如空中廊桥的构建即一种时间异质性支配的 MAS 终端空域航空流动态组织技术。其与以往注重在 MAS 内部开发低密度区,以及增加附加机场航班量来分散大型枢纽机场压力的调整方式有极大不同(姜雨等,2011),也与通过机场时间窗口差异协调航班时刻资源的调整方式有极大不同(胡明华等,2003)。其将有助于提高空域容量,降低空中交通复杂性,替代以往静态固定模式下的扇区管理,解决容流冲突问题。

6.1.6 总结与讨论

(1)依照所构建的小粒度滑动窗口方法,将京津石 MAS 终端空域航空流数据按时间戳先后顺序滑入时间窗口,生成 2D/3D 热区图,分析流量集聚特征和条带特征,同时生成航班时序图/航迹冲突点时序图分析流时集中/波动分异特征,还可以生成出港流向图/出港流向时序图分析流向辐射特征及其变形特征。以上内容揭示了航空流流量、流时和流向的动态变化规律和多机场相互作用规律,该方法适用于短时间范围的所有给定的空域单元。

(2)京津石 MAS 终端空域流量分布,呈现出大型枢纽机场附近中低空空域集聚的特征。受航空流共同运行区的影响,其又呈现出多机场条带汇流特征,航迹冲突点分布与流量热区相一致。该终端空域流时变化呈现出集中/波动分异特征。该终端空域在航线网络作用下呈现出流向的辐射特征。以大型枢纽机场为中心,在 3 个流向上形成辐射状航空流,由航空流共用出港定位点以及航空流时段相互影响,引起流向变形。通过航迹冲突点分布和航迹冲突点随时间窗口数量增减(时序)变化,进一步印证多机场相互作用对航空流动态特征形成的影响。

(3)MAS 终端空域的重叠利用使得航空流流量、流时和流向较单一机场更加复杂。对航空流时空变化规律的识别,有助于了解机场群的动态运行机制、构建多机场间相互依赖的新空域结构、提升空域资源整体利用水平。其对解决多机场需求不统一和发挥空域固有能力以及实现空域资源的动态使用等都非常有用。流量、流时与流向时空聚类的结果能为未来空中廊桥构建(时段操作和位置确定)提供依据。其与容量平衡管理,如将低密度区作为资源开发对象、平衡枢纽机场与附加机场航班量差异、协调时间窗口冲突等有极大不同,从而体现了新空域结构的需求:只有建立 MAS 各个机场间相互依赖的新空域结构,使空域变得较为"通用"时才可提高其全容量效益。

(4)在今后京津石 MAS 终端空域情景模拟研究时,或是将航空流流量热区上限作为评估指标时,一个新问题是北京大兴国际机场的加入。依据前文航空流流向研究,大兴国际机场与 PEK 及该 MAS 可能具有较高的一致性。若按航班时刻资源传统分配模式,流时分布也将较为相近。所以充分考虑目前京津石 MAS 终端空域多机场相互作用,以及某些终端空域共享,预测未来流量、流时和流向变化以及分化与加强作用,对未来实现京津石 MAS 终端空域满载效益,以及限制 PEK 空中交通需求增长具有极大意义,其将是未来研究的一个方向。

6.2 多机场系统航空流运行结构及其中美对比
——以京津石空域为例

> 跟踪过滤京津石多机场系统实时航迹点数据，搭建包括航迹网络、航迹簇流量模式、航迹管交叉空域和航迹相态4个方面的航空流集成检测框架。经分类、分组、分层，同时分邻近流、并发流、多变量流、集体流进行检测发现，由少量中心航迹形成主导性流向，4组航迹簇流量模式持续时间均较长，且存在时间窗口集中与分散分布差异。在航迹管交叉空域表现为穿越关系，并可同时共享同一空域单元。航迹相态受航空流参与量和航空网络影响而发生时序变化。与纽约多机场系统对比，中心航迹偏少且流向域面较窄，航迹簇流量模式和航迹管交叉空域持续集中时间较长且可变性较小，航迹拥堵相出现频率更高。大兴国际机场加入后将新增中心航迹，消减时间窗口峰值并引发形成新的交叉空域。这项研究揭示出航空地理市场的基础性作用，可为多机场系统空域动态配置与系统协调提供决策支持。

6.2.1 研究背景与研究综述

空中交通需求快速增长、机场规模扩张以及新机场加入致使航空流运行环境日益复杂（张一诺等，2019）。近些年来，欧洲"同一天空"计划和美国国家空域系统计划均提出 TBO 的概念和 CTOP 策略（Baumgartner and Finger，2014），旨在构建一种全新的空中交通系统组织结构。基于此，以更精细地表达航空流真实时空关系为目标，在航迹点数据的支持下，检测航空流运行结构（air flow operation structure，AFOS）便成为重要科学问题。在各种独立空域类型中，MAS 航空流时空相互作用尤为紧密（张菁等，2019），关于 MAS 的 AFOS 检测具有极大挑战性。

近年来，围绕航空流系统结构问题涌现出大量研究成果，主要集中在机场网络结构（王成金等，2015）、航空公司网络结构（杜超和王姣娥，2015）和航线网络结构（王姣娥等，2009）诸方面，侧重利用航线和航班数据，引入复杂网络系统分析方法，揭示航空网络联系规律和拓扑特征以及模拟航空网络结构优化，其为独立 MAS 的 AFOS 相关特征检测奠定了理论基础。同时，MAS 航空流排序建模等方面的研究，既注重利用航空流多维信息（经纬度、高度、飞行速度和时间等）聚合分析航路结构以及动态分析航线优先次序，以此服务于航线更改（Sidiropoulos et al.，2018）；还注重利用空中交通流特性参数具体分析航段上航空流运行的短期变化（张洪海等，2014），其将带有时间属性的飞行路径与航班一一对应，为准确检测独立 MAS 的 AFOS 提供了方法论依据。这项研究拟借鉴以上航空流网络、航空流流量、航空流交互作用和航空流变化的研究经验，采用航迹点数据,结合航线数据并延伸相关研究方法,搭建 AFOS 研究框架并用以对京津石 MAS 的多流细粒度特征进行集成检测。

6.2.2 研究框架与研究方法

文献综述可见,以往 MAS 航空流运行相关研究方法多是针对空域优化目标而开发的,直接针对 AFOS 检测的、较全面的研究方法鲜见。其中,一些技术标准可以引用,如 Murça 等(2018)在纽约、香港、圣保罗 MAS 研究中设定百分位数标准,并用于中心线提取、集群分组和航迹管之间交叉空域体积计算,但从多流细粒度出发还需进行 3 方面的补充:一是补充航迹点数据实时分配方法,解决分时段滑动检测问题,在此借鉴高伟等(2019)构建的 SW 方法,其在京沪空中廊道航空流异常变化的分时段识别中,实现了航迹点数据的自动时间分配。二是补充航迹延伸量(以实际飞行距离与直线飞行距离的差值,并以航迹簇流量占比赋予权重算得)度量指标,用以检测 AFOS 的网络特征,在此借鉴谢道仪等(2017)构建的网络流量统计方法,其在我国中南地区航路网络定量研究中得以验证。为应对邻近流(直接相互影响的流)检测的需要,又增加边权重(航迹簇流量与总流量的比)共同构成网络度量指标。三是补充航空流演变分析方法,以分相检测航空流运行,在此借鉴许炎等(2015)构建的空中交通流特性参数图-时空图方法,其在广州白云机场空域定位点(导航点)和关联航段(与定位点关联的航段)分析中揭示了机场空域相态变化特征,鉴于定位点和关联航段针对的均是航段上的航空流,因而引入其用于 MAS 研究是可行的。综上,搭建起一个关于 MAS 的 AFOS 集成检测框架。

具体实施步骤如下:①航迹网络。基于密度聚类算法(Murça et al.,2016),通过航迹距离执行第一层次聚类,使用手肘启发式方法(He and Yu,2019)检查、调整、确定航迹簇最佳类别数。随后以均值法提取中心线,以单个代表性航迹概括航迹簇(Andrienko et al.,2017)。统计航迹簇流量并计算其权重,以确定代表性航迹的位序,分出中心航迹与外围航迹。架构航迹网络,并加入网络度量指标,用于分析航迹网络特征。②航迹簇流量模式。通过 SW 流量相似性执行第二层次聚类,完成与航迹簇相关航迹点的日内 SW 自动分配,以整点间隔(1 小时固定时间跨度)划出时段,在时序数据上滑动建立航迹簇日流量矩阵,选择最佳分类,完成集群分组,得到航迹簇流量模式。③航迹管交叉空域。应用代表性航迹和航迹簇,以百分位数标准计算航迹管宽度(基于航迹簇宽度的第 95 百分位数确定)和高度(基于航迹所代表的航迹簇高度的第 95 和第 5 百分位数之间的差确定)(Murça et al.,2018)得到航迹管之间的交叉空域体积。以 5 min 为时间距离标准(Tang et al.,2012)判断 MAS 交叉空域内航空流能否同时使用该空域单元,并确定其为穿越关系或依赖关系。结合航空流运行圈层(以 10 n mile 为起点,间隔 20 n mile 为空间距离标准)识别(Murça et al.,2018),一同指示航迹管交叉空域航空流时空相互作用。④航迹相态。基于定位点确定关联航段,并基于关联航段上航空流特性参数的时序状态,绘制航空流特性参数图,观察飞行速度随航空流参与量密度(许炎等,2015)的变化,进而判别航迹相态。将航迹点经纬度位置转换为距定位点的直线距离,绘制时空图,指示航迹相态的演化。

6.2.3 研究区域与研究数据

1. MAS 划设与研究区域选择

20 世纪 90 年代以来，MAS 研究逐步呈多样化趋势，并由大都市 MAS 同大区域 MAS 拓展（de Neufville，1995；Postorino and Praticò，2012）。相对于大都市 MAS 而言（de Neufville，1995），大区域 MAS 划设标准尚不一致（Postorino and Praticò，2012；Griffin，2006）。在多机场航空服务密切联系或航空流显著相互作用的准则下，出于不同研究目的，学者们曾尝试采用空间距离标准和时间距离标准划设 MAS。前者，学者以距最大乘客量机场 50~250 km 为半径（Yang et al.，2016）或 50~100 海里为半径（Sidiropoulos et al.，2018）划设 MAS。还有的以经纬网划设 MAS，如 Tang 等（2012）在悉尼 MAS 研究中，即以 5°×5°经纬度划设。后者，学者依据可用基础设施和乘客行为选择以距最大乘客量机场 1~3 h 车程划设 MAS（Sun et al.，2017a），或以其起终点飞行 30~60 min 划设 MAS，如 Li 和 Ryerson（2017）以 30 min 截取北京 MAS，Murça 等（2016）以 60 min 分终端与过渡两种空域截取纽约 MAS。时间距离划设方式更适于大区域 MAS，能体现航空流本身运行程序。但是无论采取哪种方式，欧盟提出的客运量标准，即定义 MAS 由年客运量 500 万人次以上的运营机场（陈志杰，2012）所构成，可作为重要因素被充分考虑。

选择以北京为中心的大区域 MAS 为研究对象有特殊意义。北京首都国际机场（PEK）已成为继美国亚特兰大机场后，全球第二个年旅客吞吐量过亿人次的机场。该 MAS 内航线密集、航空网络发达且航空流动态更改频繁，其 AFOS 代表了一种大区域 MAS 典型情景：具有并置特征（多个机场共享同一空域单元）。随着《中国民用航空发展第十三个五年规划》中京津冀机场群协同发展战略的实施，迫切需要对其 AFOS 的特征进行系统检测。此外，定位为大型国际航空枢纽和京津冀区域综合交通枢纽的北京大兴国际机场（PKX）加入后，与该 MAS 现有机场间航空流融汇，PKX 的极大扩张潜力将引起 AFOS 发生重大改变，这对空域充分利用和航班时刻配置等提出挑战。

基于此，根据实际情况采用时间距离划设方式，以飞行时间 30 min 划设该 MAS，又按照欧盟 MAS 机场规模标准，以国家《民航机场生产统计公报》（2018 年）数据，确定京津石 MAS（北京、天津、石家庄 3 个城市的 PEK、TSN、SJW 和 NAY 共 4 个机场）为研究对象。

2. 研究数据

以往研究已经证实，应用实时航迹点连续数据多维信息进行独立空域 AFOS 研究具有较大优势，其能对应时间属性，使时空紧密对接，准确把握航空流运行全过程（Wandelt and Sun，2014）。ADS-B 转发器在大型飞机上广泛安装和强制执行（Sun et al.，2017b），极大地促进了航迹点数据的可访问性，其被称为航班跟踪器上线。Flightradar24、FlightAware、RadarBox24、Plane Finder 和 VariFlight 等网站平台可实时提供日内数千个

ADS-B 数据集，完全可以实现飞行事件的完整表征，由此激发了大量基于航迹点数据的研究成果问世。其通过航迹分类和流量/密度测度（Kistan et al.，2017）、临时流量限制和航线变更（Campanelli et al.，2016；Brrnhart et al.，2012），支持了特定时长内对航班飞行路径和机场空域的综合研究（Clark et al.，2018），其与基于航班和航线数据的网络研究有较大不同。

在具体应用中学者采用了不同时长的航迹点数据，其中利用 24 h 航迹点数据分析 MAS 航空流运行特征较为普遍。在此遵循 Sun 等（2016）提出的 24 h 航班飞行路径循环规则，又借鉴 Li 和 Ryerson（2017）采用 30 min 时长，过滤处理 MAS 原始航迹点数据的做法，通过"飞常准"大数据平台，获取京津石 MAS 日内（2018 年 12 月 22 日，周内航班量最大的一天）24 h 进出港航班时刻（共计 2 446 架次，其中 PEK 1 649 班、NAY 114 班、SJW 230 班、TSN 453 班）信息，再通过 FlightAware 官网（https://zh.flightaware.com），根据航班号采集每个进出港航班飞行前/后 30 min 的、不断更新的飞行状态信息，删除不符合规定时间段的航班航迹，构建包括经纬度、高度、飞行速度、时间、起飞机场和目的地机场等要素在内的航迹点数据集。

检测结果的对比研究有助于准确评估其 AFOS 特性。选择由纽约市的约翰·肯尼迪国际机场（JFK）、拉瓜迪亚机场（LGA）和新泽西州纽瓦克市/伊丽莎白市的纽瓦克自由国际机场（EWR）组成的纽约 MAS（航线定位分别为国际、国内），用 Murça 等（2018）给出的航迹簇聚类结果与 Murça 等（2016）给出的航迹簇流量估算结果，指示纽约 MAS 航迹网络特征；用 Murça 等（2018）给出的航迹簇流量模式聚类结果与流量统计结果，指示纽约 MAS 航迹簇流量特征；用 Murça 等（2018）给出的航迹管交叉空域计算结果和航空流作用关系，指示纽约 MAS 航迹管交叉空域特征；用 Murça 等（2016）给出的机场航班量统计结果、时刻分布结果与 Derudder 等（2010）给出的航线空间分布，指示纽约 MAS 航迹相态特征，将它们分别用于航迹网络对比、航迹簇流量模式对比、航迹管交叉空域对比、航迹相态对比。

6.2.4 研究结果与分析

1. 航迹网络

按前文所述方法，通过航迹距离进行第一层次聚类，得到该 MAS 航迹簇，统计航迹簇流量，即生成进出港航班的航迹簇图，从中提取中心线得到代表性航迹，并以其为边结合定位点即生成航迹网络图。再以代表性航迹流量权重和代表性航迹所属航迹簇延伸量，生成航迹网络度量指标折线图。航迹网络及其度量指标用以指示 AFOS 的网络特征。其中，航迹网络指示邻近流的网络构型，配以网络度量指标指示邻近流的流向特征，来反映流量负荷状态和流向汇聚状态。

经分类识别确定该 MAS 有 6 条中心航迹，形成其空域骨干网络，少数高位序中心航迹上承载绝大多数进出港航空流，形成主导性的北进南出航空流运行。而剩余大量低位序外围航迹上仅拥有少量链接和承载少量进出港航空流，形成多向辐合和多向辐散两种流向。PEK 拥有密集的航空网络，其链接 6 条中心航迹，因而具有最大的航迹延伸量值和最明显的航空流运行制约，致使该 MAS 航空流运行表现为密集区域和稀疏区域并存状态。加之 PEK 东部空域飞行禁区限制（PEK 西南方 PKX 北方覆盖面积 12 n mile×12.6 n mile）（Li and Ryerson，2017），致使多个机场无法实现全向或主要航空流流向分离。所以该 MAS 航空流运行具有单一流向的特点。以骨干网络作对比，纽约 MAS 多机场（JFK、EWR、LGA）因分工定位明确、客运量相差较小（仅 4079.3 万人次，而京津石 MAS 达到 9447 万人次），加之实行四角模型（刘永刚和杨毅，2015）的航路过渡和多个定位点选择，其中心航迹多达 19 条（Murça et al.，2016），在多个方向形成较为宽阔的航空流流向域面，因此航空流运行较均衡。综上：①中心航迹是 AFOS 空间异质性的基础，航迹网络不仅与空域自身设置有关，还受广域航空网络影响。AFOS 的网络特征是空域利用和航空地理市场（即枢纽机场需求）驱动的结果，因为航空流运行是通过航迹网络链接，以及航路间的过渡输送而实现的。②以航迹网络和网络度量指标检测空域自身设置对 AFOS 的影响以及对航空流运行能力的制约，揭示出航迹网络、航空流运行和连边动力间的作用关系，增加中心航迹及均衡航迹簇流量、扩大航空流域面宽度及降低共享航段复杂度，从而有助于实现全向均衡或主要航空流流向分离。③鉴于少数中心航迹上承载大量航空流并形成枢纽机场（张生润等，2019）效应，所以明确机场分工是调整中心航迹航空流运行配置，改变飞行限制的有效措施，这应成为 PKX 加入后重点考虑的问题。

2. 航迹簇流量模式

按前文所述方法，通过对 SW 流量相似性进行第二层次聚类，即得到该 MAS 集群分组，计算每小时总流量（各 SW 所包含的航迹簇流量总值）以及 SW 流量平均值（每小时总流量与每组所包含的航迹簇数的比值），按上述 4 种流向即生成相对应的航迹簇流量模式图。在此将合并了时间要素的流称为并发流，以 SW 定位并发流不仅能检测流的发生，还能检测并发流随时间滑动的分段细粒度特征。通过各组航迹簇流量模式的时间扩散，检测 AFOS 的流量特征，区分并发性和相关随机性。

经分组识别可见：①4 组航迹簇流量模式持续时间均较长，以每小时进出港总流量指示，北向和多向辐合航迹簇流量模式具有较高进港流量、南向和多向辐散航迹簇流量模式具有较高出港流量，其持续时间均超过 17 h，显示其 AFOS 并发性明显、可变性较差，这是航空流运行和航班时刻配置互动的结果。②4 组航迹簇流量模式间存在集中 SW 和分散 SW 的差异，以 SW 流量平均值指示，北向和南向航迹簇流量模式呈 SW 集中分布（7:00～8:00、8:00～9:00 和 10:00～11:00、19:00～20:00），最高 SW 达 18 次/h。多向辐合和多向辐散航迹簇流量模式呈 SW 分散分布，其平均值都在 2 次/h 及以下，PEK 各 SW 密集的航班分布使该 MAS 航空流运行过程中呈现明显的航迹簇流量分异。以航迹簇流量模式持续时间做对比，纽约 MAS 航迹簇流量模式平均持续时间仅 3.5 h（Murça et al.，2018），各航迹簇流量模式均有集中的 SW，其航迹簇流量模式的类型更多、可变余地更大，原因是航班时序分布并不由单一机场所支配，JFK、EWR、LGA 均有各自的航班时序波动趋势并形成航班时序错峰分布。综上，刻画航迹簇流量模式的时间特征（集中性和分散性），有助于检测并发流的扩散时间，并检测并发流扩散的联合影响（SW 约束），进而揭示 AFOS 与航班时刻配置的互动关系。以前的研究就曾发现，空域单元中航迹簇流量高值航段与定位点位置集中空域并不完全匹配，在此航班时刻配置是需要考虑的重要方面。

3. 航迹管交叉空域

按前文所述方法，从航迹管交叉空域出现的 SW 开始至航迹管交叉空域最后出现的 SW，以相隔 3 h 选出 5 个 SW，生成航迹管交叉空域时空相互作用及其关系指示图。在此对观测值有效更新，以多变量流附加信息检测共享空域中多变量流的交互。这与不针对相关性的整体检验和仅针对特定类型的检验有所不同，其能在检测多流的同时还确保孤立的流不会因维数而被淹没。

经分层识别可见，尽管该 MAS 不同机场展示出来的航迹管交叉空域数量不同，但整体上航空流时空相互作用表现为穿越关系，指示在航迹管交叉空域内多机场航空流同时共享同一空域单元，包括定位点共享和飞行路径共享（以距机场 50 n mile 为界），两个航空流共享圈层。整体而论，航迹管交叉空域以 PEK—NAY 和 PEK—TSN 航空流相互作用为主，PEK 南向出港航空流和北向进港航空流与 TSN 西向出港航空流和东向进港航空流之间形成交叉，并与 PEK—NAY 同向航空流形成汇聚，这是因该 MAS 流向集中而造成的。此外，与前述航迹簇流量模式相对应，航迹管交叉空域也具有较长时间的延续（从 7:00 延续到 22:00），这缘于航班时刻配置较长时间处于活跃状态。以航迹管交叉空域共享方式及其延续时间做对比，纽约 MAS 航空流时空相互作用表现为一种极高的依赖关系，特别是距机场较近位置（10 n mile 附近）有大量航迹管交叉空域，表明机场间航空流运行的抑制作用。其中，JFK—LGA 航空流依赖性最高（Murça et al.，2018），在两机场附近形成相当数量的航迹管交叉空域，致使无法同时使用同一空域单元，这迫使其采用需求运营操作并实施动态路径策略，以实现冲突空域的按需分配、保证其 AFOS 的可变性加大。综上，该 MAS 以单机场为中心的空域配置，导致到达与出发航班、过渡航班与原发航班多变量流之间，形成多向时空相互作用（不同方向航空流的对头穿越与追赶以及同向汇聚）以及较长时间延续，其对航空流运行威胁较大。当然，从空域管理来看具有极高的流量依赖关系，纽约 MAS 比京津石 MAS 更具挑战性。准确辨识 MAS 约束空域并采取修改航班时刻和调整航班路线等策略，可以降低多机场间航空流的相互干扰。

4. 航迹相态

按前文所述方法，以定位点关联航段航迹图可生成航空流特性参数图及航迹时空图，如以进港定位点 ZANGANGZHEN 为例，即生成其关联航段航迹图，合并关联航段航迹点并以 5 min（300 s）为单位（许炎等，2015），分别统计 24 h 关联航段上所有时间片（288 个）的飞行速度和航空流参与量密度，即可生成航空流特性参数图。再依据其航迹点距 ZANGANGZHEN 的直线距离，即可生成关联航段航迹时空图。基于定位点关联航段，特别是进港定位点关联航段，可确定具有最大相关性的多流特征向量，以临界值检测集体流的相态演变以及不同相态的持续时间。

经分相识别可划分出该 MAS 关联航段上的 3 个航迹相态，下面检测相态演变及其形成原因：①整体上，日内关联航段呈现从自由相向畅行相向拥堵相，再向畅行相的演变。以关联航段航空流参与量密度 0.037 为临界值（随时间推移，航空流特性参数发生显著变化的拐点）。之前呈现自由相（0:00～9:00）向畅行相（9:00～21:00）演变，SW 内关联航段航空流参与量密度由较低转为逐渐增长、飞行速度由较快转为下降、受周围航空流影响由较少转为出现低频调速，在时空图上显现由航迹稀疏转为密集；之后呈现拥堵相（21:00～22:00）向畅行相（22:00 之后）演变。航空流参与量密度较大并引发飞行速度下降，在时空图上显现为航迹极为密集，而后转向平稳运行状态。可见，相态演变是由航空流参与量增长引发形成的。②分航段检测又可发现，局部航段 24 h 进港航空流参与量存在相态差异，或具备计划飞行条件，或需通过路径调配（盘旋绕飞）完成航班飞行任务。该 MAS 大量空中交通指向 PEK，航空网络联系强度是驱动该 MAS 发生航迹相变以及产生交通拥堵的重要原因，同样指示航空地理市场的基础作用。以拥堵相做对比，纽约 MAS 3 个机场航班量较均衡，空中交通不单独指向某一机场，在空域利用上能保持各自较为独立的运行，所以除 LGA—JFK 在东部空域需要航班调速避免航迹冲突外。除上午和中午时刻配置大幅增加而形成拥堵相高峰时段外，航空流参与量和航空网络结构（Derudder et al., 2010）均能为阻止拥堵相频繁发生提供条件。综上，航空流参与量的变化和航空网络结构特征 [如幂律分布（徐肖豪和李善梅，2015）] 是相态演化的重要驱动力，导致其航空流参与量密度、飞行速度等发生变化。以集体流检测航段相变以及分航段检测航迹相态变化，可以支持各 SW 内不同航段发生拥堵时的路径调配。

6.2.5 总结与展望

1. 主要研究结论

为什么要研究独立 MAS 的 AFOS？就是要检测航空流运行过程中的约束性问题，包括中心航迹约束问题和航迹簇流量模式 SW 约束问题，也包括航迹管交叉空域和关联航段拥堵相约束问题。而基于航线航班数据的航空网络研究，较少涉及航空流运行的多流分时段细粒度检测。应用时空连续数据表征日内航空流循环能较好地解决这一问题。按照航迹网络、航迹簇流量模式、航迹管交叉空域和航迹相态 4 个方面集成检测一个 MAS 的 AFOS，能为其流量时空调配、飞行程序优化与合理空域配置提供依据。

①经分类识别，中心航迹是 AFOS 空间异质性存在的基础，京津石 MAS 少量中心航迹上承载绝大多数进出港航空流，形成以北进南出为主导的航空流运行特征。PEK 因链接全部 6 个中心航迹而具有最大的航迹延伸量值，以及最明显的航空流运行制约。与纽约 MAS 对比，其中心航迹偏少且流向域面较窄，航空地理市场（即枢纽机场需求）是其航迹网络特征形成的基础。②经分组识别，该 MAS 有北向、南向、多向辐合、多向辐散 4 组航迹簇流量模式，其 SW 流量差异较大，北向和南向航迹簇流量模式呈时间

窗口集中分布，而多向辐合和多向辐散航迹簇流量模式呈时间窗口分散分布，这是航空流运行与航班时刻配置互动的结果。与纽约 MAS 对比，其航迹簇流量模式持续时间较长、可变性较差，这是由其机场流量波动趋势一致性、机场时刻配置不平衡性、区域流量时序分布不均匀性造成的。③经分层识别，在该 MAS 航迹管交叉空域，其航空流时空相互作用呈现穿越关系，并可同时共享同一空域单元，PEK—TSN 航空流相互作用在西南空域表现显著，机场航线多向交叉分布以及飞行程序的相似性是主要形成原因。与纽约 MAS 对比，其航迹管交叉空域距离机场较远但持续时间较长，总体上多机场空域的共享优势是明显的，即穿越关系优于依赖关系。④经分相识别，受航空流参与量和航空网络影响，该 MAS 日内 24 h 关联航段航迹相态呈现自由相向畅行相，又向拥堵相再向畅行相的演变，指示航空流参与量急剧增加，以及飞行速度变化引发关联航段内拥堵相的形成，航迹相态演化还与航空网络结构特征关系密切。与美国纽约 MAS 相比，其航迹拥堵相更易发生，所以出现频率较高。AFOS 研究中以集体流检测相变，有助于空域配置向动态转变。

AFOS 检测是实现 MAS 空域充分利用的基础性实践，未来如何使用资源占用概念，评估 MAS 航空流运行性能、配置航班时刻，减少交叉空域持续时间和拥堵相出现频率，以及为机场间系统协调提供更多的动态选择机会等，应成为重要发展方向。

2. 大兴机场调配展望

新机场的加入以及新的航空流的参与肯定会引发独立空域 AFOS 发生一系列变化。按照中国民用航空局、国家发展和改革委员会"北京'一市两场'转场投运资源协调方案"（2018 年），2021/2022 年冬春航季前，东航集团、南航集团等相关航线将按比例从 PEK 转场至 PKX 运行，NAY 关闭且其民用航空功能转移到 PKX，转场投运初期，PKX 航班时刻分配原则上采用平移方式。据此，可从航线分散和航班时刻平移两方面对京津石 MAS 的 AFOS 变化予以展望。①新增中心航迹和中心航迹承载量，改变航迹网络，缓解航空流运行制约，加强原南北向运行集聚，并出现新的东西汇聚流向。受 PEK 航线链接及北京空域禁飞区影响，PKX 南流进港与北流出港、西流进港与东流出港仍无法操作，航空流仍将分别以北流进港与南流出港、东流进港与西流出港为主。②使航班时刻配置具有更大的灵活性，从而使航迹簇流量模式具有更多类型，并使原航迹簇流量模式持续时间降低。PKX 将参与多个 SW 的航班组织，出现较多大流量 SW，对北向和南向航迹簇流量模式的 4 个集中 SW 产生消峰作用。③强化 PEK 南部、西南部空域航空流时空相互作用，使其仍然保持较多的航迹管交叉空域。增加 PKX 西北、东北向航空流运行，从而可能在此形成更多的航迹管交叉空域，并导致其持续时间加长。④PKX 北流进港和南流出港仍为主导流向，航空流运行可能在其南部通过定位点与多个航段关联，不仅高频率拥堵相不能改变，而且拥堵相时间会提前、拥堵相时长会延长，但随该 MAS 范围扩大（为现在的两倍）而产生较大的航班调度空间，拥堵问题也会有所减轻。基于以上京津石 MAS 的 AFOS 变化，应注意避免新一轮枢纽机场航空流运行在某 SW 过度集聚、避免 PKX 与 PEK 航线严重重叠和航班时刻配置一致化。可借鉴纽约 MAS 机场分工定位和功能划分的做法，形成以各个机场为主体相对均衡的 MAS 差异化航空流配置，向 TSN 和 SJW 分流以促进单核心 MAS 向多核心 MAS 转变，并均衡航空流流向扩展飞行受限空域的通过能力。

参考文献

陈志杰. 2012. 空域管理理论与方法. 北京: 科学出版社.

杜超, 王姣娥. 2015. 南方航空网络空间格局及市场范围. 地理研究, 34(7): 1319-1330.

高伟, 路紫, 董雅晴. 2019. 个体移动轨迹-滑动窗口方法与航空流异常变化识别——以京沪空中廊道为例. 地理与地理信息科学, 35(6): 66-72.

高自娟, 朱玉全, 陈耿. 2011. 基于变尺度滑动窗口的流数据聚类算法. 计算机应用研究, 28(2): 551-553.

胡明华, 朱晶波, 田勇. 2003. 多元受限的航班时刻优化模型与方法研究. 南京航空航天大学学报, 35(3): 326-332.

姜雨, 张洪海, 夏洪山. 2011. 多机场网络系统流量分配策略. 系统工程理论与实践, 31(2): 379-384.

刘方勤, 胡明华, 张颖. 2011. 基于航路耦合容量的协同多航路资源分配. 航空学报, 32(4): 672-684.

刘永刚, 杨毅. 2015. 对优化终端区与航路航线网络衔接的思考. 空中交通, (10): 5-8.

牟建红, 黄格, 吕欣. 2018. 中国航空网络时序特征分析. 电子科技大学学报, 47(3): 462-468.

王成金, 王伟, 王姣娥. 2015. 基于航空公司重组的枢纽机场航班配置网络演变——以北京、上海和广州为例. 地理研究, 34(6): 1029-1043.

王宏勇, 郭建星. 2005. 空间运动对象与时空数据类型研究. 地理与地理信息科学, 21(5): 1-5.

王姣娥, 金凤君, 孙炜, 等. 2006. 中国机场体系的空间格局及其服务水平. 地理学报, 61(8): 829-838.

王姣娥, 莫辉辉, 金凤君. 2009. 中国航空网络空间结构的复杂性. 地理学报, 64(8): 899-910.

王伟, 王成金. 2013. 枢纽机场航班时刻资源配置的时空网络模式——以北京首都国际机场为例. 地理学报, 68(6): 762-774.

谢道仪, 胡明华, 谢华, 等. 2017. 航路网络流量波动行为分析. 华东交通大学学报, 34(1): 73-78.

徐肖豪, 李善梅. 2015. 空中交通拥挤的识别与预测方法研究. 航空学报, 36(8): 2753-2763.

许炎, 张洪海, 杨磊, 等. 2015. 基于实测数据的终端区空中交通流特性分析. 交通运输系统工程与信息, 15(1): 205-211.

张洪海, 许炎, 张哲铭, 等. 2014. 终端区空中交通流参数模型与仿真. 交通运输系统工程与信息, 14(6): 58-64.

张菁, 路紫, 董雅晴. 2019. 京津石 MAS 终端空域航空流动态分析及其应用展望. 地理与地理信息科学, 35(5): 73-79, 117.

张生润, 郑海龙, 李涛, 等. 2019. 枢纽机场的国际中转客流拥堵溢出效应研究. 地理研究, 38(11): 2716-2729.

张一诺, 路紫, 杜欣儒, 等. 2019. 时空连续数据支持下的空域资源配置研究: 评述与展望. 地球科学进展, 34(9): 912-921.

郑旭芳, 王超. 2015. 终端区空中交通流到达模式识别. 航空计算技术, 45(3): 67-71.

Andrienko G, Andrienko N, Fuchs G, et al. 2017. Clustering trajectories by relevant parts for air traffic analysis. IEEE Transactions on Visualization & Computer Graphics, 24(1): 34-44.

Baumgartner M, Finger M. 2014. The single European sky gridlock: a difficult 10 year reform process. Utilities Policy, 31(4): 289-301.

Brrnhart C, Bertsimas D, Caramanis C, et al. 2012. Equitable and efficient coordination in traffic flow management. Transportation Science, 46(2): 262-280.

Campanelli B, Fleurquin P, Arranz A, et al. 2016. Comparing the modeling of delay propagation in the US and European air traffic networks. Journal of Air Transport Management, 56(8): 12-18.

Civil Aviation Administration of China. 2016. Airport Construction and Management.

Civil Aviation Administration of China. 2017. Statistical Bulletin of Civil Aviation Industry Cevelopment in 2016 Application.

Clark K L, Bhatia U, Kodra E A, et al. 2018. Resilience of the US national airspace system airport network. IEEE Transactions on Intelligent Transportation Systems, 19(12): 3785-3794.

Dan W B, Song Y H. 2017. Flight time and frequency-optimization model for multiairport system operation. Mathematical Problems in Engineering, (4): 1-10.

De Neufville R. 1995. Management of multi-airport systems: a development strategy. Journal of Air Transport Management, 2(2): 99-110.

Derudder B, Devriendt L, Witlox F. 2010. A spatial analysis of multiple airport cities. Journal of Transport Geography, 18(3): 345-353.

Enea G, Porretta M. 2012. A Comparison of 4D-Trajectory Operations Envisioned for NextGen and SESAR, some Preliminary Findings. 28th Congress of the International Council of the Aeronautical Science.

Griffin R. 2006. State aid, the growth of low-cost carriers in the European Union, and the impact of the 2005 guidelines on financing of airports and start-up aid to airlines departing from regional airports. Office of Scientific & Technical Information Technical Reports, 78(1): 158-166.

He Z, Yu C. 2019. Clustering stability-based evolutionary K-Means. Soft Computing, 23(1): 305-321.

Jimenez H, Mavris D. 2009. Quantitative characterization of operational-environmental performance for terminal areas. Rivista Di Biologia, 55(5): 327-332.

Kim A, Hansen M. 2015. Some insights into a sequential resource allocation mechanism for enroute air traffic management. Transportation Research Part B: Methodological, 79(9): 1-15.

Kistan T, Gardi A, Sabatini R, et al. 2017. An evolutionary outlook of air traffic flow management techniques. Progress in Aerospace Sciences, 88(1): 15-42.

Kopardekar P, Bilimoria K, Sridhar B. 2007. Initial Concepts for Dynamic Airspace Configuration. 7th AIAA Aviation Technology, Integration and Operations Conference(ATIO).

Li M Z, Ryerson M S. 2017. A data-driven approach to modeling high-density terminal areas: a scenario analysis of the new Beijing, China airspace. Chinese Journal of Aeronautics, 30(2): 538-553.

Manataki I E, Zografos K G. 2010. Assessing airport terminal performance using a system dynamics model. Journal of Air Transport Management, 16(2): 86-93.

Murça M C R, Delaura R, Hansman R J, et al. 2016. Trajectory Clustering and Classification for Characterization of Air Traffic Flows. 16th AIAA Aviation Technology, Integration, and Operations Conference.

Murça M C R, Hansman R J, Li L, et al. 2018. Flight trajectory data analytics for characterization of air traffic flows: a comparative analysis of terminal area operations between New York, and Sao Paulo. Transportation Research Part C: Emerging Technologies, 97(12): 324-347.

Postorino M N, Praticò F G. 2012. An application of the Multi-Criteria Decision-Making analysis to a regional multi-airport system. Research in Transportation Business & Management, 4(2): 44-52.

Ruiz S, Piera M A, Nosedal J, et al. 2014. Strategic de-confliction in the presence of a large number of 4D trajectories using a causal modeling approach. Transportation Research Part C: Emerging Technologies,

39(2): 129-147.

Salaun E, Gariel M, Vela A E, et al. 2011. Aircraft proximity maps based on data-driven flow modeling. Journal of Guidance Control & Dynamics, 35(2): 563-577.

Sidiropoulos S, Han K, Majumdar A, et al. 2017. Robust identification of air traffic flow patterns in Metroplex terminal areas under demand uncertainty. Transportation Research Part C: Emerging Technologies, 75(2): 212-227.

Sidiropoulos S, Majumdar A, Han K. 2018. A framework for the optimization of terminal airspace operations in multi-airport systems. Transportation Research Part B: Methodological, 110(4): 160-187.

Sidiropoulos S, Majumdar A, Han K, et al. 2015. A Framework for the Classification and Prioritization of Arrival and Departure Routes in Multi-Airport Systems Terminal Manoeuvring Areas. Aiaa Aviation Technology, Integration, and Operations Conference.

Song L, Wanke C, Greenbaum D. 2007. Predicting Sector Capacity for TFM Decision Support. Aiaa Aviation Technology, Integration and Operations Conference.

Sun J, Ellerbroek J, Hoekstra J. 2016. Large-Scale Flight Phase Identification from ADS-B Data Using Machine Learning Methods. Philadelphia: 7th International Conference on Research in Air Transportation.

Sun J, Ellerbroek J, Hoekstra J. 2017a. Flight extraction and phase identification for large automatic dependent surveillance-broadcast datasets. Journal of Aerospace Computing, Information and Communication, 14(10): 1-6.

Sun X, Wandelt S, Hansen M, et al. 2017b. Multiple airport regions based on inter-airport temporal distances. Transportation Research Part E: Logistics and Transportation Review, 101(5): 84-98.

Tang J, Alam S, Lokan C, et al. 2012. A multi-objective approach for dynamic airspace sectorization using agent based and geometric models. Transportation Research Part C: Emerging Technologies, 21(1): 89-121.

Wandelt S, Sun X. 2014. Efficient compression of 4D-trajectory data in air traffic management. IEEE Transactions on Intelligent Transportation Systems, 16(2): 844-853.

Yang Z, Yu S, Notteboom T. 2016. Airport location in multiple airport regions(MARs): the role of land and airside accessibility. Journal of Transport Geography, 52(3): 98-110.

Yousefi A, Zadeh A N. 2013. Dynamic allocation and benefit assessment of NextGen flow corridors. Transportation Research Part C: Emerging Technologies, 33(8): 297-310.

第7章 空中大通道与航空流网络

7.1 中国空中大通道

> 运用机场官方门户网站网络查询系统，获取了京昆、广兰、沪兰、沪哈、京广5条空中大通道航迹点数据，又依据全国航路图，生成空中大通道航迹图，进而分析了空中大通道建设对上下行航班的影响。研究认为，空中大通道是基于空中交通流量快速增长、机场空侧能力提高以及空域资源供给不匹配这一基本现状，通过调整个别航线走向、新增部分航线段、组合成上行和下行飞行航线而形成的航线组合系统；空中大通道的建设可使每条航线功能更突出，实现了重要机场间航班往返飞行分离，这对减少航班延误等将起到明显作用。

7.1.1 中国空中大通道介绍

与航线、航班数量较快增长相比，我国航路总长度增长相对缓慢，致使空中交通压力增大并造成航班延误问题，因此需要进一步挖掘和优化空域资源。提升空域容量将主要通过科学利用现有航路、合理规划老旧航路和努力开辟新航路予以解决。其中，对以往单向航班循环方式进行改造尤为重要，空中大通道建设应运而生。空中大通道集成了一系列新的空域概念，包括空中廊道、动态空域超级扇区、大容量管状扇区、自分离走廊、动态多轨道航路、飞行走廊等，是一种全新的空域设计。空中大通道的建设旨在重组空域并提供更多空域容量，通过将相近飞行的航空器重新分组、双向分离，从而降低空中交通分布的无序性，以适应高密度空中交通流的运行。

空中大通道是一个空中交通运行规划的概念，是一个连接高需求机场之间的狭长空域，常被描述为飞机航行进出的高密度、快速流动的动态通道，为配有航空电子技术的飞机调配飞行路径。空中大通道主要是将小的单行路改为大的双向道，即航班飞行从单行升级为双向，以大幅提高运行效率，使空域资源得到更有效利用并形成规模效应。

我国航线设计初期，往返航班常常共用一条航线并以高度差加以分别。航线和航班数量的较快增长，难免造成空域资源紧张以及航班延误等一系列问题，尤其影响长三角、京津冀、珠三角等地区的航空业发展。为此，《中国民用航空发展第十三个五年规划》提出开辟"10+3"空中骨干大通道的战略构想，包括京昆、京广、京沪、沪广、沪哈、沪昆、中韩、沪兰、广兰、胶昆 10 条空中大通道和成都—拉萨、上海—福冈、兰州—乌鲁木齐 3 条复线。近年来，我国大力推进空中大通道建设，至今已启用了京昆（2013 年完成）、广兰（2015 年完成）、沪兰（2017 年完成）、沪哈（一期 2018 年完成，二期 2020 年完成）、京广（2020 年完成）、中韩（2018 年完成）6 条空中大通道和兰州—乌鲁木齐（2016 年完成）、成都—拉萨（2018 年完成）2 条复线。预计"10+3"空中骨干网络将在 2023 年建设完成。通过现有航路航线为主体的划设，以及调整个别航线走向、新增部分航线段，组合成上行飞行航线和下行飞行航线，形成航线组合通道，使每条航线功能更突出，实现重要机场间往返班机飞行分离。空中大通道改变了原有双向对飞的单一航路（来去不分开），实现了来去分开、隔离飞行的格局，这对减少航班延误等将起到明显作用。

7.1.2　主要空中大通道介绍

1. 京昆空中大通道

京昆空中大通道连接 6 个省和 3 个直辖市（河北、山西、陕西、四川、贵州、云南以及北京、天津、重庆），贯穿 59 个机场（包括新建成的吕梁大武机场、六盘水月照机场、北京大兴机场、重庆巫山机场、遵义茅台机场和承德普宁机场，其较多航班依然遵循京昆大通道航路走向，因此也被纳入该大通道内）、460 多条航线。京昆空中大通道未投运前，京-昆航路主要为单航线双向运行，航线密集、航空流密度较大，常引发一系列航班延误问题。京昆空中大通道建成后受益航班 1 100 架次，约占全国民航日飞行量的 5%，调整后的京昆空中大通道航线飞行容量增加 40%。京昆空中大通道整体呈现下宽中间窄上宽的沙漏型，秉承"三上变两上，两上汇一条，一下生两线，两线串四方"的原则，昆明—重庆航路段以及贵阳上行航路段汇集成一条上行航路，其和昆明—成都航路段并行组合为两条航路运行。北京—昆明等下行航路段在陕西分流为西安—成都航路段以及西安—重庆—昆明航路段。京昆空中大通道采用单向航路空域规划理念，以现有航路航线为主体，组合成上行飞行航线、下行飞行航线，形成航线组合通道，实现重要城市间航班往返分离飞行。该大通道的开通，可满足我国华北、西北、西南地区未来 5~8 年的民航发展需求，特别是其所贯穿的北京、西安、成都、重庆、昆明等机场，将显著释放空域承载容量。

京昆空中大通道贯穿机场 59 个：沿线枢纽机场 5 个，其中复合枢纽机场 1 个——北京首都（PEK）、区域枢纽机场 4 个——重庆江北（CKG）、成都双流（CTU）、西安咸阳（XIY）、昆明长水（KMG）；纳入大通道的非枢纽机场 10 个——石家庄正定（SJW）、北京大兴（PKX）、太原武宿（TYN）、运城张孝（YCU）、汉中城固（HZG）、广元盘龙（GYS）、绵阳南郊（MIG）、达州河市（DAX）、泸州云龙（LZO）、西双版纳嘎洒（JHG）；该通道内其他参与机场 44 个，涉及 30 个航空公司，它们一同组成京昆空中大通道网络系统。

2. 广兰空中大通道

广兰空中大通道连接 5 个省、1 个自治区、1 个直辖市和 2 个特别行政区（甘肃、四川、贵州、云南、广东、广西、重庆以及香港特别行政区、澳门特别行政区），贯穿 32 个机场，全长 1 600 km，是我国珠三角经济圈、川渝黔经济区与"丝绸之路经济带"紧密相连的重要空中走廊，北起点是兰州管制区与成都管制区的交接点，南至珠三角地区、香港，外延达东南亚。其涉及新辟并对外国航空公司开放的航路 9 条，增加航线里程 2 123 km，新增国内航线 5 条，调整航线航段 10 条，取消航线航段 8 条，新增并调整管制区 5 个，优化进离场飞行程序的机场 10 个，调整航线走向 440 余条。广兰空中大通道是继京昆空中大通道、京广空中大通道西线空域调整方案实施后的另一条空中大容量通道。广兰空中大通道采用单向循环设计理念，利用新辟部分航线与现有闲置航线相连接的方法，重新梳理航空流走向，优化航路拥堵点，增加空域容量，对缓解区域内特别是甘肃、青海、宁夏三地航空流流量压力将发挥重要作用。

广兰空中大通道贯穿机场 30 个（不包括港、澳）：沿线枢纽机场 4 个，其中复合枢纽机场 1 个——广州白云（CAN），区域枢纽机场 3 个——重庆江北（CKG）、成都双流（CTU）、昆明长水（KMG）；纳入大通道的非枢纽机场计 7 个——深圳宝安（SZX）、贵阳龙洞堡（KWE）、兰州中川（LHW）、珠海金湾（ZUH）、绵阳南郊（MIG）、泸州云龙（LZO）、昭通机场（ZAT）；该通道内其他参与机场 19 个，涉及 23 个航空公司，它们一同组成广兰空中大通道网络系统。

3. 沪兰空中大通道

沪兰空中大通道连接 8 省 1 直辖市（甘肃、陕西、河南、湖北、安徽、江西、江苏、浙江、上海），全长约 2 000 km，是我国迄今为止最长的一条东西向运行双通道航线网络，主要调整了兰州中川机场以东至上海空域内的航路航线，以及沿线机场的进离场航线，新辟航线 6 条（总里程 700 余千米），调整航线 8 条，优化 5 个机场的飞行程序，调整 579 条城市对航线网络模式的航班走向，涉及 2 400 余架次航班，约占全国日飞行架次 18.5%。该大通道建成后将提高飞行容量 17%，调整航路航线之多、幅度之大、影响范围之广堪称空中大通道建设以来之最，标志着我国民航航路网络结构的进一步完善，也标志着航路航线集群大通道格局迈上新台阶。

沪兰空中大通道贯穿机场 48 个：沿线枢纽机场 5 个，其中复合枢纽机场 2 个——上海浦东（PVG）、上海虹桥（SHA），区域枢纽机场 3 个——武汉天河（WUH）、郑州新郑（CGO）、西安咸阳（XIY）；纳入大通道的非枢纽机场 14 个——南京禄口（NKG）、无锡硕放（WUX）、阜阳西关（FUG）、常州奔牛（CZX）、南通兴东（NTG）、舟山普陀山（HSN）、宁波栎社（NGB）、杭州萧山（HGH）、义乌机场（YIW）、衢州机场（JUZ）、台州路桥（HYN）、温州龙湾（WNZ）、池州九华山（JUH）、宜昌三峡（YIH）；以及该通道内其他参与机场 29 个，涉及 33 个航空公司，它们一同组成沪兰空中大通道网络系统。

4. 沪哈空中大通道

沪哈空中大通道连接 4 省 1 直辖市（黑龙江、吉林、辽宁、山东和上海），全长 3 000 余千米。东北地区航路结构较为单一，多年来，A588 航路作为东北地区往返山东半岛、华东以及日韩方向航班的主要运行航路，日均 670 架次，繁忙程度居全国前列，被誉为航班进出东北地区的"空中独木桥"。该大通道充分利用海上航线串联闲置支线资源，疏通骨干航路梗阻，为区域间互联互通架起空中快线，新辟航线 2 条（650 km），增设及调整航班航线走向 154 条，日直接或间接影响航班约 260 班。沪哈空中大通道二期、三期优化方案计划 2020 年推进完成，届时沪哈空中大通道将向北延伸至中俄进出境点，向南延伸至东南沿海。沪哈空中大通道的实施，将加快推进东北老工业基地航空建设；也可优化北京大兴机场外围航路结构，分流京津冀南下航空流，从而为北京大兴国际机场的运营提供外围空域保障；还可通过航班分布空间"大挪移"，缓解青岛地区拥堵现状。具体方案是新辟海上航路段与 A588、W108 等现行航路一并构建起东北往返华北的单向循环运行航路编组，优化整合沿线航空流走向，缓解沿线繁忙导航台运行压力，显著降低安全运行风险。

沪哈空中大通道贯穿机场 15 个：沿线枢纽机场 3 个，其中复合枢纽机场 2 个——上海浦东（PVG）、上海虹桥（SHA），区域枢纽机场 1 个——沈阳桃仙（SHE）；该通道内其他参与机场 12 个，涉及 7 个航空公司，它们一同组成沪哈空中大通道网络系统。

5. 京广空中大通道

京广空中大通道连接 5 省 2 直辖市（广东、湖南、湖北、河南、河北、北京和天津），串联京津冀和粤港澳大湾区两大世界级城市群。京广空中大通道北段贯通为全线升级改造奠定了重要基础。2019 年 10 月北京大兴国际机场运行，至此北京至武汉区间单向化改造基本完成。其中，变革最大的是华北空管局所辖管制空域，共调整了 52 个进近管制扇区。在北京区域管制区范围内，现有的大部分主干航路将被取消，取而代之的是两条或三条功能特定化的平行航线（航路宽度为 20 km），以前的单条国际航路升为三条平行的国际航线。调整后的航路航线新增里程约 4 700 km，新增航路点 100 余个，共有 29 个机场进行了相应的飞行程序调整。北京大兴国际机场通航后，北京终端管制区空域扩大到 3.45 万 km²，是现行北京终端管制区的 2 倍。到 2021 年，北京终端区日均起降航班将达到 2 900 架次。京广空中大通道南段建设与实施包括：将三条平行国际航线编组南延至粤港澳大湾区，新增航线里程约 1 000 km，打通京广航路西侧复线至粤港澳大湾区的最后一段断头路，新增航线里程 500 余千米，进一步均衡京广主航路与复线的航班分布。京津冀地区和粤港澳大湾区之间的空域资源将进一步增加，往来航班将享受到更加优质的空管服务。在粤港澳大湾区进行的空域改革试点将有效推动京广大通道的建设。

京广空中大通道贯穿机场 31 个：沿线枢纽机场 5 个，其中复合枢纽机场 2 个——北京首都（PEK）、广州白云（CAN），区域枢纽机场 3 个——郑州新郑（CGO）、武汉天河（WUH）、沈阳桃仙（SHE）；有航线加入的机场 11 个——张家口宁远（ZQZ）、石家庄正定（SJW）、乌兰察布集宁（UCB）、哈尔滨太平（HRB）、长春龙嘉（CGQ）、长沙黄花（CSX）、呼和浩特白塔（HET）、海口美兰（HAK）、三亚凤凰（SYX）、珠海金湾（ZUH）、深圳宝安（SZX）；纳入大通道的参与机场 15 个，包括沿线枢纽机场直航航线和参与机场汇流航线，涉及 16 个航空公司，它们一同组成京广空中大通道网络系统。

7.1.3 空中大通道航空流网络

1. 京昆空中大通道航迹生成

依据京昆空中大通道航路图，从"飞常准"（http://www.variflight.com）和 FlightAware（http://zh.flightaware.com）提取京昆空中大通道 1 天（2020 年 8 月 1 日，星期六）24 小时全部客运航班计划飞行数据，删除共享航班信息、不完整航迹信息，将经停机场航线合并（以相同航班编号，将经停航班合并为一条航迹）。从 935 条航迹数据中提取 XY 点坐标，通过 ArcGIS10.5 得到京昆空中大通道航班航迹及参与机场空间分布图（图 7-1）。

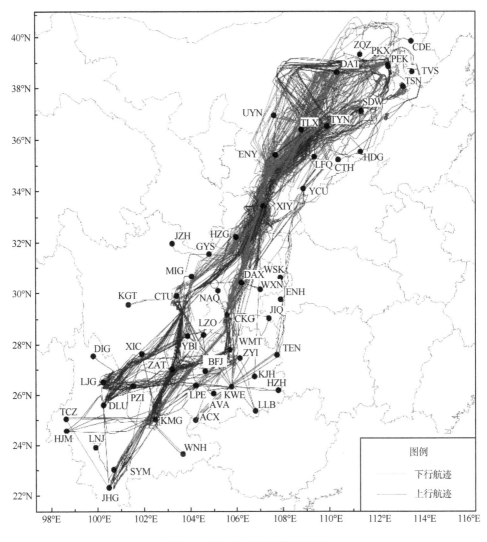

图 7-1 京昆空中大通道航迹图

分往返流量采集，规定路线由北向南为正方向。对比京昆空中大通道航路图和航迹图发现，通道内上行航迹分流明显尤以 KMG 上行航迹明显，具体表现在以 CKG 为主、以 CTU 为辅的上行航空流分流并汇集到 XIY。KMG 到 PEK/PKX 的航空流流量较大，由 XIY 到 PEK/PKX 的部分航班绕飞内蒙古地区，降低了中心航迹的航空流密度。KWE 到 PEK/PKX 的航班使用了新开辟的由 TSN 到 ENH 航路进行分流，有效利用了流量较小的支线机场空域资源，避免了与 KMG、CTU 等航班量较大的枢纽机场间的交叉飞行。PEK/PKX 下行航迹与航路使用较以前变化不大。

对京昆空中大通道内 PEK/PKX—KMG 航班航迹进一步分析可知，PEK/PKX 和 KMG 作为大通道端点，其航班量较大单位时段航空流密度较高。飞行路径的调整表现为下行航迹在山西境内穿越，并利用航空流流量较低的支线机场 DAT 的闲置资源，减少大通道内航迹交叉点数量。上行航迹又选择在内蒙古境内绕飞穿越，上行与下行航迹分离，从而减少航空流密集性。以 PEK/PKX—KMG 与 TSN—KMG 进行对比，后者上下行航迹在北段表现为平行，共用 A461 航段（空中大通道内较短的航路），南段在 CTU 和 CKG 处分流。这与前者的南段分流是一致的，表明空中大通道活动范围的扩宽主要是围绕枢纽机场以及空中廊道"N"形端点进行的。

2. 广兰空中大通道航迹生成

根据全国航路图，通过高德开放平台（http://lbs.amap.com）拾取机场经纬度坐标，又在"飞常准"和 FlightAware 提取广兰空中大通道 1 天（2020 年 12 月 9 日，星期三）24 小时全部国内航班航迹数据。将得到的航迹信息导入 ArcGIS10.5，定义航迹方向：由西至东、由北至南为下行方向，由东至西、由南至北为上行方向，得到广兰空中大通道航迹及参与机场空间分布图（图 7-2）。通过广兰空中大通道航路调整示意图与航迹图可见，CTU—LHW 航路段因参与机场和航班较少，在甘肃境内并未实行往返分流的单向航路，仍为双向航路，进入四川境内则出现分流的单向航路。CKG—CAN 航路段的航线大部分仍为往返双向航线，直至广东境内出现往返分流。CKG—LHW 航路段并未通过四川境内，而是在 CKG 绕飞后直接进入甘肃境内。新的航线主要集中在贵州至广东航段，航段内开辟一条下行航路，形成两条往返分流的单向航路，有效利用了广西境内空闲航路。调整前的航空流主要集中在 CAN—KWL—KWE 航路段，SZX/CAN 航班较多导致其至 CTU 航路段航空流密集，调整后 CAN—CTU 航路段发生了较大改变，由原来一条双向航路改为两条单向航路。由于 CKG—CAN 航路段仍为往返双向航线，CAN—CTU 方向的航班在贵州境内绕飞，较好地平衡了航路之间的航空流量（图 7-2）。SZX/CAN—NNG 航路段未进入主航路而是选择延海岸线往返分流，有效利用了沿海区域的空域资源。

3. 沪兰空中大通道航迹生成

根据中国民用航空局发布的沪兰空中大通道调整示意图，依据"飞常准"和 FlightAware 统计得到 172 条航路，跟踪 1 天（2020 年 9 月 21 日）24 h 全部航班计划飞行数据，删除共享航班合并经停机场的航线，得到 640 个航班的实际航迹数据，导入 ArcGIS10.5，利用数据管理工具中的点集转线功能，生成航迹图（图 7-3）。由图 7-3 可

第 7 章 空中大通道与航空流网络

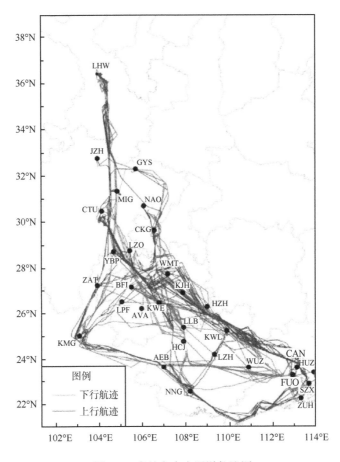

图 7-2 广兰空中大通道航迹图

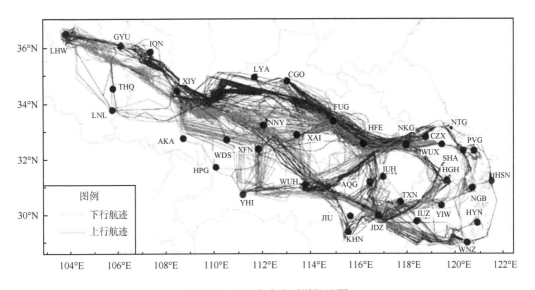

图 7-3 沪兰空中大通道航迹图

知，调整前航空流主要集中在 HFE—CGO 航路段，XIY—SHA/PVG 航路段航班量较多，航空流占用航路时间较长。新开辟的航线（6 条）主要分布在 XIY—SHA/PVG 航路段，由原来一条双向航路改为三条单向航路。这种调整很好地平衡了航路段之间的航空流流量，从而减少了飞行时长。对比 LHW—SHA—XIY、LHW—WNZ 和 XIY—SHA/PVG、XIY—WNZ，XIY—SHA/PVG 航班延误率为 0.38，XIY—WNZ 航班延误率为 0.8，虽 XIY—SHA/PVG 航路段航空流较为密集但延误率较低，可见空中大通道在航路设计时充分考虑了空域容量与飞行效率的关系，在保证飞行效率前提下尽可能充分利用空域容量，从而避免了某一空域航空流超出空域容量而导致的拥堵与延误。

4. 沪哈空中大通道航迹生成

从上海机场官方门户网站（http://www.shanghaiairport.com）获得 1 天（2017 年 6 月 17 日）24 h 所有抵离航班数据。删除共享航班并将经停机场的航线合并，将航迹经纬点坐标导入 ArcGIS10.5，得到航迹图（图 7-4）。在以前的研究中曾对所有 PVG—HRB 城市对航线和经停 JNG 的中心-辐射航线的航班延误时长进行比较，从中可以发现，城市对航线平均航班延误时长 8 min，而中心-辐射航线平均延误时长是其 3.75 倍。进一步分析 SHA/PVG—SHE（大通道主要调整航线和 SHA—HRB 间较多共用航段的航线）可见，在 SHA/PVG—SHE 下行航班通过连接海上航路（A326 为主体的航路）进行增设与优化，减少了山东境内的穿越，拓宽了大通道的活动范围。将 A326 航路相邻的 3 条国内航线对外开放升格为国际航线（489 km），调整后的航路分流了 SHA/PVG—SHE 的 46.7%航班，日内 17 架次航班通过新增或调整航路航线飞行，这样不仅有助于改善我国环渤海湾及胶东半岛地区的空域运行环境，而且畅通了我国与韩日方向的空中走廊。

5. 京广空中大通道航迹生成

在 ArcGIS10.5 平台进行多距离空间聚类，包括确定航迹点分布形态、识别拐点、提取中心线等，采用前述方法，可生成京广空中大通道航迹图（图 7-5），用于检测航空流运动与延误/吸收的关系；以枢纽机场节点划分航路段，计算 PEK—SJW—CGO—WUH—CSX—CAN 5 个航路段间航迹点的欧氏距离，由此可将京广空中大通道航迹抽象为一个无定向航线网络。京广空中大通道航空流运行过程中，整体以延误产生为主，且在低流量时段表现出延误吸收，枢纽机场起飞航班延误均值普遍高于抵达航班，随着其等级和流量强度的增加，航班延误平均值和峰值振幅提高；以延误偏差>15 min 标准统计，各汇流航线的延误概率密度和均值都高于枢纽机场直航航线，这意味着汇流航线在京广空中大通道贡献了正延误；京广空中大通道系统延误呈现中心航线延误累积-外围航线延误恢复的动态过程，对中心航线的使用频率增多使大密度流量汇聚，成为延误叠加累积的主要原因；京广空中廊道系统延误弹性在不同航路段间有较大差异，其随节点间流量分散程度增加而显著提高。

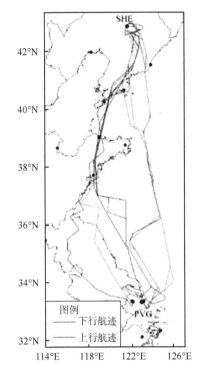
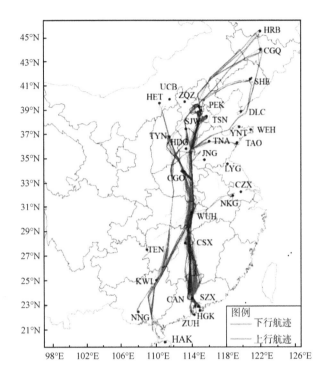

图 7-4 沪哈空中大通道（上海—沈阳段）航迹图

图 7-5 京广空中大通道航迹图

7.2 空中大通道航空流运行结构与网络结构

航空流运行结构与网络结构是与空中大通道途中航空流研究紧密相关的两个方面。伴随新一代 ICTs 浪潮的蓬勃兴起和空间信息时代的到来，海量数据携带各种流信息应用于空中交通。结合航空流运行结构与网络结构对其进行新角度的研究意义重大。这项研究旨在为空中大通道航空流运行结构与网络结构研究提供一个系统框架，包括内容和研究方法在内。研究认为：①在新的流范式影响下，位移研究正向流动研究演进。流理论的新进展极大地克服了单流和固定流研究存在的缺陷，单流研究难以完成对各种深层次问题的剖析，如应对频繁变化和多流相互作用。以单流的重力模型测度进行多流运行结构与网络结构研究是比较困难的，流动力学为航空流运动研究奠定了理论基础。②基于途中航空流及其相互作用，航空流的构成形式包括邻近流、并发流、多变量流、集体流等，其对应微观流动性、流量模式、网络稳定性和流网络的寡头性问题。由航班、航线、机场、航空公司构成的航空地理市场是其形成基础。③对航空流本身及其时空规律的思考，关注航空流在流动过程中产生的时空意义，构建与流理论相适应的流网络时空聚合模型，

> 在实践上可服务于空中大通道航空流运动检测。在学科上能丰富地理学动态分析，是对地理学人空关系研究的重大补充，有助于将地理学推向空域研究各方面。

7.2.1 引言：航空流的理论基础

时空系统内不同部分之间、不同要素之间以及与外部之间存在各种各样的流（裴韬等，2020）。流是一种具有功能、结构和运动特性的客体，是要素转移的具体体现，其发生在要素之间且把要素连接起来，并带有流动属性的状态（Mahfouz et al.，2020）。流包含或暗含长度、路径、方向、密度、速度、时间等变量，这些变量与空间位置结合，衍生出一系列时空相互作用模式。许多学科都观察到了流，并积极研究流的发生规律及其形成机制（杨茜好和朱竑，2015；Kaye，2016），努力揭示其符合现代技术条件、经济和时间效益目标的系统特征及其演变特征。但过去对流及其属性的研究，大多局限于以位置为基础、以欧氏距离为测度指标的单流固定模式，缺少对同一类型或不同类型的流共存时，形成的多流动态模式的研究。在新的流范式影响下，其正从位移研究向流动研究演进。

流理论是解释流动规律、流的时空结构、流的动态转化过程的理论。可将多流交叉在一起所搭建的网状流动结构称为流网络。其与传统网络的不同之处在于动态性，除了关心网络节点，还关心每条连线上分布的所有点。流网络相关组成包括：互动界面（Nah et al.，2010）、运动格局、时空效应、变化机理以及流的即时性（Lu et al.，2009）、流的传播性、流的域体积等。一些研究者还将流理论与其他技术模型（Lu et al.，2009；Li，2015）整合在一起，证实流理论应用于系统和许多其他环境中是有效的和适用的。流理论的发展克服了单流和固定流研究存在的缺陷，揭示出若干新机制，显示出若干新功能：①延误在流的运动过程中发挥巨大作用；②流的传播具有发散性，并使流面扩大，从而接入更广阔的系统中；③流速以及流动中的波动可能改变理想流动的状态；④外部动机和内在动机同等重要。

只要有流的存在，就一定有驱动流的势（驱动力）和阻止流的阻（阻力），流即势与阻之商（龙妍等，2008）。势又可分解为引力和势能，导致流的产生，并决定流的强弱。系统间的势可视为需求。流的动力机制支撑着要素流动通道的形成。用单纯的重力模型测度多流的运行结构与网络结构是比较困难的，因此需要依据流的动力学描述流的综合特征和综合因子，并开发相应的模型对其动态变化进行解释。

依据以上流的概念、流理论、流的动力机制可见，航空流运动研究不仅涉及流自身的运动特征以及运动要素的时空分布，也涉及流的运行和堆积的机理，还涉及流的演变形态以及干扰引起的再造过程。归一化处理的单流研究难以完成对快速、频繁变化和多流中各种深层次问题的剖析（杨茜好和朱竑，2015）。新的航空流研究，在关注流本身的同时还关注流在更加多元的要素间和流动过程中产生的时空意义，所以不应仅对单流进行研究，还要强调多流的协同（孙九霞等，2016）。以途中航空流及其相互作用为对象，构建与流理论相适应的流网络时空聚合模型，将能更好地解析航空流运动相关现象并透视其本质。因为途中航空流深入表达了空中交通流的动态性和连续性，将空中穿越的交通流视为流体，来揭示流网络的本质。

7.2.2 航空流的生成与表达

航空流运行结构与网络结构是与空中大通道途中航空流研究紧密相关的两个方面。航空流是由航空需求差异和流量不平衡引发的，其研究重点是航空基础设施与航空需求之间的相互作用，旨在依据高质量的计划/实际飞行数据（航迹数据、航班时刻数据以及飞行延误数据等）（Li et al.，2020）揭示流现象、流的关系，从而评估流网络状态。从杨磊等（2020）关于"以流为中心"和"以人为中心"的空中交通流建模研究、张一诺等（2020）关于京广空中廊道系统延误弹性测算研究、高伟等（2019）关于京沪空中廊道个体移动轨迹-滑动窗口与航空流异常变化研究看，航空流运行结构与网络结构研究的共同特征是：①航空流生成受一系列相关因素影响，诠释这些因素的内涵需要依据航空流自身特征（龙妍等，2008）；②航空流生成不能仅仅用人口、经济规模、相互间距离和人类活动强度等指标测度，而应更多考虑航空业务/飞行活动特征和职能等，即航空业务/飞行活动的影响远远大于基础设施供给和机场城市人口（或GDP）；③航空地理市场（杜欣儒等，2020）需求对航空流生成的影响包括航班、航线、机场与航空公司等因素，其与航空流的关系体现在航班时刻配置、空中廊道设置、机型匹配等方面；④指示航空流运动的3个基本参数是流量、流速、流密度；⑤依据流理论开发系统研究方法，可以更好地评估和理解航空流的运动性能。

航空流的表达需要依据航迹数据并与航线数据相结合。得益于位置传感技术（如全球定位系统）的普及，所有航迹数据变得越来越可用、可得和易用，其创造了通过航迹信息获得洞察力的机会。航迹是航班飞行过程中生成的单点序列，跟踪航迹数据可以发现流网络中的热点（热区），分析航迹数据有助于了解航空流运行结构与网络结构。作为空中交通管制系统（ATCS）的重要组成部分，雷达网络通过一次监视雷达（PSR）、二次监视雷达（SSR）和广播式自动相关监视（ADS-B）跟踪空中飞行器，识别飞机的各种属性，如二次代码、位置、速度、航向、爬升/下降、速率等，以20s的更新周期可为所有航空器生成飞行航迹数据（Lin et al.，2019）。近年来，基于大规模航迹数据的时空模式得到越来越多的关注，其被用于空中交通流特征识别和分析。鉴于航迹数据的离散化特征，也为了解决空中交通流传播扩散问题，学者使用飞行计划或真实的航迹信息取代恒定的航线信息（Sun et al.，2015），将航迹线划分为等长1 min飞行距离的离散航路段，通过航迹聚类应用于轨迹模式的识别和检测。

7.2.3 航空流运行结构与网络结构：构成形式分析

空域系统不同部分、不同要素之间以及与外部环境之间存在移动或交换，从而构成各种航空流的形式。按研究对象分解如下。

1. 微观流动性

航空流运动引起系统流动性的同时也导致布朗流动性（微粒不停息的无规则运动现象）（Arnaudon et al.，2008）。与传统福特主义以标准垂直一体化为基本特征的流动性相比，后福特主义强调以个性化需求为目的的运动过程，这更具有灵活性和随机性。以航迹点表征的个体航空流流动性更复杂且破碎性（由小的后续运动片段组成）更明显，并且正成为流动性的一个关键特征，产生了微观流动性（Boffi and Colleoni，2014）。微观流动性在航空流运动中发挥着基础性作用，是邻近性以及因此而产生邻近联系的重要来源，是重塑航空流驱动力的新形式。分析微观流动性的一个关键方面是收集地理编码的微数据，使个体的零散流动性研究得到详细航迹数据的支持。航迹数据是精确记录地理编码的数据和描述机动性的基本数据，基于此能够评价嵌入网络中的流动，以地理空间数据管理工具和空间分析统计方法建立航空流时空地图，分析网络环境对航空流的影响，而航线调查无法提供这些数据。微观流动性检测将与邻近流结合，旨在识别个体流与其他流的不同性以及主流系列的创建，从而讨论流网络边界的可扩展性问题。

航空流是由离散的飞行航迹组成的，不同流之间存在相互影响，当不同的航迹线共存时，源（sources）、汇（sinks）以及边即显现为一种邻近流关系，这是流网络中一种普遍事实（马丽亚等，2019）。流网络的微观流动性分析可用于识别中心航迹（密度高航迹线）与外围航迹等。邻近流受流量和容量两个因素影响，指示空域内航空流分布以及邻近流间的空间相关性，也指示瞬时交通状况。因此，微观流动性表现为相关、排斥和独立3种关系，分别指一定空域内多个流紧密相关、一个流的局部范围内不存在或较少存在另一种流、一个流在局部范围内的分布不以另一种流的出现为条件（Gao et al.，2018）。当来自两个方向的流量特别大时，就需要邻近流的不断合作来保持流的顺畅性（Xue et al.，2020）。

为了同时检测邻近流的相互作用，并表示其紧凑关系，往往采用航迹密度聚类的做法生成日内24 h等距航迹点图（Marzuoli et al.，2015），将相似的航迹序列组合在一起。微观流动性研究内容包括：①在混乱的航迹数据中，识别出航空流空间运动特征，同时将航迹分割成一组线段（航段），还能发现共同的子轨迹，以航迹变化指示空域性能。②流网络结构特征。识别具有高度结构化的流网络模式，并评估终端空域一致性。识别不同始发地/目的地（O-D）间共同的路由结构，并对空中交通路由网络建模（Marzuoli et al.，2015）。③主流系列。通过自定义距离提取主要流量，识别中心航迹结构并评估其流量影响（Arneson et al.，2017）。分解航迹以评估单个飞行航迹在空域中的操作情况（Eckstein，2009）。识别主要飞行航迹并检测异常点（Marzuoli et al.，2015；Murça et al.，2016）。④流运动组合。识别特定方向上的多个邻近航迹的共用航段及其特殊连接，提取多尺度抵离流量的特定组合以及资源利用模式，识别抵离流的空中交通模式（Enriquez，2013）。

2. 流量模式

交通流是一个复杂变化的过程，网络中不同位置的流量会有很大差异。基于流量内部变化特征以及时空分布，在时间尺度上，经过航迹簇聚类可以识别一组航空流在一段时间内的流量，称为流量模式，旨在发现流量随时间变化的规律。研究网络流量模式对于合理配置交通网络资源将起到关键作用。交通流量存在多种典型类型，根据体积、流量、速度和密度参数的时间分布和相互关系，可将流量模式分为自由流、温和控制流和强控制流等，在散点图上显示，密集程度在水平和垂直方向上都有差异。流量模式检测将与并发流结合，旨在识别点密度、线密度与流密度，从而讨论流量的时间序列问题和流的集聚-分散性问题。

当前航空流流量研究进入以时间效益为主的新时期，时效化的交通组织和时间段的合理时间配置是主要标志，这种同时的流称为并发流，即同一时间段内由始发地（源）向目的地（汇）的同时流动以及随之发生的流量时间变化（Tumer and Agogino，2007）。航空流可以看作是并发出现的，其中探讨最多的是最大并发流。并发流发生在有限容量的空域系统中，同时，流动时最大流量的研究是航空流亟待解决的问题。瞬时流时刻都产生于各种实际应用中，为此，Song 等（2006）以 15 min 为时段，从实际飞行航迹中手动提取流量特征，并将这些特征聚合为矢量；Sidiropoulos 等（2017）在多机场系统研究中提出了一个识别穿梭边界的流量模式，该方法首先利用连续时间段之间航班数量差异的阈值，检测终端空域航空流的时间变化，随后识别出总体流量中的时间集群。综合相关研究成果可见，流量模式研究中应着重考虑以下 4 点：①航迹点对应的时间以及对应的相关空域的实时航空流状况。②避免相邻空域交通状况影响被忽略。③综合考虑交通状况的时间依赖性以说明航空流的随机特征（董琦和甄峰，2013）。④挖掘空中交通的过渡模式（陈晨和修春亮，2014）。

3. 网络稳定性

在网络化运营过程中遭受突然变化扰动，网络会产生非平衡条件，网络受干扰后仍能维持正常运营或恢复到平衡状态，即网络稳定性。基于 Baillon 和 Cominetti（2008）及 Samaranayake 等（2012）关于"马尔可夫交通平衡"的研究框架证明，网络稳定性主要依据拥堵蔓延程度和网络效率变化来判定。网络稳定性检测将与多变量流结合，旨在识别交叉点/交叉空域，定位拥堵发生的时空热点/热区。

航空流网络是一个不断且无限变化的时变系统。多变量流不同于单变量流，以往都是从单变量流之间查找特征（Kadous and Sammut，2005），单变量流时间序列是指数据点连续到达并且依照到达次序而形成的数据流，是一种时间轴上带有顺序特性的数据序列。多变量时间序列随着传感器在航空网络中的广泛使用而备受重视。提出了多变量流下新类检测问题（韩法旺和刘耀宗，2014），即在考虑流动的同时也要考虑流的载体以及流的影响因素，热点/热区研究逐步由单变量流时间序列向多变量流时间序列拓展。与传统的多元流相比，多变量流数据更巨量、连续性更强、变化更快速。多变量流不同于并发流的地方是，前者是由多条数据流同时描述行为的不同维度，新类检测成为数据流分类中不可避免的问题。

针对多变量流检测出现了很多研究方法，如基于时序关系的多变量流研究、基于距离相似性的多变量流研究等（Cao and Sun，2015），即以 1 min 飞行距离将航路划分为不同长度的航段，这样既可考虑航段流量分布也可表征航迹传播，从而捕捉新类检测的内容，有助于飞行控制过程中采取更有效的配置决策。

4. 流网络的寡头性

流网络寡头结构提供了一种衡量网络组织分化、分层以及自我延续的分析方法。流网络的寡头性有 3 个重要特征：焦点参与者之间紧密联系在网络中形成一个稳定的内圈并控制着整个网络系统，从而调解其他一些参与者之间的关系，网络优势累积到内圈；普通成员通过内圈调解，其组织关系是狭窄的、不稳定的；普通成员之间联系不紧密。流网络的寡头性研究有 3 个优势：检测跨网络的边界和流网络的渗透性（Marques，2015）；捕捉动态的网络关系；证明特定类型的网络连锁作用及其形成的影响力（Ansell et al.，2016）。传统网络分析只能通过中介角色/地位（Ansell et al.，2016）说明影响存在的基础，而不足以提供影响力的证据。在许多情况下了解网络的集体模式也是很有价值的，网络寡头性只是由其中一个小且有凝聚力的子集团对网络进行集体调解。所以，寡头性是一个关于集体的概念，而不是网络的个体中介的概念。了解一个网络在多大程度上是集体的比关注一个网络是否有垄断中介更有用。流网络的寡头性限制检测将与集体流结合，旨在识别航空流最大流量的对偶问题。

目前，航空系统面临快速增长的飞行需求及其带来的巨大压力，在一个容量有限的系统中多个源和汇一起共同作用（温旭红等，2013），需要整体把握空中交通流特性。借鉴流动力学理论提出的高密度区域概念，以集体流指示某种相互作用下的整体流动状态可见，集体流反应机制研究中的一个重要方面是平衡状态或局部平衡下的运动。飞机在空域中集体运动有 3 个基本性质：容量限制、流量守恒和斜对称性（Derudder and Witlox，2008），飞机在空间上聚合及所受限制取决于空域容量，流网络中满足流量限制条件和平衡条件且具有最大流量的可行性，即容量约束下所有飞机的总飞行时间（距离）最小。

空中交通流往往表现为空间和时间维度上的相关性，由此可以发现飞机在空域中集体运动的时空趋势。Chiou（2005）认为，集体流可以通过对偶的方式来解决，对偶分解方法采用网格地图将研究空域划分为相同大小的不同单元，将空中交通状况构建成一个三维立方体。最大流量的对偶问题，即在有限容量系统中使集体流量最大（Tumer and Agogino，2007）。鉴于集体流受时空依赖性影响，一种特殊的数据表示方法是交通流量矩阵（traffic flow matrix，TFM）。交通流的空间相关性和时间相关性是通过 TFM 中各元素的相对位置和时间来获取的。采用流量矩阵方法可表示整个空中交通流情况，反映网络节点之间的特定流量分布，提高空中交通流检测粒度，通过调整总流量并匹配空域系统容量还有助于评估运力需求失衡（Andreatta et al.，2011）问题。考虑时变因素还可将其进一步分为空间流量矩阵和时间流量矩阵。

7.2.4 航空流的形成基础：航空地理市场

空域是地球表面以上，根据飞行需要可供航空器飞行而划定的空气空间。其组成要素包括范围、位置点、航线、高度、方向、时间等，其是可供人类开发利用和航空器飞行而划设和使用，且创造社会经济价值的空间。空域自然属性是在自然力作用下形成的固有物化特性，社会属性则表现为人类对空域资源的占有、分配、使用，这也是空域区别于空气空间的根本属性，其决定了空域资源存在供需关系。空域资源供给是指为满足各种空中交通需求所提供的空间。空域资源需求是指空域航空流移动的要求，供给和需求关系反映为航空市场，加入具体的地理要素即反映为航空地理市场。航空地理市场具体构成如下：潜在需求、运输服务供给、中介服务，它们均与现实地理区域直接相关，其他方面的因素会对航空运输市场交易活动产生间接影响。

（1）定期航班。其涉及：①航班时刻。时刻协调被认为是应对空域容量约束、提高空域资源配置效率的首选方案。②空间调配模型。用于飞行计划改变和 MAS 抵离航班的时刻调节。③需求操作模型。用于飞行路径冲突空域的按需分配和三维布线等。这些模型均有助于密集区内交通汇聚与交通拥堵问题的解决。以往研究较多关注机场终端区拥堵，其中以抵离港航班数量、航班密度等为指标的时刻资源研究，曾揭示出日内存在的时间异质性和明显的峰区特征。

（2）航线（空中廊道或空中大通道）。航线也是航空地理市场的重要表现形式。航线不仅确定了飞机飞行方向、起讫点和经停点，而且根据空中交通管制的需要，规定了航线的宽度和飞行高度，即形成空中廊道或空中大通道。高流量航线在空中拥堵中起决定性作用，依据时空图生成航班飞行轨迹，较精确地描述了航班实时占用空域的时空位置和航线内航班的数量，体现了动态构建的灵活性和时空多维度需求。其研究展现出地理学范式下对空域资源动态灵活配置的积极探索，能较清晰地识别空中廊道或空中大通道拥堵时段和拥堵区段，有助于解决航班量时空分布与容量均衡匹配问题。

（3）机场和 MAS 终端空域。终端空域航空流研究已成为基础性科学问题（张菁等，2019）。严重的航班延误要求提高机场终端空域源产能及其利用率。对此，国际航空运输协会、欧盟和 FAA 以及多位学者都曾依据机场终端空域实时航迹点数据和潜在资源占用时间，判别了不同时空尺度的热点空域，探索了机场终端空域容量约束下的航空流组织模式。其共同特点是：建立起航迹点时空连续数据集在机场终端空域精准评估中的基础地位。机场终端空域热区识别方法是为实时模拟高密度终端航班的起降需求而开发的，是一种为满足大密度复杂空域交通流需求而构建的扩容简流模式。

（4）航空公司。航空公司竞争、属性差别等都对航空地理市场产生一定影响。其包含两层含义：一是按照各种具体活动的利用特点来选择相应区位，即在特定或在某几个同类地点进行一种经济活动；二是根据地理特征、社会经济状况等，研究最佳组合方式。空域资源常常与某种其他因素，如机场城市、产业布局、交通便利程度、经济发展水平等有关，这就要求空域资源开发必须遵循航空地理市场规律。

7.2.5 总　　结

组合以上航空流运行结构与网络结构研究内容,可以构建一个流网络时空聚合模型,该模型适了途中航空流研究。以时间更新表述途中航空流,显示一定时间间隔的空间移动路径特征以及所表现来出的网络相关性。航空流聚合在过去的文献中被广泛讨论(Andreatta et al., 2011),是一种根据航迹聚类提出的随机线性动态模型。随着时不变模型向时变模型发展,引入泊松分布和分裂参数估计流入量和传输率,受小区传输模型(Zhang and Chang, 2014)、基线欧拉模型(Menon et al., 2006)的推动,可导出一个流网络时空聚合模型。该模型有 3 个优点:航迹聚类在独立空域单元(如空中大通道)是可用的、对不同时段的流量进行建模体现了流量日内变化、将航迹聚集到真实空域单元网格中可进行时空一体化的流网络研究(图 7-6)。

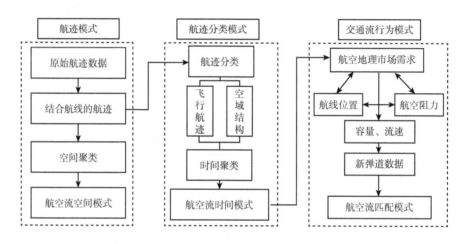

图 7-6　航空流流网络时空聚合模型的结构示意图

该模型基于航迹数据进行耦合相似性的多变量流研究,其由 3 个模块组成:第一个模块,空间维度上航迹聚类,找到相似航迹簇的分布,识别航空流运动的空间模式,并定义空域的航迹结构,即航空流空间模式。轨迹聚类过程需要一组相似数据和距离函数表示,以 1 min 采集的飞机位置,将每个时间序列转换为固定维的特征向量,使用标准欧氏距离评估航迹间的相似性。第二个模块,将航空流分类为符合标准路线的飞行航迹,即航空流时间模式。以给定时间段内的航空流组识别流结构,对时间相关的航空流进行第二层分析。第三个模块,识别在一段时间内流集合中的类似结构,称为航空流匹配模式。并非所有的航迹都与识别出的空域结构相匹配,匹配模式能检测异常行为。

参 考 文 献

陈晨, 修春亮. 2014. 流空间视角的东北地区城市网络研究. 地域研究与开发, 33(4): 82-89.
董琦, 甄峰. 2013. 基于物流企业网络的中国城市网络空间结构特征研究. 人文地理, 28(4): 71-76.
杜欣儒, 路紫, 李仁杰, 等. 2020. 中国枢纽机场时间延误成本估算与航线影响分析及中美比较. 地理科学进展, 39(7): 1160-1171.

高伟, 路紫, 董雅晴. 2019. 个体移动轨迹-滑动窗口方法与航空流异常变化识别——以京沪空中廊道为例. 地理与地理信息科学, 35(6): 66-72.

韩法旺, 刘耀宗. 2014. 数据流分类挖掘中的概念变化研究. 计算机科学, 41(S2): 347-350, 386.

龙妍, 黄素逸, 刘可. 2008. 大系统中物质流、能量流与信息流的基本特征. 华中科技大学学报(自然科学版), 36(12): 87-90.

马丽亚, 修春亮, 冯兴华. 2019. 多元流视角下东北城市网络特征分析. 经济地理, 39(8): 51-58.

裴韬, 舒华, 郭思慧, 等. 2020. 地理流的空间模式: 概念与分类. 地球信息科学学报, 22(1): 30-40.

孙九霞, 周尚意, 王宁, 等. 2016. 跨学科聚焦的新领域: 流动的时间、空间与社会. 地理研究, 35(10): 1801-1818.

王成金, 金凤君. 2005. 从航空国际网络看我国对外联系的空间演变. 经济地理, (5): 667-672.

温旭红, 林柏梁, 王龙, 等. 2013. 基于多商品网络流理论的铁路车流分配及径路优化模型. 北京交通大学学报, 37(3): 117-121.

杨磊, 张洪海, 胡明华. 2020. 广义空中交通流建模综述. 科学技术与工程, 20(2): 432-444.

杨茜好, 朱竑. 2015. 西方人文地理学的"流动性"研究进展与启示. 华南师范大学学报(自然科学版), 47(2): 1-11.

张菁, 路紫, 董雅晴. 2019. 京津石 MAS 端空域航空流动态分析及其应用展望. 地理与地理信息科学, 35(5): 73-79, 117.

张一诺, 路紫, 丁疆辉. 2020. 京广空中廊道系统延误弹性测算与航空流运行结构分析. 热带地理, 40(2): 194-205.

Andreatta G, Dell'Olmo P, Lulli G. 2011. An aggregate stochastic programming model for air traffic flow management. European Journal of Operational Research, 215(3): 697-704.

Ansell C, Bichir R, Zhou S. 2016. Who says networks, says oligarchy? Oligarchies as "rich club" networks. Connections, 35(2): 20-32.

Arnaudon M, Coulibaly K A, Thalmaier A. 2008. Brownian motion with respect to a metric depending on time: definition, existence and applications to Ricci flow. Comptes Rendus Mathematique, 346(13-14): 773-778.

Arneson H, Bombelli A, Segarra-Torne A, et al. 2017. Analysis of Convective Weather Impact on Pre-Departure Routing of Flights from Fort Worth Center to New York Center. Aiaa Aviation Forum.

Baillon J B, Cominetti R. 2008. Markovian traffic equilibrium. Mathematical Programming, 111(1): 33-56.

Boffi M, Colleoni M. 2014. Human behaviour and GIS. Netcom, 28(1-2): 131-144.

Cao Y, Sun D. 2015. Migrating large-scale air traffic modeling to the cloud. Journal of Aerospace Information Systems, 12(2): 1-10.

Chiou S W. 2005. Joint optimization for area traffic control and network flow. Computers & Operations Research, 32(11): 2821-2841.

Derudder B, Witlox F. 2008. Mapping world city networks through airline flows: context, relevance, and problems. Journal of Transport Geography, 16(5): 305-312.

Eckstein A. 2009. Automated Flight Track Taxonomy for Measuring Benefits from Performance Based Navigation. Integrated Communications, Navigation & Surveillance Conference. IEEE.

Enriquez M. 2013. Identifying temporally persistent flows in the terminal airspace via spectral clustering. Air Traffic Management R&d Seminar.

Gao Y Z, Li T, Wang S W, et al. 2018. A multidimensional spatial scan statistics approach to movement pattern comparison. International Journal of Geographical Information Science, 32(7-8): 1304-1325.

Kadous M W, Sammut C. 2005. Classification of multivariate time series and structured data using constructive induction. Machine Learning, 58(2-3): 179-216.

Kaye L K. 2016. Exploring flow experiences in cooperative digital gaming contexts. Computers in Human Behavior, 55(2): 286-291.

Li C Y. 2015. The effects of source credibility and argument quality on employees'responses toward information system usage. Asia Pacific Management Review, 20(2): 56-64

Li L, Jiang R, He Z, et al. 2020. Trajectory data-based traffic flow studies: a revisit. Transportation Research Part C: Emerging Technologies, 114(5): 225-240.

Lin Y, Zhang J W, Liu H. 2019. Deep learning based short-term air traffic flow prediction considering temporal–spatial correlation. Aerospace Science and Technology, 93(10): 105-113.

Lu Y, Zhou T, Wang B. 2009. Exploring Chinese users'acceptance of instant messaging using the theory of planned behavior, the technology acceptance model, and the flow theory. Computers in Human Behavior, 25(1): 29-39.

Mahfouz A Y, Joonas K, Opara E U. 2020. An overview of and factor analytic approach to flow theory in online contexts. Technology in Society, 61(2): 1-7.

Marques E C. 2015. Social networks and institutions in the construction of the state and its permeability. Revista Brasilra De Ciências Sociais, 14(41): 45-67.

Marzuoli A, Gariel M, Vela A, et al. 2015. Data-based modeling and optimization of en route traffic. Journal of Guidance Control & Dynamics, 37(6): 1930-1945.

Menon P K, Sweriduk G D, Lam T, et al. 2006. Computer-aided eulerian air traffic flow modeling and predictive control. Journal of Guidance Control & Dynamics, 29(1): 12-19.

Murça M C R, Delaura R, Hansman R J, et al. 2016. Trajectory Clustering and Classification for Characterization of Air Traffic Flows. Aiaa Aviation Technology, Integration, & Operations Conference.

Nah F H, Eschenbrenner B, Dewester D, et al. 2010. Impact of flow and brand equity in 3D virtual worlds. Journal of Database Management, 21(3): 69-89.

Samaranayake S, Blandin S, Bayen A. 2012. A tractable class of algorithms for reliable routing in stochastic networks. Transportation Research Part C: Emerging Technologies, 20(1): 199-217.

Sidiropoulos S, Han K, Majumdar A, et al. 2017. Robust identification of air traffic flow patterns in Metroplex terminal areas under demand uncertainty. Transportation Research Part C Emerging Technologies, 75(2): 212-227.

Song L, Wanke C, Greenbaum D. 2006. Predicting Sector Capacity for TFM Decision Support. 6th AIAA Aviation Technology, Integration and Operations Conference(ATIO).

Sun D, Sridhar B, Grabbe S R. 2015. Disaggregation method for an aggregate traffic flow management Model. Journal of Guidance Control & Dynamics, 33(3): 666-676.

Tumer K, Agogino A. 2007. Distributed Agent-Based Air Traffic Flow Management. 6th International Joint Conference on Autonomous Agents and Multiagent Systems.

Xue S, Feliciani C, Shi X, et al. 2020. Revealing the hidden rules of bidirectional pedestrian flow based on an improved floor field cellular automata model. Simulation Modelling Practice and Theory, 100(4): 1-16.

Zhang X, Chang G L. 2014. Optimal control strategies with an extended cell transmission model for massive vehicular-pedestrian mixed flows in the evacuation zone. Journal of Advanced Transportation, 48(8): 1030-1050.

第 8 章 （超）低空空域与无人机活动

8.1 城市（超）低空空域无人机活动通道划设规则与方法

> （超）低空空域已成为空域资源充分开发利用的重要组成部分，并得到各国广泛关注，无人机活动是其重要形式，并显现出巨大的社会经济前景。本章首先分析了（超）低空空域资源开发利用的时代背景，以及城市区域（超）低空空域无人机活动面临的挑战，同时也综述了国内外无人机活动的法律体系保障和通道划设研究进展。其次，归纳总结了城市区域（超）低空空域无人机活动高度-密度规则、覆盖区规则和隔离区规则的存在形式及其优化方案。最后，在构建无人机（群）空中网络的基础上，针对不同无人机活动类型对空中通道的需求，展望了从 3D 城市模型基础方法到最优函数地图方法的演进。研究认为，无人机活动通道划设中既包括高度-密度一般规则，也包括覆盖区、隔离区特殊规则。在 3D 城市模型基础上，应用最优函数地图方法有助于最优活动通道的选择。依据城市区域地面建筑与居民实际情况确立的通道划设规则与方法，对于（超）低空空域资源开发以及协调空地矛盾，乃至国家空域系统的实施都具有重要作用。

8.1.1 研究背景与研究综述

1. （超）低空空域资源开发利用的时代背景

空域是一定的空气空间。在空域立面上，飞行器因飞行高度不同，存在自然属性和社会属性的差异，空域划分给定了不同飞行器适合飞行的空间。军/民航占据了高空、超高空空域位置，其空域资源开发利用已较为充分。伴随着空域开放与管理改革，1 000 m 以下低空空域和 100 m 以下超低空空域的开发利用正逐步推进。在国外，现代航空理论和实践的变革基本是在新一代航空运输体系（NextGen）基础上，以实现陆空交互为目标而引发的，灵活空域使用的构想进一步强调了以动态组织为基本手段，实施空域-地域行为管理，其在提高准确性和效率方面展现出一定优势。在这个过程中越来越关注低空空域资源开发利用的跨领域合作。此外，近年来，通用航空产业的发展使新的低空空域利用形式不断涌现，进一步呈现出低空空域资源开发利用的进步。2015 年 7 月美国联邦航空管理局（FAA）和通用航空组织召开峰会，旨在创新低空空域空中交通解决方案。FAA 作为空域监管权力部门，其"管辖权已涉及所有领空——从草丛顶部叶片到无限高",它一方面保持对国家空域系统关键部分的领导;另一方面鼓励通用航空的创新和发展,不断促发低空商业市场以服务消费者(马潇潇等,2014)。在国内,2014年我国颁布《低空空域使用管理规定(试行)》,将低空空域定义为真高 1 000 m(含)以下,并按照低空空域开放、动态管理、灵活使用思想,促进低空航线建设、运营维护体系建设和信息保障体系建设,以强化(超)低空空域资源开发利用。我国"十三五"规划及其100个重大工程项目中提出天地一体化战略,其具有典型的全覆盖天地/海陆空协作属性,同时在新空间发展概念中也包括了"民航、通航"基础设施网络,未来有望实现天地多维空间互操作,实现低空空域不同时间段内的合理空域配置,并实现各层次空域资源可持续利用和协调,这给国家空域系统变革过程中(超)低空空域资源开发利用带来了新机遇。

2. 城市区域(超)低空空域无人机活动面临的挑战及权益保障

从地球科学视角看,(超)低空空域与地域间边界模糊关系复杂,处于空域资源至地域资源的过渡层。空域开发与地域人类经济开发犬牙交错,国际民航组织(ICAO)所提出的低空空域资源引致和催化经济价值均是以此为基础的。相对高空而言,(超)低空空域飞行除受地表波动和气流影响外,受城市区域地面建筑物影响更为显著,资源利用风险系数更高、矛盾更明显。

无人机活动作为(超)低空空域利用的主要形式之一,使城市区域(超)低空空域资源价值属性进一步体现(雷小途,2015)。其在导致低空空域缓冲区最终消亡的同时,还面临许多不确定社会因素的挑战。美国联邦在对城市区域控制中就界定,地表闲置区域和地平高度152.4 m以上空域是任意使用的。但是美国最高法院建议,在裸眼可见范围内不构成对隐私权的侵犯,不需要保持在152.4 m空域以上。可见,其(超)低空空域所有权正向公共权利延伸。然而,在实际使用中,可飞行区域与严格限制侵入的私人领地之间是难以清晰划分的。FAA的规则中也并没能明确指出在什么情景下使用无人机将构成侵权,且这个高度还需协调高层建筑与飞行的关系,这与机场附近的高层建筑须获得航空监管部门许可不同,在机场区域飞机运行具有法律优先权。可见,高度与区域限制等仍是无人机活动面临的重大挑战。

近年来,特别是2014年来,美国国家运输安全委员会做出无人机是飞机的裁决后,以及美国国会宣布商业无人机业务构成部分国家空域系统后,大量无人机操作员在FAA注册商业运行,接受FAA和美国航空法的保护。FAA在颁布无人机设备使用规则的同时,指出要通过引进新的无人机活动规则,以管辖空域中一切移动的对象。在充分评估无人机低空飞行带来的脉冲噪声、轨迹云等问题后(戴大伟和龙海英,2013),到2015年美国已有超过20个州批准了无人机法律,代表性城市有芝加哥、洛杉矶、迈阿密和圣克拉拉等。

我国无人机在不断改进过程中完成了各重要领域的复杂任务,无人机权益也备受关注。《通用航空飞行管制条例》明确规定无人机用于民用业务飞行时,须当作通用航空飞机对待,即依据《中国民用航空空中交通管理规则》,在执行飞行时向空中交通服务部门办理申请手续和飞行计划,无人机飞行高度和区域进入等方面均需依据《轻小型民用无人机系统运行管理暂行规定》。但到目前为止，关于（超）低空空域资源使用的相关法规仍较欠缺，如（超）低空无人机活动的空中通道划设规则等都有待进一步界定。

3. 无人机活动通道设计研究综述

国内外关于无人机活动通道的研究是以无人机航路为对象展开的。无人机往往飞行于城市区域（超）低空域，因此穿越不规则障碍空间的航路设计就成为无人机活动的重要问题。其航路设计基本是以实现建筑物跟随、建筑物回避为目的，进而为无人机提供最优飞行航路为目标的研究与规划。国内外学者已经做了大量关于（超）低空空域无人机航路设计的研究。Karaboga（2005）为了解决函数值的优化问题提出了群体智能算法，通过群体中个体间的交流、转换和协作实现最优航路选择；Clothier 等（2015）设计了 Barrier-bow-tie 模型，旨在通过实时优化空中航路实现动态规避碰撞事故；张启瑞等（2015）在全局航路设计中提出面向密集建筑物空间的局部回溯航路设计方法，还通过添加相应约束条件来描述密集建筑物空间航路设计问题，实现了对不规则障碍空间中"航路死区"的突破。可见，无人机活动的航路技术已较好地为其建筑物"威胁规避"提供了支撑。同时，关于无人机自动化导航系统及其飞行控制研究进展明显，为无人机活动通道设计提供技术支持（Kim and Crassidis，2010）。相对而言，至今仍较少关注城市区域无人机活动的通道划设规则及其方法。开展空域科学和城市科学相结合的无人机活动通道划设的研究十分必要。

8.1.2 通道划设规则

1. 高度-密度规则

作为联邦监管机构的 FAA，于 2012 年在现代化改革法案中提出无人机活动通道划设问题。其出发点是，高层建筑和高架运输线对（超）低空空域资源的争夺，对航空监管提出了新的要求，需要对城市区域空中通道实行灵活控制与管理，以协调城市高空项目选址和飞行需求的关系。这意味着地方（城市）可以以公用的方式或其他公共方式行使空域管理权，也意味着监管部门可以对城市特定区域限定无人机活动。如果建筑物依法依规建设，并符合建筑标准，就可按照（超）低空空域管制要求规范无人机飞行。例如，美国菲尼克斯即限定了高层建筑的最大高度，基于此，将特定区域的高层建筑（包括建筑物尖顶、雕像、时钟塔楼、公共纪念碑、广告牌和信号发射塔）置于空域管制中，通过国家监管机构与城市协商确定这些区域的（超）低空空域管制高度，进而在市区内开辟无人机空中通道。鉴于不同类型地区、不同海拔、具体情景的差异又引申出无人机密度的研究，如 Dalamagkidis 等（2008）就在考虑人口密度和建筑物等因素后，基于空中飞行器碰撞风险，对不同高度（152.4 m 以下、152.4~1 000 m、1 000 m 以上）每小时容纳的无人机最大密度进行了划定，并将 1 000 m 高度作为无人机商业活动的分界点。以上高度-密度规则构成了无人机活动通道划设的一般规则。

2. 空中交通覆盖区规则

为适应城市区域（超）低空空域无人机活动通道系统的建设，美国还尝试采用"可用和可降"概念构建区域规则，在此将其称为空中交通覆盖区规则，它经垂直延伸建立了层状空域，并在不同层状空域划设无人机活动通道，以便清晰给出无人机活动中的可降落区域，以及与固定物体间的潜在冲突区域。空中交通覆盖区应是一种批准使用的特殊区域，其设施需纳入许可使用范围，需得到地面资产所有者的同意，并能规避风险（针对公共安全和隐私场所、具有文化价值的购物中心、学校和教会场所等）。可见，在没有当地监管部门构建特定无人机飞行航线的情况下，空中交通覆盖区是一种促进商业无人机使用的适用规则。通过对可降落区域的框定，可以有效缓解无人机的噪声、光反射和隐私权侵犯。城市区域空中交通覆盖区的划设特别关心空域使用问题。例如，沃斯堡（Fort Worth）是一座拥有长期规划历史的城市，其规划既关注城市平面设计也关注立体视觉，已经形成三维城市建设与发展模式。无人机空中交通覆盖区规划必须针对建筑物高度和空域使用的实际情况进行适当规避（Havan, 2012）。

3. 空中交通隔离区规则

在无人机活动管理中，FAA 和地方政府间实行的严格权力划分基本是围绕空中交通隔离区划设而形成的。其经过历史演变和经验总结已成为（超）低空空域管理的重要模式。长期以来，FAA 和地方政府一同在联邦法规框架下，构建禁飞区以限制无人机使用。FAA 空中交通隔离区的划设更多是从全局出发，并兼顾环境保护区、民航机场、市中心上空的空域使用等。FAA 强调：在高度城市化地区，如果市政当局缺乏对空中通道的实际控制，将会面临城市区域超高层项目与无人机飞行项目的双重损失。而地方政府空中交通隔离区的划设，更多是出于交通和公共安全等目的。从具体城市区域自身发展的必要性和实际情况出发，重点在"有关航空安全以及涉及公众健康和公众普遍利益的"空域部署无人机，如禁止在人口稠密地区使用无人机飞行、在城市限定地点随意起飞或着陆、占用或飞越建筑物密度很大的低空、忽略噪声和地面照明眩光等视觉负面影响的夜间飞行、未经许可在繁忙交通峰值期间飞行、未经许可通过商业楼宇走廊（穿越高楼"峡谷"）飞行等。可见，两者在空中交通隔离区划设时，尽管有目的上的差异，但应用目标是一致的。

8.1.3 通道需求与划设方法

1. 无人机（群）空中网络系统及组构

在当前（超）低空空域资源开发与技术应用背景下，可以将无人机（群）空中网络系统概括为：运用视距通信链技术等，使无人机节点间有效进行数据共享的协同网络系统，以合作缩短任务完成时间，并增加空中飞行安全（Chauhan and Singla, 2016）。该网络系统由（超）低空空域资源配置、大气气流和气象、无人机操作技术以及地面环境要素所构成（Wang and Fan, 2011）。其（超）低空空域资源配置强调，在监控设施支持下实现实时空中交通管理，以优化无人机活动通道，使无人机应用逐步进入民用航空领域。大气气流和气象要素关注危险天气条件下无人机航线更改、大气气流影响规避与应急管理。无人机操作技术正在向构建完整指令代码、固定频率、加密信息传输的方向发展。地面环境要素不仅要包括地面数据资料收集，还要包括航线定义和安全操作分析。通过对这些组成要素的协同控制，即可实现无人机活动通道的选择与调整。同时依托系统内的自我规划、自我优化、自我配置、自我保护和自我修复等功能保证航空器安全运行。

相对于中高空空域而言，无人机（群）网络系统具有高流动性、节点稀疏性、可伸缩性、目标独特性等特点。高流动性提出了其拓扑网络快速的动态变化问题，包括对网络连通性的需求。针对无人机节点在一定空域内较低分布密度的情况，节点稀疏性提出了无人机网络系统中的节点间补盲问题，引发了对指定空域内无人机网络密度（如 MANET 模型等）的讨论（Han et al.，2009）。可伸缩性强调无人机（群）之间的工作和通信，这逐渐成为无人机（群）网络系统建立的主要目的。目标独特性提出了飞行"不确定性"、网络"临时性"以及一定的"延时性"问题（Chauhan and Singla，2016）。基于以上特征，该网络系统中数据流量巨大、数据结构多样、汇集位置复杂。为了保障无人机（群）空中网络系统的协调和协作功能，需要分析无人机需求特征，以进一步优化无人机活动通道的划设方法，实现对（超）低空空域资源的充分开发利用。

2. 无人机活动类型对通道的需求

前文已述，城市区域对商业无人机活动时间和位置的限制，主要采取对特定空域实施飞行禁止的方式，即地方政府强制无人机运营商只能在已设定的空中通道内活动。如果反过来将禁止模式替换为选择模式，对其部分禁止而部分开放，精确定义无人机空中通道，将有利于（超）低空空域资源开发利用。在此分若干无人机活动典型类型，对其空中通道划设的需求予以描述，以利于系统构建通道划设方法。

交通流实时监测和导引的需求。无人机因能较便利地改变飞行高度和任何情况下紧急起飞，适于动态监测城市交通流热点地区和运动中的车队。Baindur 和 Viegas（2011）的研究证实，采用无人机收集交通流数据可用于分析流速、流量和流的密度及其之间的关系。Lenhart 等（2008）认为，无人机对交通流的视频采集有灵活性优势，可以成为评估城市交通流动态变化以及交通流导引的一种新尝试。在交通流量实时监测和交通流导引的需求下，划设无人机的空中活动通道，主要是要满足主干道路繁忙交通峰值时间的需求和跟踪流动车队的需求。

新闻采集的需求。2011 年 11 月，美国网站记者 Matthew 成立"无人机记者职业协会"，将无人机新闻采集的特点总结为：基于俯拍的高空间纵深感纪实，弥补了传统新闻传播的固定视角，特别适用于灾难现场等。2014 年 9 月以后，已有一批影视传播公司和新闻机构获得 FAA 授权的无人机新闻采访资格。无人机在新闻传播中主要是对特定区域进行拍摄，具有突发性和随意性特点，在其使用过程中需临时划设飞行区域和飞行通道，其范围的界定和持续的时间都需要与城市区域协调，以保证科学划设。

环境监测的需求。基于无人机平台的大气环境监测系统可以实现对环境的立体监测，且无人机环境监测范围广、受地形干扰小，能有效弥补传统环境监测基站、检测车对环境应急监测的不足。目前，多无人机协作系统监测污染气团已经有所突破。构建陆空一体化的环境应急监测与管理体系，是未来无人机在环境检测方面的发展方向（杨俊宴和马奔，2015）。使用无人机按照固定路线进行环境飞行监测，可获取不同时段的环境数据。因其时空相对固定，通道变化情况较少，应急机制相对简单，较易按照区域规则执行。

急件快投的需求。瑞士邮政、瑞士全球货运公司与美国马特奈特公司已合作研制、测试了 Matternet ONE 无人机投递系统，并在特殊投递环境中形成运输能力。Matternet ONE 无人机可在距离地面 50～100 m 的超低空中，沿内置导航系统设定目的地和路线飞行。无人机快投业务所需要的严格商业货运通道最具复杂性，在执行区域规则的过程中突发情况较多，这是由其商业目的、无人机型号的多样性决定的。商业运行通道除了点对点的航线外，往往还要考虑在住宅区为所有者建立固定的活动缓冲区。

基于城市区域无人机活动类型的需求，其飞行通道划设既要有一定的政策支持和使用权限，也要依据一定的方法，在符合城市功能区和建筑物实际情况下选择最优通道，以穿越繁忙城市中心和交通流量较大的主干道上空。

3. 从 3D 城市模型向最优函数地图方法的演进

（超）低空空域无人机活动通道的划设，因飞行区域边界模糊，需要通过可靠的地面建筑参考点予以界定，这是低空空域的特殊之处。因此，3D 城市模型成为无人机活动通道划设的基础方法，是一个综合运用空间信息技术、真实反映城市地物的平面位置关系和地物高程信息的应用模型，可直观进行城市内部空间分析和效果展示。针对不同无人机活动类型对通道的不同需求，也针对城市建筑环境、地形、道路的复杂性，3D 城市模型已在无人机活动通道划设中得以运用。如 Kong 和 Mettler（2011）结合栅格数字化区域，通过地物的三维赋值，构建了城市区域无人机活动通道的障碍栅格图，用栅格数字化区域模拟无人机的可飞行区域（0 栅格）和需规避建筑障碍区域（1 栅格），实现了无人机活动通道的"规避热点图"设计。

在 3D 城市模型基础上，依据实时更新的栅格点数据，结合高度-密度规则、覆盖区规则、隔离区规则，可构建无人机活动通道划设的最优函数地图方法。这种新的通道划设尝试，将无人机活动最优通道问题简化为"目标搜索"（Kong and Mettler，2011），即通过城市区域无人机活动通道的障碍栅格图，实现对街道两侧的高层建筑可视化，以最小空间成本为目标标记目标栅格（目标 A），计算所有活动通道的时间、速度、水平距离、高度后，进行无人机活动通道选择（实线表示最优活动通道、虚线表示其他活动通道）。保证无人机从 A_i 点快速到达目标 A 点时与建筑物的间隔，减少急转指令，使所选择的无人机活动通道安全可行并节省时间。可见，3D 城市模型基础上的最优函数地图方法，能实现对无人机活动通道进行最优选择，并提高空中交通管理决策水平的目的。

8.1.4 总　　结

（1）（超）低空空域资源作为空域资源中最接近地表的一部分，其在开发利用过程中体现出空间资源价值和产能创造的一般性特征。同时，源于其与人类地表活动的直接相关性，表现出与城市高空建筑对低空空域资源的争夺，其城市区域（超）低空空域无人机活动的连续性问题聚焦于资源利用中限制性因素分析、可飞行区域分析、法律和行政条文对应分析，具体需落实于规则制订、区域划设和网络构建。

（2）借鉴美国 FAA 和地方政府对无人机活动通道划设的实践经验，可确定城市区域（超）低空空域无人机活动通道划设的高度-密度规则和空中交通覆盖区、空中交通隔离区特设规则，以保障和促进（超）低空空域资源的有效利用，协调无人机飞行与地面建筑高度的矛盾。

（3）基于无人机（群）空中网络系统的要素组构以及城市区域（超）低空空域无人机活动类型需求，并针对城市区域空域资源的边界模糊性及地面建筑的复杂性，可以 3D 城市模型障碍栅格图方法为基础，进一步向最优函数地图方法演进，实现无人机活动最优通道的选择，保障无人机（群）空中网络系统的协同管理。

（4）城市区域（超）低空空域无人机活动通道划设是一种针对人口密集地区解决潜在无人机活动无缝化问题的理想方案，其将进一步提高城市区域（超）低空空域资源灵活使用的精度。过度约束商业无人机的使用，以及无人机相关规则、方法上的缺陷，都会威胁到（超）低空空域经济的发展。

8.2　城市超低空空域无人机活动空间和最优路径设置
——以 2019 年石家庄马拉松线路为例

城市超低空空域资源开发及其灵活使用与地域联系密切，随着低空开放和无人机产业发展，无人机在城市超低空空域的活动越来越频繁，无人机活动空间和最优路径设置意义重大。根据无人机活动相关数据、管理条文、技术参数等，本章提出了无人机活动空间和最优路径设置的 3 个管理形式，即适飞空域、控制点选择和 3D 城市模型应用、敏感性与灵活性。基于石家庄 3D 城市模型，以 2019 年石家庄马拉松线路为例，进行了无人机活动空间和最优路径设置的实证研究。研究认为，依据城市空间信息系统和空域管理条文，释放超低空空域资源、协调空中交通与地面建筑、设置无人机活动空间和最优路径，具有完善城市规划和促进空域资源开发利用的双重意义。依托 3D 城市模型可生成城市超低空空域无人机活动空间，并可辅助生成其最优路径。地理学参与城市超低空空域资源开发和无人机活动研究有较明显的优势。

8.2.1 研究背景

为适用于不同飞行器飞行，空域不同高度层出现划分（全权等，2020）。FAA 将 100 m 以下的超低空空域从 1000 m 以下的低空空域中细分出来，并逐步推进超低空空域开发和管理改革，基于此，将其纳入国家空域系统之中。我国已将海陆空协作列为"十三五"重大工程项目。2016 年，国务院召开常务会议，提出依托通用航空业发展进一步完善综合交通体系，旨在稳步扩大低空空域开放（中华人民共和国中央人民政府，2016）。中国科学院于 2017 年提出的基于海量地理信息的低空航线网络规划技术（Xu et al., 2020a）、中国民航局于 2019 年提出的低空航线概念和低空航线发展规划（中国民用航空局，2019），均为进一步深化城市超低空空域航线网络建设提供了技术和策略支持，也更加明晰了未来超低空空域资源开放利用的前景。随着近年来无人机产业的发展，空域资源利用不断朝着超低空迈进，且利用形式不断更新。根据中国民航局 2018 年底的统计数据，低、慢型小微无人机占据了 120 m 以下超低空空域飞行器的 82.68%，这也意味着轻、小、微型无人机已经广泛运用于超低空空域（Xu et al., 2020b）特别是在城市区域。此外，一些社会组织或商业实体提出了建立无人机专属空域的构想，以提高无人机商业活动的效率[如亚马逊（Singireddy and Daim, 2018）、华为（中国民航局，2018）专属空域]，无人机专用空域的提出是超低空空域开放和空域资源灵活使用的重大进步。

无人机已成为超低空空域资源利用的重要形式，成为当之无愧的超低空霸主，无人机活动使超低空空域资源价值进一步体现（雷小途，2015）。据美国 FAA 数据，至 2018 年底美国共计注册各类无人机逾 100 万架，2018 年全球民用无人机市场创收 65.6 亿美元。根据新华社数据，至 2019 年初，我国无人机登记数量已超 33 万架（中华人民共和国中央人民政府，2019），2018 年第一季度参与云数据交互的注册无人机飞行总时长超 67 000 h。为保证城市超低空空域有序利用和无人机安全飞行，一方面政策法规在趋于完善；另一方面实用技术得以革新。在美国国家运输安全委员会将无人机裁定为飞机后，FAA 接管了无人机的商业注册和飞行管理，引发了广泛的无人机活动空间和最优路径研究与技术开发。例如，基于群体智能算法的最优航路选择（Karaboga, 2005）、城市低空无人机航路网络迭代构建（Xu et al., 2020b）、多旋翼无人机在城区的最优无碰撞导航（Wan et al., 2019）等，为无人机的有序、安全飞行提供了技术支持。

然而，由于超低空空域与地域边界间存在的模糊复杂关系，城市超低空空域资源开发与地域资源开发之间存在许多社会、经济等不确定因素，特别是城市区域地表状况复杂、高大建筑众多，其影响更为显著。而且近年来，大量无人机不规则使用影响民航、城市公共安全和自身飞行安全的案例频发，为无人机活动带来争议和隐患。面对城市地表环境的复杂性，无人机在城市超低空空域飞行时，如何在现有法规和技术条件下，评估和选择城市超低空空域无人机活动空间和最优路径设置仍值得探究和讨论。

8.2.2 无人机活动空间和最优路径设置

1. 适飞空域

FAA 曾在现代化改革法案中提出协调城市高空项目和低空空域使用矛盾的构想,旨在引导城市超低空空域使用向公共权利延伸,实施对城市区域空中通道的灵活管控,即城市建筑和规范的无人机超低空飞行互不冲突,这意味着部门和地方监管部门可以按照超低空空域管制要求,在城市特定区域确定无人机适飞空域或限定无人机活动。

(1)为适应城市超低空空域无人机活动空间和无人机最优路径设置,美国曾尝试使用"可用和可降"等来描述适飞空域,将其称为空中交通适飞区,以便清晰解释无人机活动中的起降区域,以及飞行活动中与固定物体的潜在冲突。我国《无人驾驶航空器飞行管理暂行条例》规定,无人机需专业驾驶员操作,并需严格按照飞行计划执行。对于微型和轻型无人机而言,相应禁飞管制空域外均被视为适飞空域,在适飞空域活动无须申请飞行计划,这意味着微型和轻型无人机在超低空空域有较大的自由活动空间(中华人民共和国工业和信息化部,2018)。在此将适飞空域定义为无人机可适当自由活动的可飞行区域,不同需求的无人机可在适飞空域内根据自身情况实时调节飞行高度、速度和路径,这是一种无人机在没有区域监管和特定飞行航线规划前提下的适飞规则。

(2)按照城市区域人口和地表建筑物等因素,限定无人机活动的高度(图 8-1)。FAA 基于大量飞行数据将无人机的飞行高度限定于 122 m(400 英尺),允许其在无交通管制空域自由飞行;日本政府禁止 200g 及以上无人机在超过 150 m 的空域、机场附近和拥挤的居民区上空飞行(Civil Aviation Bureau,2015);马来西亚民用航空部门允许不超过 20 kg 的无人机在不高于 122 m 的空域进行非商业运行。2018 年,中国民航局上线了无人驾驶航空器空管信息服务系统(UTMISS),为注册登记的轻、小型无人机释放了

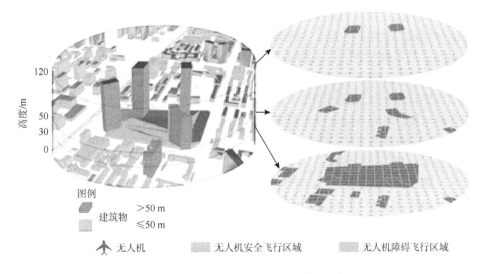

图 8-1 无人机活动高度-密度规则示意图

120 m 以下的适飞空域，规定将 50 m 和 120 m 分别作为微型和轻型无人机的飞行限高（中华人民共和国工业和信息化部，2018）。2015 年，亚马孙公司基于"Prime Air"项目，将无人机专属区地图植入公司无人机中，允许其在划定空域内飞行，将 70～120 m（200～400 英尺）划为本公司无人机飞行适飞高度、70 m（200 英尺）以下划为低速飞行适飞高度（Singireddy and Daim，2018）、120 m（400 英尺）以上划为禁飞高度，从而保证了无人机飞行不逾越安全边界和法律边界（Singireddy and Daim，2018）。Dalamagkidis 等（2008）曾基于无人机空中活动风险评估，对不同高度空域（70 m 以下、70～120 m、120 m 以上）每小时可容纳的最大无人机数量进行预测，以此还将飞行高度与密度结合起来。

（3）围绕空中交通隔离区的设置，FAA 出于全局空中交通安全，并兼顾环境保护、城市发展的目的，划设出空中交通隔离区域。地方政府又从城市功能区划和公共安全出发，划设出空中交通隔离区域。2014 年，新加坡提出"在充分考虑城市地表建筑的基础上规划城市上空航线网络"的方案，并运用动态规划、飞行风险评估等手段保障其有效飞行，旨在开放、有效、灵活地使用城市上空空域（Da et al.，2017），创造了城市超低空空域利用的新形式和解决低空空中交通管理问题的新方法（马潇潇等，2014）。我国也基于民航、军方、公安三方共享数据，为无人机活动提供了关于禁飞区边界、限飞空域的技术参数和技术规范（中国民用航空局，2019），其已成为无人机活动空间和无人机最优路径设置的重要依据。在城市区域，避开人口稠密社区和高大建筑、基于城市功能分区设置起飞或着陆点、规避通信盲区和地面眩光对飞行的负面影响、协调空中交通与地面交通峰值而专门为无人机飞行划设隔离空域，均是城市超低空空域开发和城市管理共同努力的结果（Havan，2012）。

2. 控制点选择和 3D 城市模型应用

无人机在城市超低空空域飞行时，需面对空域-地域边界模糊的问题，这也是城市超低空空域资源开发利用的特殊之处。选择可靠的地面参考点作为飞行控制点就成为无人机超低空空域活动空间和最优路径设置的关键（Murtiyoso et al.，2018）。飞行控制点可以是地面公共基础设施的标志物（蜂窝网络基站、电力输送塔、城市地标建筑等）、空中交通基础设施（塔台或雷达站、设在高大建筑顶端的导航灯等）或服务于低空飞行的设施站点等。需在其周围布局迫降点，对不服从管制、失控、破解围栏的"黑飞"无人机接管控制权，引导其就近寻找迫降点降落。飞行控制点除了作为无人机活动空间和最优路径的参考点之外，还应服务于无人机通信传输、导航、路径分析、禁/限飞区甄别等。无人机活动空间和最优路径设置的目标是让无人机最快（用时最少）或以最短飞行距离到达目的地（Mualla et al.，2019）。因此，实际的无人机最优路径选择需要考虑诸多因素：城市地面情况（如穿越市区高大建筑、城市立交桥、铁路等）和空中交通情况（通信质量、航路起伏、狭管风带、禁/限飞区等）。

综合反映城市平面位置和高程信息、动态地表信息、城市基础设施和地面交通设施的 3D 城市模型，已广泛应用于无人机活动空间和最优路径设置，并为其提供空间地理信息支持。徐晨晨等（2019）基于 3D 城市模型，进行了特定高度平面内无人机二维飞行路径规划和受地形、无人机俯仰性能影响的三维路径规划；Kong 和 Mettler（2011）运用 3D 城市模型和栅格数字化分区，构建了城市无人机活动障碍栅格，并通过改变一架或多架无人机的航向、空速或高度实现了无人机障碍规避。3D 城市模型应用，是充分利用城市地理信息系统，实现无人机活动空间和无人机最优路径设置、调整、优化的重要参考，有助于提高空中交通管理和决策水平。

3. 敏感性与灵活性分析

除前述无人机活动空间和最优路径设置的管理形式以外，还需考虑无人机活动对机动车驾驶员的影响、对办公和教学的影响、对居民隐私的影响等。Barlow 等（2019）基于公路附近无人机对机动车驾驶员视觉注意力影响的实验，提出空中无人驾驶系统会分散驾驶员的注意力，并建议无人机至少在远离道路边缘 7.6 m（25 英尺）的距离飞行；Han 等（2020）在距离 5 m 的距离上，测试了旋翼无人机螺旋桨的噪声，并指出受飞行角度、螺旋桨形状、螺旋桨速度等影响，无人机单螺旋桨噪声为 42～76 分贝，由此提醒对城市有关场所的干扰；Martin 等（2016）列举了许多无人机"穿越社区中心上空"航拍视频的隐私保护案例，并指出该问题在公共道德和法律方面的敏感性。可见，在无人机活动空间和最优路径设置上，还应考虑城市区域的具体情况，遵循一些由技术指标构成的具体规定。

面对特殊无人机飞行需要，灵活解除部分空域的无人机活动限制，将无人机活动模式由禁止改为选择，并精确定义无人机活动设置，有利于发挥无人机的灵活性，促进城市超低空空域资源开发利用。例如，Baindur 和 Viegas（2011）认为，无人机可用于城市交通流导引、流量数据采集和流量密度分析；Belair 等（2017）认为，无人机高空纵深新闻拍摄可以弥补传统新闻传播的固定视角；Lalrochunga 等（2020）认为，服务于政府和环境部门的监测无人机能灵活穿越目标区域，进行大范围立体监测。这类无人机飞行往往需要穿越交通线路、新闻现场（可能是学校、医院、政府机关等）、工商业禁/限飞区等，其活动空间和最优路径的设置，就需以灵活释放活动空间为基础。对无人机活动空间和最优路径设置的特殊对待，有利于城市超低空空域的系统构建。

8.2.3 案 例 研 究

1. 案例区

2019 年，石家庄马拉松线路布设在繁华的中山路上。主办方组织各类无人机 50 余架，对赛事进行全程、立体拍摄报道。为完成拍摄任务，无人机既要穿越繁忙的城市商业区、高大的城市建筑群，以及高速公路和城市快速路等交通干线，又要跟踪运动人流，且不能对运动员产生影响。因此，需专门设置无人机活动空间，并设置最优飞行路径。无人机活动空间和最优路径的设置，不仅要有政策和空域权限的支持（临时释放超低空空域使用权限），还要依据飞行技术参数和城市功能区及建筑物的实际情况。这项研究拟以此次直播无人机为对象，参考各项无人机使用管理条例、无人机技术研究成果、前述无人机活动空间以及最优路径设置的管理形式，探讨城市超低空空域无人机活动空间和最优路径设置问题。依据此次马拉松线路（以手持 GPS 设备生成）及其沿线建筑群（以城市 3D 模型地图）数据，对照相关法规、条文标注城市超低空空域特征，识别禁/限飞区域，并在充分考虑沿线特征点（拐点、折返点等）、特征路段、运动员习惯等基础上，基于石家庄 3D 城市模型地图，进行无人机超低空空域活动空间设置，并辅助无人机最优路径设置。

2. 活动空间和最优路径生成

基于城市地理信息系统和 3D 城市模型的城市超低空空域无人机活动路径设置，可视为一种无人机三维路线规划。石家庄中山路沿线高大建筑林立，这为无人机活动及其通道划设增加了难度。活动空间和最优路径设置将依据如下步骤实施：①将马拉松线路导入石家庄 3D 城市地图，依据线路地图和沿线建筑模型等，在道路上方生成高 50 m（可满足微、轻无人机飞行需求）的立体空间，并标记建筑物高度 50 m 及以下、50～120 m 作为无人机飞行高度参考指标，构建无人机活动空间。②依据前文所述条文识别出马拉松线路途经的禁飞区，共 6 处：2 处跨越铁路、2 处军事管制区、2 处加油站 [图 8-2(b)～图 8-2(g)]，将无人机活动空间与禁飞区冲突部分剔除出去，所保留区域均为适飞区（无人机隔离空域）。③依据沿线城市立体交通设施、线路折返点、拐点等特征地理信息，对活动空间的高度及范围进行微调。④生成可满足 50 余架无人机自由活动的空间和适于无人机空中拍摄的最优路径 [图 8-2(a)]。其中，中山路西二环的长城桥上方为城市环线快速交通通道，若无人机从桥下活动，则面临信号失真和影响运动员的双重风险，因此选择跨越桥梁上方活动，但活动高度应高于桥梁 7.5 m（20 英尺），以减小对车流的影响（图 8-3）；长城桥以西、中山路两侧行道树为高大乔木，无人机应尽量沿道路中间活动，以保证飞行安全；在途经河北省中医院时应尽量靠通道南侧通行以减小无人机活动对医院环境的影响；根据 Koilias 等（2020）对运动员运动习惯的仿真与模拟实验，在运动分散路段运动员有靠右分布的习惯，无人机可选择靠右侧活动以更好地实现拍摄效果，也可以选择靠左侧活动以保证飞行安全，减少给运动员带来的噪声影响（图 8-4）。

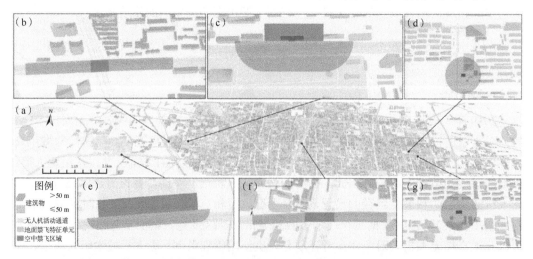

图 8-2　基于 3D 城市模型和马拉松线路的无人机活动空间和最优路径设置

图 8-3 城市立体交通影响下的无人机空中活动高度示意图

图 8-4 基于马拉松运动员分布的航拍无人机活动空间和最优路径设置示意图

上述活动空间和最优路径生成过程中，基于城市地理信息系统和 3D 城市模型，对飞行经过地面情况进行了识别和标记，确定了适飞高度、规避了禁飞区域、优化了通道选择，使无人机活动空间和最优路径设置具有准确依据，可以保证无人机活动的安全和超低空空域的使用效率，3D 城市模型可以有效辅助无人机最优路径的设置。

8.2.4 总结与讨论

1. 总结

这项研究基于城市超低空空域资源充分开发利用和空域灵活使用的背景，进行了城市区域无人机活动空间和最优路径的设置，研究认为：①超低空空域无人机活动与人类地面活动关系密切，其连续性和复杂性共存，正确处理城市高空建筑和超低空空域资源利用之间的矛盾是城市管理和空域管理共同面临的问题。依据城市空间地理信息、城市功能分区和空域管理条例，释放、协调、设定无人机活动空间，具有完善城市规划和促进空域资源开发利用的双重意义。②借鉴美国 FAA 关于无人机活动空间设置的经验，依据国内颁布的各项超低空空域和无人机活动管理条例，参考无人机研究的各项技术指标，可将城市超低空空域无人机活动空间和最优路径设置的管理形式归结为以下 3 点：适飞空域、控制点选择和 3D 城市模型应用、敏感性与灵活性。以此协调无人机活动与城市空间利用的关系，促进和保障无人机空中活动和超低空空域资源的有效利用。③通过案例研究发现，3D 城市模型和城市空间地理信息系统可有效辅助无人机活动空间和最优路径的设置。3D 城市模型在辨识和标记禁/限飞区域、城市建筑高度、规避无人机飞行影响等方面具有较大优势。基于 3D 城市模型，可准确辅助无人机在城市超低空空域的活动空间和最优路径的设置。④作为一种简单灵活的空域开发利用方法，无人机活动空间和最优路径设置充分考虑了地面基础设施、城市地理信息、功能区边界等问题，对弥补固定路径无人机活动的单一性和自由使用无人机的无序性有重要意义，可以进一步提高城市超低空空域资源灵活使用的精度和安全水平，为协调城市区域空域-地域管理矛盾提供新思路。

2. 讨论

（1）无人机活动空间可视为临时设定的无人机活动隔离空域。在当前无人机活动管理条文与技术应用背景下，超低空空域无人机活动仍具有高速流动、节点稀疏、目的明确等特点，呈现出特定空域、特定飞行高度无人机活动密度和飞行路径的不确定性。当多架无人机同时执行相同目标任务，或单一无人机在特定节点间往返活动时，难免会受其他无人机活动的影响，若此时无人机沿固定路径飞行，其活动风险将难以规避。根据无人机活动需要设置活动空间，对任务无人机许可为选择，对其他无人机许可为禁止，基于空间地理信息、路径规划和安全操作分析，实现了无人机在活动空间内自我优化、自我配置和自我保护。例如，案例研究中的无人机活动空间，不仅为拍摄无人机规划了安全飞行空域、避免了其他无人机活动的干扰，还实现了超低空空域资源的灵活使用与管理（活动通道随马拉松赛事结束而取消）。

（2）超低空空域和无人机活动空间研究属于地理空间研究的范畴。城市高空建筑与超低空空域边界的模糊关系，导致很难清晰区分飞行空域和"私人领地"之间的界限，也不能明确指出使用无人机构成侵权的具体情形。其实，城市高空建筑和超低空空域都存在于平面地理空间向三维地理空间延伸的高程立面上。城市空间布局、城市功能区划本身就是地理空间研究的命题，而禁飞区、隔离空域等的设定都要依据地面空间实际利用。这也就是说，城市空域管理与城市地理研究等存在不可分割的联系。上述无人机活动空间和最优路径设置的案例也证明，3D 城市模型可以有效辅助无人机活动空间选择和灵活空域管理。今后超低空空域资源开发与管理、无人机活动依然需要城市空间地理信息系统的支持。

参 考 文 献

戴大伟, 龙海英. 2013. 无人机发展与应用. 指挥信息系统与技术, 4(4): 7-10.

雷小途. 2015. 无人飞机在台风探测中的应用进展. 地球科学进展, 30(2): 276-283.

路紫, 沈和江, 雷平化, 等. 2016. 航空公共管理. 北京: 高等教育出版社.

马潇潇, 王宝山, 李长春, 等. 2014. 基于 Diverse AdaBoost 改进 SVM 算法的无人机影像信息提取. 地理与地理信息科学, 30(1): 13-17.

全权, 李刚, 柏艺琴, 等. 2020. 低空无人机交通管理概览与建议. 航空学报, 41(1): 6-34.

徐晨晨, 廖小罕, 岳焕印, 等. 2019. 基于改进蚁群算法的无人机低空公共航路构建方法. 地球信息科学学报, 21(4): 570-579.

杨俊宴, 马奔. 2015. 城市天空可视域的测度技术与类型解析. 城市规划, 39(3): 54-58.

张启瑞, 魏瑞轩, 何仁珂, 等. 2015. 城市密集不规则障碍空间无人机航路规划. 控制理论与应用, 32(10): 1407-1413.

中国民航局. 2018. 低空联网无人机安全飞行测试报, http://www.caac.gov.cn/XXGK/XXGK/GFXWJ/201811/t20181127_193186.html.

中国民用航空局. 2019. 对十三届全国人大二次会议第 6389 号建议的协办意见, http://www. caac. gov. cn/XXGK/XXGK/JYTNDF/201910/t20191028_199137.html.

中国民用航空局. 2019. 关于征求《促进民用无人驾驶航空发展的指导意见(征求意见稿)》意见的通知, http://www. caac. gov. cn/HDJL/YJZJ/201905/t20190514_196175.html.

中华人民共和国工业和信息化部. 2018. 关于公开征求《无人驾驶航空器飞行管理暂行条例(征求意见稿)》意见的通知, https://www.miit.gov.cn/zwgk/wjgs/art/2020/art_969586d8a03048f08ed8fd45b6cabb8b. html.

中华人民共和国中央人民政府. 2016. 国务院要求扩大低空空域开放鼓励企业和个人参与建设通用机场, http://www. gov. cn/guowuyuan/2016-05/05/content_5070543. htm.

中华人民共和国中央人民政府. 2019. 我国无人机实名登记数量逾 33 万架, http://www. gov. cn/xinwen/2019-05/31/content_5396457. htm.

Baindur D, Viegas J M. 2011. An agent based model concept for assessing modal share in inter-regional freight transport markets. Journal of Transport Geography, 19(6): 1093-1105.

Barlow Z, Jashami H, Sova A, et al. 2019. Policy processes and recommendations for Unmanned Aerial System operations near roadways based on visual attention of drivers. Transportation Research Part C: Emerging Technologies, 108(11): 207-222.

Belair V, Owen T, Holton A E. 2017. Unmanned aerial vehicles and journalistic disruption: perspectives of early professional adopters. Digital Journalism, 5(10): 1226-1239.

Chauhan A, Singla M R. 2016. A detail review on unmanned aeronautical ad-hoc networks. International Journal of Science, Engineering and Technology Research(IJSETR), 5(5): 1351-1360.

Civil Aviation Bureau. 2015. Japan's Safety Rules on Unmanned Aircraft(UA)/Drone. https://www.mlit.go.

jp/en/koku/uas.html.

Clothier R A, Williams B P, Fulton N L. 2015. Structuring the safety case for unmanned aircraft system operations in non-segregated airspace. Safety science, 79(11): 213-228.

Da Y T, Salleh M F, Lowb K H et al. 2017. Study on impact of separation distance to traffic management for small UAS operations in urban environment//Transdisciplinary Engineering. A Paradigm Shift: Proceedings of the 24th ISPE Inc. International Conference on Transdisciplinary Engineering, July 10-14, 2017. IOS Press.

Dalamagkidis K, Valavanis K P, Piegl L A. 2008. On unmanned aircraft systems issues, challenges and operational restrictions preventing integration into the National Airspace System. Progress in Aerospace Sciences, 44(7): 503-519.

Elias B. 2016. Unmanned Aircraft Operations in Domestic Airspace: US Policy Perspectives and the Regulatory Landscape. Congressional Research Service Report.

Han D, Gwak D Y, Lee S. 2020. Noise prediction of multi-rotor UAV by RPM fluctuation correction method. Journal of Mechanical Science and Technology, 34(4): 1429-1443.

Han Z, Swindlehurst A L, Liu K J R. 2009. Optimization of MANET connectivity via smart deployment/movement of unmanned air vehicles. IEEE Transactions on Vehicular Technology, 58(7): 3533-3546.

Havan S. 2012. Three-Dimensional Spatial Analytics and Modeling is Now SOP for the City of Fort Worth, ARCNEWS(Fall2012). http://www.esri.com/news/arcnews/fall12articles/three-dimensional-spatial-analytics-and-modeling-is-now-sop-for-the-city-of-forth-worth-texas.html.

Karaboga D. 2005. An Idea Based on Honey Bee Swarm for Numerical Optimization. Technical report-tr06, Erciyes University, Engineering Faculty, Computer Engineering Department.

Kim J, Crassidis J L. 2010. UAV Path Planning for Maximum Visibility of Ground Targets in an Urban Area. Information Fusion(FUSION), 13th Conference on. IEEE.

Koilias A, Nelson M G, Anagnostopoulos C N, et al. 2020. Immersive walking in a virtual crowd: The effects of the density, speed, and direction of a virtual crowd on human movement behavior. Computer Animation and Virtual Worlds, 4(1): 1-14.

Kong Z, Mettler B. 2011. Evaluation of guidance performance in urban terrains for different UAV types and performance criteria using spatial CTG maps. Journal of Intelligent & Robotic Systems, 61(1-4): 135-156.

Lalrochunga D, Parida A, Choudhury S. 2020. Sustainability of UAVs in developing countries: prospects and challenges. Journal of Discrete Mathematical Sciences and Cryptography, 23(1): 237-248.

Lenhart D, Hinz S, Leitloff J, et al. 2008. Automatic traffic monitoring based on aerial image sequences. Pattern Recognition & Image Analysis, 18(3): 400-405.

Martin R A, Hall A, Brinton C, et al. 2016. Privacy Aware Mission Planning and Video Masking for UAV Systems. Leesburg, USA: AIAA Infotech@ Aerospace.

Mualla Y, Najjar A, Galland S, et al. 2019. Between the megalopolis and the deep blue sky: challenges of transport with UAVs in future smart cities//Proceedings of the 18th International Conference on Autonomous Agents and MultiAgent Systems: 1649-1653.

Murtiyoso A, Grussenmeyer P, Suwardhi D, et al. 2018. Multi-scale and multi-sensor 3D documentation of heritage complexes in urban areas. ISPRS International Journal of Geo-Information, 7(12): 483-503.

Singireddy S R, Daim T U. 2018. Technology. Roadmap: Drone Delivery-Amazon Prime Air. Infrastructure and Technology Management, 11(1): 387-412.

Wan X, Ghazzai H, Massoud Y, et al. 2019. Optimal Collision-Free Navigation for Multi-Rotor UAV Swarms in Urban Areas. 2019 IEEE 89th Vehicular Technology Conference(VTC2019-Spring).

Wang Y G, Fan M N. 2011. Airworthiness management of light sport aircraft(LSA) in the situation of opening low-altitude airspace. Procedia Engineering, 17(10): 369-374.

Xu C, Liao X, Tan J, et al. 2020a. Recent research progress of unmanned aerial vehicle regulation policies and technologies in urban low altitude. IEEE Access, 8(4): 74175-74194.

Xu C, Liao X, Ye H, et al. 2020b. Iterative construction of low-altitude UAV air route network in urban areas: case planning and assessment. Journal of Geographical Sciences, 30(9): 1534-1552.

第 9 章 航空碳排放环境损害

9.1 航线网络碳排放模型及外部性要素

面对低碳航空发展态势给航空业带来的巨大挑战以及减排机制的转变，基于外部性视角，本章首先介绍并分析了航线网络模式影响航空碳排放环境损害模型的一般表达形式，还有碳排放环境损害要素的确定以及灵敏度分析方法的应用，然后系统分析了航线网络碳排放外部性要素——飞行操作阶段（着陆/起飞阶段与巡航阶段）、扇区飞行距离、航线类型、终端区近地空域的影响。现有研究表明，两类航线网络模式碳排放环境损害的方式和规模不同，城市对模式低于中心-辐射模式；航空碳排放环境损害是以上 4 个要素共同作用形成的，并与机型、航空公司类型等相联系。枢纽机场日益严重的碳排放环境损害引发了对中心-辐射航线网络模式选择的质疑，当然在低碳经济基础上，对航线网络模式提出相应建议也面临与腹地市场需要相统一的问题。

9.1.1 研究背景与研究综述

交通运输业作为能源消费密集型行业，是碳基燃料的主要用户，占全球累计碳排放总量的 18%（Chapman，2007）。航空运输业 CO_2 温室气体排放的环境损害问题日益显现，已占到全球累计碳排放总量的 2%（张志强等，2011）。特别是其高空排放（高空巡航阶段向大气中排放 CO_2、水蒸气、氮氧化物和煤烟颗粒等物质，其中 CO_2 占到高空排放总量的 70%）长期滞留大气中，已成为温室效应的重要制造者。2006 年 12 月，欧盟委员会首先提议将航空运输纳入欧盟排放交易体系（European Union emissions trading system，EUETS）。2008 年 7 月草案得以通过，飞行产生的碳排放量将逐步受到欧盟碳排放体系的限制。2009 年国际航空运输协会（IATA）重申大幅降低航空运输 CO_2 排放量，实现无碳增长的承诺，并设立阶段性目标：至 2020 年燃油效率年均提升 1.5%，至 2050 年 CO_2 排放降低 50%。以国际民航组织（ICAO）各成员国在第 37 届总会议气候变化谈判上签订的《减少航空温室气体排放协议》（2010 年 10 月）和第 39 届大会通过的《国际民航组织关于环境保护的持续政策和做法的综合声明》（2016 年 10 月）等文件为依据，可将航空碳排放环境损害定义为所有废气排放和燃料消耗带来的影响，并基本形成了新的全球性航空减排机制。新机制的一个重要特征是，从以客座率为基础的经济衡量，转变为以碳排放总量为基础的环境衡量。国际低碳航空发展态势以及机制转变引起了学界对碳排放估算及影响模型构建、情景模拟与行为分配等议题的关注。其中，尤为重视与碳排放绝对量（杨洋和张倩倩，2015）密切相关的航线网络模式对航空碳排放环境损害的研究。

与此同时，航线网络模式的选择与应用，已成为日益自由化的航空运输市场的一个重要特征。Nero（1999）指出，作为航空公司自由化的结果，中心-辐射航线网络模式在世界各地得以繁荣。美国在 20 世纪 80 年代取消航空公司管制后，更多地使用枢纽机场-辐射支线模式（Goetz and Sutton，1997）。欧洲在 20 世纪 90 年代航空自由化后，法国航空、荷兰航空、英国航空和汉莎航空等主要运营商的中心-辐射航线网络转运量显著增加（Derudder and Witlox，2005）。近些年来，这种网络模式的应用因特殊市场优势而持续增长。尽管面对枢纽机场日益拥挤的挑战，但与城市对航线网络模式相比，单位运营成本较低，深受低成本航空公司（low cost carrier，LCC）青睐。LCC 市场份额在欧洲高水准国家达到 34%，在北美国家达到 27%，在亚洲国家 2020 年达到 20%。韩国国内航线 LCC 已达 29.1%、国际航线已达 25.9%。近年来，LCC 的中转航班运营已成为航空网络演进的最重要因素。所以，以往在分析航线网络模式碳排放环境损害问题时，常常基于市场评估而进行，并与扇区飞行距离、航空公司类型、航线类型等结合在一起，评估中常应用经济交通指标。

根据上述有关低碳经济环境的国际政策和规定，参照 2012 年欧洲航空实施的针对所有飞机着陆/起飞（landing and take-off，LTO）的碳排放量上限的 EUETS，航线网络模式及环境效益已被纳入碳排放总量减少的目标管理体系中（庞韬等，2014）。在此将航空碳排放环境损害所依据的发动机/飞机组合、耗油量及油耗指数等界定为内在性要素，与其对应，将与飞行相关的操作阶段、扇区飞行距离等界定为外部性要素。本章仅针对航空碳排放环境损害外部性要素的影响，分析城市对航线网络模式的不间断飞行与包括一个枢纽机场的中心-辐射航线网络模式的经停飞行两者间的环境损害差异。

9.1.2 航线网络碳排放模型

1. 一般表达

依据城市对模式和中心-辐射模式两类基本的航线网络划分，将前者定义为出发地至目的地（O-D）的点对点（point-to-point）不间断飞行。在飞行过程中不存在它们自己飞行之间或从它们自己到其他航空公司的乘客转移（Aykin，1995；O'Kelly，1998）。将后者定义为经由枢纽机场的经停飞行（Wit and Zuidberg，2012）。就航线网络模式影响航空碳排放模型构建的问题，Morrell 和 Lu（2007）提出了枢纽机场—枢纽机场和中心旁路（hubby-pass）两类航线网络模式碳排放的计算方法，并用于评估其优劣；Hickman 等（2010）针对实现总体 CO_2 减排的目标和减少 CO_2 排放量的途径，在伦敦研究报告中开发了一个运输和碳模拟模型，并应用于一系列空运政策制定；桂钦昌等（2016）综述了航空地理学视角的航空网络组织模式研究进展,透视了轴-辐式网络结构形式及 LCC 促进航空网络演变所产生的碳排放及气候效应。

依据以上研究,可概括出两类航线网络模式碳排放环境损害模型的一般表达式:城市对模式下,从机场 A 到 B 直达的航空碳排放环境损害(货币量/航班)的计算公式如下:

$$D_{AB} = D_A + D_B = \lambda(T_{xA} + T_{xB}) \tag{9-1}$$

即机场 A 和 B 间由航班 x 造成的环境损害;λ(航班/日)为机场 A 和 B 间的航班总量;中心-辐射模式下,从机场 A 经由枢纽机场 H,到机场 B 的航空碳排放环境损害(货币量/航班)的计算公式如下:

$$D_{AHB} = D_A + D_H + D_B = \alpha(T_{yA} + T_{yH}) + \beta(T_{zH} + T_{zB}) \tag{9-2}$$

即机场 A 和 B 通过枢纽 H 的航空碳排放环境损害(D_A、D_H 和 D_B);T_{yA} 和 T_{yH}、T_{zH} 和 T_{zB} 分别为机场 A 和机场 H 间航班 y 的环境损害、机场 H 和机场 B 间航班 z 的环境损害;α(航班/日)为机场 A 起飞的航班总量;β(航班/日)为机场 H 起飞的航班总量。航线网络碳排放环境损害模型可用于评估机场 A、B 间不间断的城市对模式飞行情形和通过枢纽机场 H 的中心-辐射模式飞行情形的差异。

2. 要素确定

1)基于飞行操作阶段的要素确定

近年来,在广泛的航空业低碳经济调整大框架下,学者们较集中地讨论了在城市对和中心-辐射两类航线网络模式中,不同飞行阶段影响下,航空碳排放环境损害的外部性要素组成问题。例如,Lu 和 Morrell(2006)选择 LTO 阶段和巡航阶段分别测算了飞机碳排放造成的环境损害。将起飞、爬升、靠近、滑行/空转和巡航 5 种飞行操作阶段分开计算是较常见的研究方式。再如,Miyoshi 和 Mason(2009)依据政府间气候变化专门委员会准则和欧洲环境署"排放清单指南"获得了 LTO 阶段的排放量,又参照"飞机性能数据库(base of aircraft data,BADA)"获得了巡航阶段的燃料消耗,计算了中心-辐射航线网络模式上枢纽机场的极大碳排放量。又如,Kollmuss 和 Lane(2008)针对两类航线网络模式影响碳排放的机理,运用碳中和方法,以 Atmosfair(非盈利环保公司)、TRX Travel Analytics(航空数据分析公司)、Virgin Atlantic(航空公司)为例,开展了综合考虑航线网络碳排放影响要素的研究,分别计算了机型、航线类型、飞行距离、乘客有效载重量、负载系数/座位占用率、座位类型等,其研究中既包括与碳排放绝对量相关的要素,也包括与碳排放相对量相关的要素(经济交通指标)。

2)基于排放率的要素确定

以往占重要地位的碳排放率研究,从不同污染物环境损害视角揭示出其主要影响要素。Morrell(2009)界定碳排放率为燃油产生的每秒碳排放的质量(kg/s),并给出每种污染物的环境损害(货币量/单位重量),进而应用于两类航线网络模式的评估。航空碳排放环境损害 W_{ij} 为 i 类航线网络模式下排出的 j 种污染物的总量(重量或折合的货币量/

航班），$W_{ij}=t_if_ie_{ij}$，其中 t_i 为 i 类航线网络模式的飞行时间（h），f_i 为 i 类航线网络模式的燃料溢流（fuel flow，kg/h），e_{ij} 为 j 种污染物在 i 类航线网络模式的排放率集合（kg 污染物/kg 燃料），基于此，给出第 k 种飞机/发动机组合的环境损害：

$$D_{ek}=\sum_{m=1}^{2}\sum_{i=1}^{2}\sum_{j=1}^{2}\alpha_iW_{ij}U_j \qquad (9\text{-}3)$$

式中，m 为影响区域类型（城市区或非城市区）；α 为航班总量；α_i 为某类航线网络模式中的损害乘数因子，指不同机型碳排放产生的环境损害；U_j 为 j 污染物的单位环境成本（货币量/kg）。碳排放率研究又补充了两类航线网络模式环境损害的区域类型要素，其在外部性分析中具有较重要的意义。

3. 灵敏度分析

灵敏度分析方法（sensitivity analysis）在有机组合若干主要影响要素的基础上，搭建了环境成本测算关系表，从而能有效评估指定航线碳排放不同影响要素的环境损害程度。Lu 和 Morrell（2001）针对发动机排放的所有污染物的环境损害，选取格拉斯哥—芝加哥航线，采用灵敏度分析方法评估了城市对不停飞航线和中心-辐射停飞航线（经停希思罗）两类模式下的环境损害。表 9-1 显示了该航线两类模式的环境成本测算及其与航班动态变化的关系。假定与机型相关的座位/航班为常数，在 LTO 和扇区巡航阶段，CO_2 环境损害（货币量/人）的指示意义是：因 LTO 和巡航阶段而显著变化的环境成本，可结合航班增减、机型调整，按照负载系数测算出来。其研究中还估测，在不经停希思罗的城市对航线网络模式下，以较大型飞机替代，从燃油效率和乘客平均环境成本方面将保持更大优势。灵敏度分析也证实：飞行操作阶段以及机型选择的影响明显。在具体计算中，扇区飞行距离及与其相联系的常用巡航高度也被引入碳排放灵敏度计算中。因为在较短的扇区飞行距离上常使用较低的巡航高度，爬升起飞阶段（3 000 ft）燃料效率远远小于巡航阶段（30 000 ft）。

表 9-1 GLA—CHI 的环境成本测算关系表

航线网络类型	座位/航班	座位总数	LTO CO_2 排放成本/（欧元/天）	巡航 CO_2 排放成本/（欧元/天）
城市对				
（+）B767-300	210	210	1 240	7 000
净增座位 [a]		210		
中心-辐射 [b]				
每日增加三班较大型飞机，GLA—LHR：				
（+）A321-200	195	585	+1 936	+1 282
每日减少三班较小型飞机：				
（−）B737-700	126	378	−1 345	−1 039
净增座位 [b]		207		

续表

航线网络类型	座位/航班	座位总数	LTO CO$_2$ 排放成本/(欧元/天)	巡航 CO$_2$ 排放成本/(欧元/天)
每日增加两班较大型飞机，LHR—CHI：				
（+）B747-400	302	704	+3 130	+28 831
每日减少两班较小型飞机：				
（−）B777-200	300	600	−3 351	−19 209
净增座位^c		184		
环境总成本净值			2 370	9 866

a 按新增乘客负载系数72%计算；b 设每天从格拉斯哥到希思罗机场需要150名乘客；c 按新增乘客负载系数82%计算。

注：将英国伦敦希思罗（LHR）—美国圣地亚哥（SAN）、德国汉堡（HAM）—日本成田（NRT）、英国格拉斯哥（GLA）—美国达拉斯-沃尔斯堡（DFW）、德国汉堡（HAM）—美国达拉斯-沃尔斯堡（DFW）4条航线两类模式相比较，获得。

资料来源：据参考文献（Morrell and Lu，2007）修改。

9.1.3 航线网络碳排放的外部性要素

1. LTO/巡航飞行操作阶段影响

从以上模型应用及灵敏度分析中可见，枢纽机场 H 导致环境损害增加的关键点是，在 LTO 与巡航两种飞行操作阶段中碳排放形成较大差异。以往研究给出了 LTO 及巡航阶段下碳排放量的计算方法。例如，Schulte 等（1997）通过飞机在巡航阶段氮氧化合物的排放指数，获得飞机飞行过程中碳排放量。Kalivoda（1997）分目视飞行（依据油耗指数、耗油量及飞行时间）和仪表飞行（依据发动机/飞机组合、航线距离、耗油量及油耗指数），对飞机碳排放量进行了计算。陈林（2013）通过飞机巡航阶段的运行状态，并根据 ICAO 提供的污染物排放系数，进行了相关污染物排放量的测算。以上研究证实：在不同飞行操作阶段和不同扇区飞行距离间燃料消耗很不一致，在整个飞行中，爬升和滑行相对产生大量的燃料消耗，LTO 阶段碳排放环境损害高于巡航阶段。

Morrell 和 Lu（2007）使用灵敏度分析方法对 GLA—CHI 两类航线网络模式的测试结果是：城市对航线不间断飞行航班的 LTO+巡航阶段排放成本均较小（CO$_2$ 环境成本为 8 240 欧元/天、环境损害净值为 55 欧元）；中心-辐射航线经停希思罗的间接飞行航班，LTO+巡航阶段排放成本较大（环境成本为 12 235 欧元/天、环境损害净值为 81 欧元），由此将经停航线模式的环境损害增量归因于希斯罗的 LTO 循环（两类航线飞行距离仅相差 14%），当该枢纽机场空域繁忙滑行/空转时间延长时，机场跑道容量限制和到达顺序的随机性可能还会带来进一步的额外延误，LHR 平均延误率达到 26.47%[①]。

灵敏度分析的特色之一是将机型参数引入 LTO 阶段和巡航阶段的碳排放环境损害比较中。Graver 和 Frey（2009）根据不同机型的燃油消耗量统计数据，获得了两种状态下的相关参数，又由油耗量及油耗指数计算了飞机 LTO 阶段和巡航阶段的废气污染物排放量。结合以往研究，由多种机型评估的废气污染物排放环境损害分级可见，LTO 阶

---

① 资料来源："飞常准"（http://www.variflight.com）。

段的地面环境损害均高于 LTO 前 30 min 巡航阶段的环境损害，这主要取决于不同飞行高度及速度的油耗指标，在 30min 巡航状态下有 7 种比 LTO 状态要低，其中环境损害越严重，两者间环境损害差值越明显（表 9-2）。

表 9-2 飞机类型的废气污染物排放环境损害（货币量/航班）

飞机类型	代表机型	LTO	分级	30 min 巡航	分级	LTO+巡航	分级
1	CRJ	79	<100	61	<100	140	100~200
2	B737-700	224	200~300	130	100~200	354	300~400
3	A321	323	300~400	160	100~200	483	400~500
4	B767-300	620	600~700	263	200~300	883	800~900
5	B777-300	838	800~900	335	300~400	1 173	1 100~1 200
6	B747-400	1 283	1 200~1 300	503	>500	1 785	1 700~1 800
7	B747-100/300	1 455	>1400	541	>500	1 996	>19 00
8	B727Q	220	200~300	234	200~300	454	400~500

注：只包括 CO_2 排放，每个飞机类型是最差和最佳发动机/飞机组合的中间值。
资料来源：据参考文献（Morrell and Lu，2007）修改。

2. 扇区飞行距离影响

依据碳中和方法，对两种飞行操作阶段下特定机型碳排放环境成本的计算，可进行两类航线网络模式不同飞行距离及机型影响分析。城市对航线网络模式具有长距离飞行的特征，并在很大程度上限制了中短距离航线的应用，其扇区飞行距离往往大于中心-辐射。而中心-辐射航线网络模式，解决了经停一个枢纽机场转运旅客，实现了交通量较小市场的组织问题，给中短途支线飞行网络经转运营带来了较大的经济交通量优势，这派生出环境损害外部性的距离分析。Michaelowa（1998），环境问题研究和咨询组织（CE Delft，2005），英国环境、食品和农村事务部（DEFRA，2005）均划分出短途、中途和长途线路，开展碳排放环境损害与飞行距离关系的评估。

DEFRA 使用默认的 CO_2 排放平均因子、平均扇区飞行距离与负载系数，测试了多条国内和国际航线上的航空运输碳排放平均水平（表 9-3），提出飞行碳排放取决于扇区飞行距离的观点。CE Delft 使用假设的例子，选取 CORINAIR 排放清单指南（与 DEFRA 近似）的燃料消耗数据，计算出多个航班不同距离的碳排放量（表 9-4）。Miyoshi 和 Mason（2009）使用欧洲航空公司数据，以不同机型 75%负载系数的假设，计算了北大西洋区域航线扇区飞行距离的碳排放水平（图 9-1）。比较三项研究可见，不仅在飞行器燃料效率和操作性能等内在性要素间，而且在不同扇区飞行距离等外部性要素上都非常不同，可将碳排放的差异归因于扇区飞行距离以及所选用的飞机类型和负载系数。图 9-1 显示了不同机型随距离增加，每客千米碳排放降低的态势。短途航班的每客千米碳排放量较高，其 LTO 阶段的燃料燃烧成为航班整个燃料燃烧较重要的一部分。而长途航班 LTO 阶段则相对次要，其巡航阶段也是燃料燃烧的主要部分。以上不同距离间碳排放水平的差异主要是通过乘客碳排放负载系数来说明的，实际上，航线网络模式碳排放与扇区飞行距离间存在复杂关系。

表 9-3 DEFRA 的研究报告

航线类型	CO_2 排放量/[C g/(人·km)]	计算假设	平均距离/km	路线
国内	158.0	65%负载系数 78 座 Dash-8 Q400, 139 座 B737-400	463	伦敦—苏格兰
国际短途	130.4	65%负载系数 139 座	1 108	英国—欧洲中部
国际长途	105.6	79.7%负载系数 346 个座位 B747-400 261 个座位 B767-300ER	6 482	英国—美国东海岸

资料来源：据参考文献（DEFRA，2005）修改。

表 9-4 CE Delft 的研究报告

航线类型	CO_2/kg	CO_2 排放量/[C g/(人·km)]	计算假设	示例路线
短途	8 024	175	70%负载系数/150 个座位 空客 A320 平均距离：480 km	阿姆斯特丹（AMS）—巴黎（PAR）
中程	15 793	107	70%负载系数/150 个座位 波音 737-400 平均距离：1 402 km	慕尼黑（MUC）—帕尔马（PMF）
长途	157 033	103	70%负载系数/340 个座位 波音 777 平均距离：6 404 km	伦敦（LHR）—纽瓦克（EWR）

资料来源：http://www.eel.nl/documents/aviation_et_study.pdf.

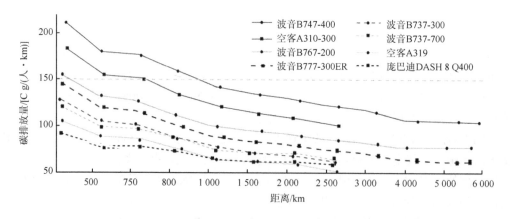

图 9-1 各种机型随距离的碳排放变化示意图

修改自参考文献（Miyoshi and Mason，2009）

3. 航线类型影响

在距离变化影响航空碳排放的研究中，结合航线类型分析是一种有效方式。Miyoshi 和 Mason（2013）使用 2004 年和 2006 年英国民航局 1 626 条国内航线数据和为英国机场提供服务的欧盟内航线交通流数据，选取客座率排名前 20 位的航线（平均飞行距离 581 km，平均负载系数 78%，平均碳排放 162g/pkm），开展了航线类型与碳排放量关系的研究。对比该市场不同航线类型、不同飞行距离的平均碳排放量（g/pkm）差异（图9-2）可见，区域航线和LCC航线（＜1 000 km和500～1 500 km）碳排放量低于网络航线（500～2 500 km）。其含义是每客千米的碳排放量相对较低，这是由座位密度和负载系数较高造成的，然而其环境损害被公认是严重的，航空碳排放的环境悖论即源于每客千米的相对指标。

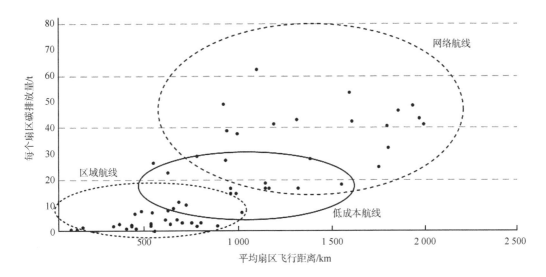

图9-2 不同航线类型在扇区飞行距离上的平均碳排放
修改自参考文献（Miyoshi and Mason，2009）

4. 终端区近地空域影响

LTO阶段航空碳排放的环境损害，包括向低空排放一氧化碳(CO)、氮氧化物(NO_x)、碳氢化合物（HC）及烟雾颗粒等物质，均因近离城市区而加重城市热岛效应，其废气污染物对周围人群造成更直接的影响。Pearce和Pearce（2000）从不同视角，运用ICAO碳排放标准对机场终端区近地空域碳排放量进行了估算，碳排放在城市区和非城市区环境成本的差异见表9-5，体现了大城市机场空域碳排放的环境损害状态。

表9-5 城市区与非城市区废气污染物的环境影响比较（单位：货币量/单位重量）

污染物	平均	非城市区	城市区
HC	4.47	2.7～5.0	2.7～8.9
CO	0.08	0.01～0.19	
NO_x	10.05	4～13	7～25
PM	167.57	18～200	85～2 000
SO_2	6.70	3.0～8.5	3.0～50.0
CO_2	0.03	0.01～0.04	

资料来源：据参考文献（Pearce B and Pearce D，2000）修改。

9.1.4 结论与展望

主要结论：①基于航空碳排放环境损害模型评估城市对和中心-辐射两类航线网络模式外部性要素，是国际减排机制转变的需要。灵敏度分析证实：不停飞航线的城市对模式碳排放环境损害低于经停航线的中心-辐射模式。②采用自上而下分解方法可以搭建一个反映航空碳排放外部性要素的关系框架，包括飞行操作阶段（LTO 和巡航）、扇区飞行距离、航线类型、终端区近地空域，以及相关的机型与航空公司类型等。城市对模式的 LTO 少于中心-辐射模式，而飞行距离往往大于中心-辐射模式。其在长距离巡航排放方面显著增益，并表现在航线类型和机场终端区近地空域碳排放环境损害方面。

关于市场化的讨论：航空减排机制的变化带来对中心-辐射航线网络模式的挑战（Wei and Hansen, 2003），对碳排放外部性要素的重视可能导致航线网络模式向城市对和直飞转变。可是网络组织模式主要是在连续需求规模增长的影响下讨论的，向城市对和直飞转变的可能性会因成本影响而受到市场需求的限制。客观上，环境成本的差异取决于机场腹地人口集中度，客均环境成本由机场区域人口密度及其中心-辐射航线网络模式"绕路"程度决定。故经济捆绑下的碳排放评估仍不在少数，也使 LCC 继续成为组织多个 O-D 市场的常见方式。显然，中心-辐射网络模式的环境悖论即源于每客千米的相对指标，但中心-辐射航线网络模式作为客运系统的选择，就碳排放总量规模评估而言是错误的。航空运输业在未来增长的同时需要关注空气安全的维护或确保无空气质量的恶化。

应用展望：新兴经济体持续快速增长的航空需求是碳排放当前面临的主要挑战，我国已成为世界最大的航空碳排放国家（杨占红等，2016），2015 年 11 月我国在巴黎气候变化大会上郑重表明发展低碳交通的立场，并于 2016 年 10 月签署"ICAO 关于环境保护的持续政策和做法的综合声明"。就我国航空网络模式的应用问题，我们建议城市对和中心-辐射两类航线网络模式分别由竞争优势较大的国家航空公司和新兴的 LCC 选择运营，国家航空公司应主要发展直飞运营辅以发展网络运营；在不同的城市对航线网络模式上调整航班密度，实施多类型飞机的直飞，以产生超值效益；在尚有较大发展空间的航空支线运营中，优化不同航线网络模式的机型选配。

9.2 航空碳排放环境损害评估及其机型替代
——以京沪航线为例

应对近年来国际低碳航空发展和航空减排实践的转变，引入灵敏度分析方法改进碳计算器模型。组合机型、LTO 循环/巡航操作阶段、航线网络模式等外部性要素，基于单架次航班航迹点实际数据进行了京沪航线碳排放环境损害评估，并基于此分析了机型替代后的碳排放环境损害变化。研究结果表明，不同机型间和相同机型内部，分别受机型本身和滑行时长影响，致使单架次航班碳排放环境损害存在差异，即表现出大型飞机较高碳排放环境损害的普遍规律，但也有例外。若使用相同机型，中心-辐射航线网络模式的碳排放环境损害较高；若使用不同机型，两类航线网络模式的碳排放环境损害并不确定。基于客流需求的研究发现，飞行频率对航空碳排放环境损害的影响更为关键，采用点对点航线网络模式，以大型飞机降低飞行频率，能减少绝对碳排放。

9.2.1 研究背景与研究综述

近年来，国际低碳航空发展和航空减排实践正在经历 3 个重大转变：①向绝对碳排放转变。新的全球性航空减排机制的一个重要特征，是从客座率为基础的经济衡量转变为以碳排放总量为基础的环境衡量，由此引发了学界对绝对碳排放相关模型构建、情景模拟与行为分配等议题的关注（杨洋和张倩倩，2015；Sgouridis et al., 2011），其中尤为重视航线网络模式研究。我国也已出台分阶段转向绝对减排的发展路径。②与绝对碳排放相对应，向外部性要素转变。现阶段，以发动机燃油技术为对象的碳排放内部性要素研究进步空间有限，机型（本书特指座位容量）、着陆和起飞循环/巡航操作阶段操作时长、实际飞行距离和航线网络模式[点对点航线网络模式和中心-辐射航线网络模式（焦敬娟和王姣娥，2014）]等外部性要素上升为航空碳排放评估的主要方面。③向单条航线/单架次航班转变。由于飞机操作性能不同，外部性要素评估实际上只能针对单条航线/单架次航班进行。通过计算单架次航班的社会成本体现碳排放环境损害（绝对碳排放），也使不同要素影响碳排放环境损害的评估更接近实际。基于以上转变，《民航节能减排"十三五"规划》和《中国绿色发展研究报告》均提出了优化航线结构、缩短飞行里程、降低飞行频率等低碳使用措施。综上，单条航线/单架次航班绝对碳排放环境损害的外部性要素评估已成为新的发展方向，揭示机型、LTO 循环/巡航操作阶段和航线网络模式等外部性要素及其组合对航空碳排放环境损害的影响机制也成为一项基础性研究工作。

当前，单方面的外部性要素研究已经取得较全面进展，同时也显现出要素组合研究的迹象。①机型与碳排放量的相关性被广泛讨论。例如，Lu 和 Morrell（2006）、Givoni 和 Rietveld（2010）在航空碳排放外部性要素研究中，分别计算了不同机型污染物排放的社会成本，并给出了燃油效率与机型的线性关系。欧洲航管组织在环境压力下还预测了枢纽机场间中途航线上飞机座位容量的增长（Morrell，2009）。②相对于巡航阶段而言，LTO 循环阶段操作时长（滑行时长）研究被更多关注。例如，夏卿等（2008）、Masiol 和 Harrison（2014）、Loo 等（2014）分别应用飞机操作时间数据，按机型估算地面滑行时长，得出了 LTO 循环阶段的碳排放量在碳排放总量中的占比。③多项代表性成果对比评估了两类航线网络模式的碳排放社会成本。例如，Morrell 和 Lu（2007）、Lu 和 Morrell（2006）以格拉斯哥—芝加哥航线为对象，评估了不同机型的点对点直达航班和经停希思罗国际机场航班的碳排放社会成本差异。

以上研究多是利用航空公司和碳补偿公司开发的各种碳计算器模型[如环境社会成本模型（Lu and Morrell，2006）、碳排放指数模型（Masiol and Harrison，2014）等]，通过民航能耗环境影响计算而完成的。尽管这些碳计算器模型可实现航空碳排放环境损害评估，但是在具体控制方案制定时仍然存在一定局限性。例如，大都以排放清单指南中的平均数据为基础（包括国际民航组织）（Edwards et al.，2016），从而导致外部性要素计算与实际飞行数据间存在误差（Miyoshi and Mason，2009）；未采用实际滑行时长数据以及实际巡航阶段操作时长数据，不能表明单架次航班实际碳排放环境损害的影响；缺少对输入要素的综合分析，正如Jardine（2009）所指出的，无法说明改变哪些要素（机型、飞行时长等）可以最有效地减少输出（碳排放量）的不确定性。此外，碳计算器模型之间因缺乏一致性而难以使同一航班碳排放环境损害计算产生相同结果（Baumeister，2017）。因此，需要利用实际数据构建多要素输入分析模型，计算碳排放环境损害值，表达单架次航班的环境性能差异。

本书引入灵敏度分析方法改进碳计算器模型，组合机型、LTO循环/巡航操作阶段、航线网络模式3个外部性要素，使用京沪航线上所有航班的航迹点实际数据，评估了其外部性要素间相互作用关系及其产生的单架次航班碳排放环境损害差异，进而基于客流需求分析了不同航线网络模式机型替代（机型配置与飞行频率选择）后碳排放环境损害的变化。

9.2.2 研究方法与研究数据

1. 碳计算器模型的改进

由以上内容可知，需要改进碳计算器模型以准确区分单架次航班的实际碳排放环境损害。在此引入灵敏度分析方法，构建灵敏度-碳计算器（sensitivity-carbon calculator，SE-CC）模型，以显示和确定不同外部性要素影响碳排放环境损害的敏感度。①分机型计算。以往碳计算器模型基于EMEP/CORINAIR数据库（Miyoshi，2014）进行碳排放计算时，使用的是少数几种通用机型的平均数据而没有详细区分机型。SE-CC模型可实现对不同机型碳排放环境损害的单独评估。②分LTO循环/巡航操作阶段计算。以往研究忽略巡航阶段的碳排放环境损害，SE-CC模型遵循政府间气候变化专门委员会（IPCC）的"国家温室气体清单指南：参考手册和排放清单"，可实现对两个操作阶段碳排放环境损害的单独评估。③分航线网络模式进行计算。以往在航线网络模式碳排放环境损害计算中，多采用LTO循环阶段平均操作时长数据的2倍代表中心-辐射航线网络模式的LTO循环阶段操作时长（Morrell and Lu，2007）。SE-CC模型采用LTO循环阶段的实际操作时长，不仅能比较两类航线网络模式的碳排放环境损害，也能分析两类航线网络模式机型替代后的碳排放环境损害变化。

2. SE-CC模型的实现过程

依前所述，SE-CC模型用于单架次航班碳排放环境损害计算时，有效组合了以上 3 个外部性要素,因此,SE-CC 模型的实现过程应包括分机型计算和分单架次航班计算 2 个步骤。

(1) 依据 Lu 和 Morrell(2006)的机型分类以及未知机型的接近性确定方式,又依据 Lu 和 Morrell(2001)及 Morrell 和 Lu(2007)对个别机型 LTO 循环/巡航操作阶段的计算,以及 Morrell 给出的相似机型关系(即每增加 1%的座位容量将会减少 0.83%碳排放环境损害)(Morrell,2009)得出,分机型的航空碳排放环境损害值计算公式如下:

$$C_m = C_n - C_n \times 0.83\% \times \frac{S_m - S_n}{S_n \times 1\%} \tag{9-4}$$

式中,C_m 和 C_n 分别为未知机型 m 和已知机型 n 的碳排放环境损害值;S_m 和 S_n 分别为未知机型 m 和已知机型 n 的座位容量。

(2) 通过 LTO 循环/巡航操作阶段的实际操作时长数据,计算单架次航班的碳排放环境损害值。LTO 循环阶段包括起飞、爬升、进近和滑行(含进场和离场滑行),其标准运行时间分别为 0.7 min、2.2 min、4 min 和 26 min(李杰等,2018)。在相同时间下滑行的碳排放量是起飞、爬升和进近的 2~3 倍,且滑行时长远大于 LTO 循环阶段的其他过程,故以滑行时长代表 LTO 循环阶段操作时长(熊杰和张晨,2010;李楠和张红飞,2017)。巡航阶段操作时长为总飞行时长减去 LTO 循环阶段操作时长。第 k 架次航班的碳排放环境损害值(D_k)的计算公式如下:

$$D_k = \frac{T_{\text{LTO}}}{26 \text{ min}} D_{k_1} + \frac{T_{\text{C}}}{30 \text{ min}} D_{k_2} \tag{9-5}$$

式中,T_{LTO} 和 T_{C} 分别为第 k 架次航班 LTO 循环阶段和巡航阶段的实际操作时长;26 min 为标准 LTO 循环阶段的操作时长;D_{k_1} 和 D_{k_2} 分别为第 k 架次航班所使用机型的 LTO 循环阶段和 30 min 巡航阶段碳排放环境损害值。中心-辐射航线网络模式 LTO 循环阶段的实际操作时长采用 2 次之和。在进行大型飞机替代中型飞机研究时,采用以往理想数据,即中心-辐射航线网络模式 LTO 循环阶段的实际操作时长是点对点航线网络模式的 2 倍。

可见,SE-CC 模型的应用,已经不再是对单个外部性要素的评估,而上升为对要素组合的评估,基于此,可形成外部性要素关系概式:首先是计算机型碳排放环境损害值,其关键是分 LTO 循环/巡航操作阶段体现机型碳排放环境损害差异;然后是组合 3 个外部性要素计算单架次航班碳排放环境损害值,包括 LTO 循环/巡航操作阶段受机型影响的单架次航班差异,还包括两类航线网络模式受 LTO 循环/巡航操作阶段和机型影响的单架次航班差异。

3. 研究数据选择

根据航空指南官网(http://www.oag.cn)航线运力排名,选取中国运力最大的北京首都国际机场(PEK)—上海虹桥国际机场(SHA)航线(全程 1 220 km)为研究对象,采用中国三大国有航空公司的航班数据(合占 PEK—SHA 航线总运力的 83%,其中东航占 45%、国航占 31%、南航占 7%)。使用航班号从"飞常准"官网

（http://www.variflight.com）和 FlightAware 官网（https://zh.flightaware.com），获取 2018 年 3 月 21 日（周三）每个航班航迹点实际飞行数据，包括机型、航迹点时间、总飞行时长、滑行时长。PEK—SHA 航线共有航班 70 架次（其中，东航 41 架次：A330-343E 机型 30 架次、A321-211 机型 5 架次、B777-300ER 机型 4 架次、A330-243E 机型 2 架次；国航 25 架次：B787-9 机型 7 架次、B777-300 机型 6 架次、B777-300ER 机型 6 架次、B747-8 机型 3 架次、A330-343E 机型 2 架次、B777-200 机型 1 架次；南航 4 架次：A321-231 机型 4 架次）。航线上仅 2 架航班为中心-辐射航线网络模式：A321-211 机型运营 PEK—LYA（洛阳北郊国际机场）—SHA 航线，其余均为点对点航线网络模式。

9.2.3 航空碳排放环境损害评估

1. 外部性要素组合评估

1）LTO 循环/巡航操作阶段的机型差异

即使在传统的碳计算器模型中也将机型作为最重要因素，尤其关注机型在 LTO 循环/巡航操作阶段碳排放环境损害的影响。现应用实际机型数据，于式（9-1）中计算 PEK—SHA 航线上不同机型在 LTO 循环/30 min 巡航操作阶段的碳排放环境损害值（欧元），结果见表 9-6。从表 9-6 可以看出，不同机型在 LTO 循环/30 min 巡航操作阶段的碳排放环境损害差异较大，中型飞机（A321 系列）碳排放环境损害值（300/150 欧元左右）明显低于除 B787-9（现代机型）外的大型飞机（在 800~900 欧元/300~400 欧元较集中）；除 A330 系列外，各机型的 LTO 循环阶段碳排放环境损害值均高于 30 min 巡航阶段，A330 系列在 30 min 巡航阶段的碳排放环境损害值是其他机型的 1.5~7.5 倍，其与座位容量相近的 B777-200 同样具有差异。由此可见，座位容量相近的机型间 LTO 循环/30 min 巡航操作阶段的碳排放环境损害差异也可能较大，均缘于机型本身。

表 9-6　PEK—SHA 航线上不同机型的碳排放环境损害值

机型	座位容量	相似机型	座位容量	LTO 循环阶段	30 min 巡航阶段
A330-243E	303	A310	220	201	616
A330-343E	301	A310	220	203	622
B777-300ER	370	B777-300	368	834	333
B777-300	368	B777-300	368	838	335
B777-200	301	B777-300	368	965	386
A321-211	185	A321	185	323	160
A321-231	199	A321	185	303	150
B747-8	467	B747-400	344	902	353
B787-9	293	A321	185	166	82

注：座位容量标准配置来源于飞机制造商（可能与航空公司的使用有所不同）。

2）LTO 循环/巡航操作阶段受机型影响的单架次航班差异

机型对 LTO 循环/巡航操作阶段碳排放环境损害的影响，可通过单架次航班进行分析。现利用以上不同机型在 LTO 循环/30 min 巡航操作阶段的碳排放环境损害值，以及单架次航班 LTO 循环/巡航操作阶段的实际操作时长数据，计算 PEK—SHA 航线单架次航班的碳排放环境损害值（欧元/航班），结果如图 9-3 所示。

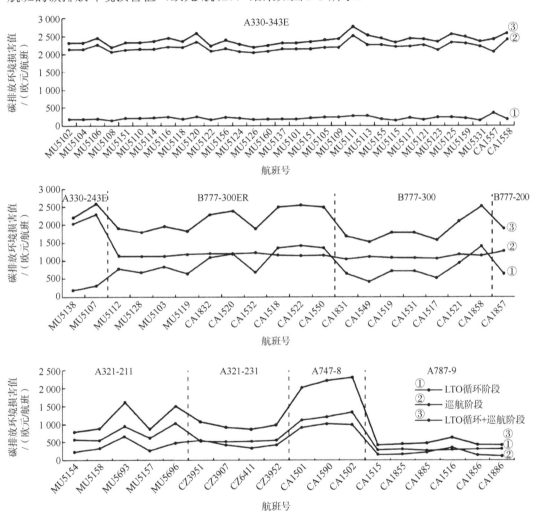

图 9-3　PEK—SHA 航线上单架次航班的碳排放环境损害值

在此以大型飞机为例，评估 PEK—SHA 航线上单架次航班的碳排放环境损害。在 LTO 循环/巡航操作阶段，不仅不同大型飞机间各航班的碳排放环境损害具有差异，而且相同大型飞机内部各航班的碳排放环境损害也不尽相同。不同大型飞机间，所有航班平均 LTO 循环+巡航阶段碳排放环境损害值为 1 981 欧元/航班。但 B787-9（平均 466 欧元/航班）在航班占比 8.57%情况下仅贡献了 1.97%的碳排放环境损害，而 A330-343E（平均 2 387 欧元/航班）在航班占比 45.71%情况下却贡献了 53.93%的碳排放环境损害。

相同大型飞机内部，各航班 LTO 循环+巡航阶段碳排放环境损害差异的产生与 LTO 循环阶段碳排放环境损害有密切联系。例如，A330 系列与 B777 系列内部，巡航阶段的碳排放环境损害值差异较小，但后者 LTO 循环阶段碳排放环境损害值的变化（500～1 500 欧元/航班）明显大于前者（100～500 欧元/航班），由此导致后者内部各航班 LTO 循环+巡航阶段碳排放环境损害值变化（集中于 1 500～2 500 欧元/航班）也大于前者（集中于 2 100～2 500 欧元/航班）。

3）两类航线网络模式中受操作阶段和机型影响的单架次航班差异

LTO 循环/巡航操作阶段和机型对两类航线网络模式碳排放环境损害差异的影响也可通过单架次航班进行分析。PEK—SHA 航线上的中心-辐射航线网络模式仅存在于东航，图 9-4 为东航两类航线网络模式中，单架次航班 LTO 循环/巡航操作阶段的碳排放环境损害值（欧元/航班）。

从图 9-4 中看出，相同机型（中心-辐射航线网络模式仅有 A321-211）两类航线网络模式的碳排放环境损害差异在 41.48%～50.93%，由于中心-辐射航线网络模式 LTO 循环/巡航操作阶段的操作时长同时增加，其碳排放环境损害高于点对点航线网络模式。但是，受机型影响，点对点航线网络模式多数航班碳排放环境损害值高于中心-辐射航线网络模式航班（MU5693 和 MU5696）。该案例中，即使在 LYA 增加一次 LTO 循环并增加 700 km 额外飞行距离（巡航）的状态下，中心-辐射航线网络模式航班的 LTO 循环+巡航阶段的碳排放环境损害仍低于 B777-300ER 和 A330 系列点对点航线网络模式航班。这是一个意外的发现，主要缘于机型本身（前者 323/160 欧元而后者 834/333 欧元和 202/619 欧元），说明采用中心-辐射航线网络模式也有可能减少环境影响。由此可以认为，受 LTO 循环/巡航阶段操作时长和机型本身影响的两类航线网络模式碳排放环境损害存在不确定性。

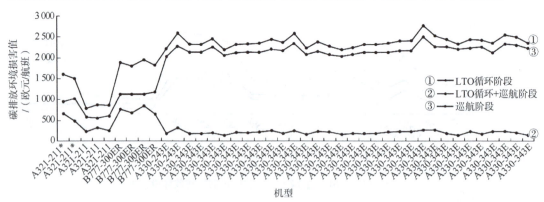

图 9-4　PEK—SHA 航线上东航两类航线网络模式单架次航班的碳排放环境损害值
* 为中心-辐射航线网络模式（下同）

2. 基于滑行时长的综合评估

综合评估是针对碳排放环境损害的共性问题（单架次航班的差异体现于滑行时长）而进行的。现基于以上不同机型、LTO 循环/巡航操作阶段的单架次航班碳排放环境损害值计算结果,分航空公司统计,如图9-5所示。

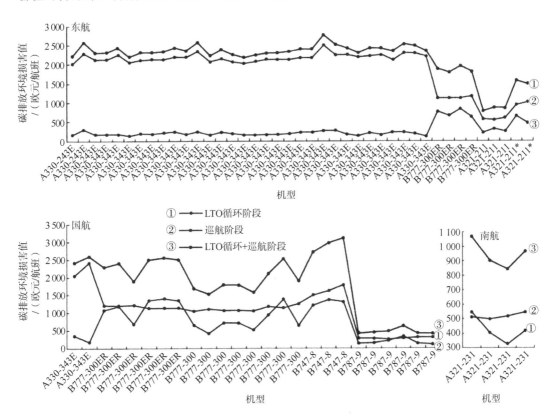

图9-5 PEK—SHA航线上三大国有航空公司单架次航班的碳排放环境损害值

由图9-5可比较PEK—SHA航线上三大国有航空公司之间以及航空公司内部航班的碳排放环境损害。①在航空公司之间,相同机型的单架次航班碳排放环境损害有较大不同。东航和国航B777-300ER航班巡航阶段操作时长相近(平均102 min和105 min),但受滑行时长差异(平均2 min和36 min)的影响,致使两者LTO循环阶段碳排放环境损害值(平均729欧元/航班和1 176欧元/航班)、LTO循环+巡航阶段碳排放环境损害值(平均1 865欧元/航班和2 349欧元/航班)均出现明显差异。②在航空公司内部,相同机型的单架次航班碳排放环境损害也有显著差异,国航B777-300ER各航班LTO循环阶段碳排放环境损害值的差异(达到600~1 500欧元/航班,东航仅为600~850欧元/航班)、LTO循环+巡航阶段碳排放环境损害值的差异(达到1 900~2 600欧元/航班,东航仅为1 700~2 000欧元/航班)均较大,其与滑行时长密切相关,减少航班滑行时长是降低碳排放环境损害的一种重要途径。

9.2.4 航线网络模式机型替代分析

客流需求与机型、航线网络模式等航空碳排放外部性要素关系密切(Mohammadian

et al.，2019），其相关性研究的核心是通过外部性要素改变，揭示运送给定数量乘客时，不同航线网络模式碳排放环境损害的变化。在运送给定数量乘客时，大型飞机与中型飞机的座位容量不同，导致飞行频率具有差异（即采用中型飞机的飞行频率较高）。同时，两者单架次航班的碳排放环境损害与飞行频率呈相反关系（即采用中型飞机的碳排放环境损害较低），导致不同航线网络模式碳排放环境损害的变化程度较难确定。而机型替代通过机型配置与飞行频率选择之间的相互转化，能够实现在采用不同航线网络模式时，LTO 循环/巡航操作阶段碳排放环境损害变化值的定量计算，因此其成为解决以上问题的有效方式（Morrell and Lu，2007）。PEK—SHA 航线属于超大型枢纽机场间客流高度饱和的中途航线，其与多数中途航线运营时，中型飞机选择中心-辐射航线网络模式通过中转补充客流有所不同。基于客流需求，有助于分析不同航线网络模式下机型替代对航空碳排放的影响，论证通过客流组织减少碳排放环境损害的效果，为航空公司调整机队配备和航线网络结构提供依据。

PEK—SHA 航线上，当客座率为 73%（2017 年东航数据）、刺激因子为 25%（Morrell and Lu，2007）（通过中心-辐射航线网络模式经转 LYA 抵达）时，采用点对点航线网络模式以大型飞机（A330-243E、A330-343E、B777-300ER、B777-300、B777-200、B747-8 和 B787-9）替代中心-辐射航线网络模式中型飞机（A321-211），得到运营 1 架大型飞机所对应 A321-211 机型的架数，以及机型替代后 LTO 循环/巡航操作阶段的碳排放环境损害值（欧元/航班）变化情况，见表 9-7。

机型替代研究旨在揭示不同机型与飞行频率相互转换对碳排放环境损害的作用关系，促使机型配置和飞行频率选择的过程得以良性发展，达到减少碳排放环境损害的目的。由表 9-7 可得，基于充足的客流需求，在点对点航线网络模式中，大型飞机替代中心-辐射航线网络模式中型飞机，受飞行频率（即替代 A321-211 架次数）影响，LTO 循环次数减少，进而使 LTO 循环阶段碳排放环境损害值降低，减量在 23.54%～84.91%，特别是替代为大型飞机 B787-9 后减量最大。低频飞行使航班量减少，但大型飞机的单架次航班碳排放环境损害增加。这造成巡航阶段碳排放环境损害值变化不确定，增量在 −73.94%～99.86%。A330 系列机型本身的影响使其碳排放环境损害增量最大。LTO 循环+巡航阶段的碳排放环境损害值多为降低，增量在−79.65%～5.22%。B787-9 减量最大，其飞行点对点航线网络模式的环境优势最明显。由此说明，飞行频率相对于机型的碳排放环境损害影响更为关键，应用大型飞机于点对点航线网络模式降低飞行频率能够实现较好的减排效果。

表 9-7　PEK—SHA 航线上点对点大型飞机替代中心–辐射 A321-211 时的碳排放环境损害值变化

机型	座位容量	替代 A321-211 架次数	LTO 循环阶段	巡航阶段	LTO 循环+巡航阶段
A330-243E	303	7	−943	+1 063	+120
A330-343E	301	7	−985	+1 093	+108
B777-300ER	370	8	−359	−93	−452
B777-300	368	8	−597	−156	−753

续表

机型	座位容量	替代 A321-211 架次数	LTO 循环阶段	巡航阶段	LTO 循环+巡航阶段
B777-200	301	7	−556	+167	−389
B747-8	467	10	−399	+68	−331
B787-9	293	7	−1 007	−808	−1 815

9.2.5 总结与讨论

1. 总结

（1）引入灵敏度分析方法构建 SE-CC 模型，组合外部性要素，形成一个统一的碳排放环境损害评估框架。采用航班实际飞行的航迹点数据，计算两类航线网络模式、不同机型的单架次航班在 LTO 循环/巡航操作阶段的碳排放环境损害值，减少了碳排放环境损害计算的误差，弥补了碳计算器模型的缺陷。

（2）不同机型以及相同机型的航班碳排放环境损害均有较大差异，其与 LTO 循环阶段操作时长（滑行时长）密切相关，滑行时长在影响碳排放环境损害方面起到关键作用。若在中心-辐射航线网络模式中使用相同机型，其碳排放环境损害高于点对点航线网络模式；若使用不同机型，两类航线网络模式的碳排放环境损害并不确定。

（3）基于客流需求的机型替代分析涉及机型配置与飞行频率选择两个方面。相对于机型而言，飞行频率对碳排放环境损害的影响更为关键。采用点对点航线网络模式，配置大型飞机降低飞行频率具有明显的减排优势。如何在航线网络优化布局中平衡机队构成、调整飞行频率是航空公司减少绝对碳排放的重点。

2. 讨论

（1）关于两类航线网络模式下，航班碳排放对环境损害程度具有不确定性的讨论，以往研究认为，鉴于中心-辐射航线网络模式比点对点航线网络模式多 1 次 LTO 循环，在巡航阶段还增加了额外飞行距离，而使碳排放环境损害显著增加（Morrell and Lu，2007；Baumeister，2017）。所以航空减排机制变化带来对中心-辐射航线网络模式的挑战。例如，Jamin 等（2004）发现，美国国内航线使用点对点航线网络模式平均了减少 10%碳排放量。本书的研究结果也表明，因 LTO 循环阶段操作时长和巡航阶段额外飞行距离增加，使用相同机型时，中心-辐射航线网络模式碳排放环境损害高于点对点航线网络模式。但结合机型和单架次航班的研究结果又显示，点对点航线网络模式上采用大型飞机的碳排放环境损害普遍高于中心-辐射航线网络模式上采用中型飞机。可见，受机型本身影响，两类航线网络模式使用不同机型时，其碳排放环境损害具有不确定性。采用点对点航线网络模式并不总是减少航空绝对碳排放的最佳选择，由此产生了其与枢纽机场间点对点航线网络模式中使用大型飞机的博弈。但可以肯定的是，LTO 循环/巡航操作阶段操作时长和机型本身影响了两类航线网络模式的碳排放环境损害。

（2）关于机型配置与飞行频率选择的讨论。以往研究倾向于采用中小型飞机提高飞行频率，以适应客流需求增长。例如，Pitfield 等（2010）和 Mohammadian 等（2019）基于运营成本分析指出，客流需求增长时，航空公司更易支持飞行频率提高。黄洁和王姣娥（2018）的研究也表明，航空公司愿意使用中心-辐射航线网络模式提高飞行频率，来满足客流需求。但是本书研究结果证实，增加飞行频率对枢纽机场间航空碳排放环境损害影响更大。即使是对于大型飞机较高碳排放环境损害而言，使用中型飞机提高飞行频率也会导致更严重的环境负面影响。采用点对点航线网络模式运营大型飞机降低飞行频率，可实现碳排放环境损害的缓解。PEK—SHA 航线上，不同航线网络模式间大/中型飞机的飞行频率具有较大差异，其碳排放环境损害评估结果显示，通过机型替代能减少碳排放环境损害（在点对点航线网络模式上采用大型飞机，替代中心-辐射航线网络模式上的中型飞机）。基于绝对碳排放的考量，在 PEK—SHA 航线上增加大型飞机（如 B747-8、B777 等系列）市场份额是必要的。

参 考 文 献

陈林. 2013. 我国航空运输 LTO 阶段和巡航阶段排放量测算与预测. 北京交通大学学报(社会科学版), 12(4): 27-33.

桂钦昌, 刘承良, 董璐瑶, 等. 2016. 国外交通地理学研究的知识图谱与进展. 人文地理, 31(6): 10-18.

黄洁, 王姣娥. 2018. 枢纽机场的航班波体系结构及其喂给航线的空间格局研究. 地理科学, 38(11): 1750-1758.

焦敬娟, 王姣娥. 2014. 近 10 年来海南航空网络空间格局及演化研究. 地理科学, 34(5): 571-579.

李杰, 赵志奇, 王凯, 等. 2018. 航空器排放清单计算方法研究进展综述. 环境科学与技术, 41(9): 183-191.

李楠, 张红飞. 2017. 航空器场面滑行污染物排放计算研究. 环境科学学报, 37(5): 1872-1876.

庞韬, 周丽, 段茂盛. 2014. 中国碳排放权交易试点体系的连接可行性分析. 中国人口•资源与环境, 24(9): 6-12.

夏卿, 左洪福, 杨军利. 2008. 中国民航机场飞机起飞着陆(LTO)循环排放量估算. 环境科学学报, 28(7): 1469-1474.

熊杰, 张晨. 2010. 基于飞机滑行油耗的枢纽机场机位分配研究. 交通运输系统工程与信息, 10(3): 165-170.

杨洋, 张倩倩. 2015. 碳减排绝对量约束目标下京津冀低碳经济发展路径分析. 软科学, 29(11): 105-109.

杨占红, 罗宏, 薛婕, 等. 2016. 中印两国碳排放形势及目标比较研究. 地球科学进展, 31(7): 764-773.

张志强, 曾静静, 曲建升. 2011. 世界主要国家碳排放强度历史变化趋势及相关关系研究. 地球科学进展, 26(8): 859-869.

Aykin T. 1995. Networking policies for hub-and-spoke systems with application to the air transportation system. Transportation Science, 29(3): 201-221.

Baumeister S. 2017. "Each flight is different": carbon emissions of selected flights in three geographical markets. Transportation Research Part D: Transport and Environment, 57(8): 1-9.

CE Delft. 2005. Giving Wings to Emissions Trading. London: Report for the European Commission.

Chapman L. 2007. Transport and climate change: a review. Journal of transport geography, 15(5): 354-367.

DEFRA. 2005. Passenger Transport Emissions Factors, methodology paper DEFRA. London: Department for Environment Food and Rural Affairs.

Derudder B, Witlox F. 2005. An appraisal of the use of airline data in assessing the world city network: a research note on data. Urban Studies, 42(13): 2371-2388.

Edwards H A, Dixon-Hardy D, Wadud Z. 2016. Aircraft cost index and the future of carbon emissions from air travel. Applied Energy, 164(4): 553-562.

Givoni M, Rietveld P. 2010. The environmental implications of airlines' choice of aircraft size. Journal of Air Transport Management, 16(3): 159-167.

Goetz A R, Sutton C J. 1997. The geography of deregulation in the US airline industry. Annals of the Association of American Geographers, 87(2): 238-263.

Graver B M, Frey H C. 2009. Estimation of air carrier emissions at Raleigh-Durham International Airport. 102nd Annual Conference and Exhibition, Air & Waste Management Association.

Hickman R, Ashiru O, Banister D. 2010. Transport and climate change: simulating the options for carbon reduction in London. Transport Policy, 17(2): 110-125.

Jamin S, Schäfer A, Ben-Akiva M E, et al. 2004. Aviation emissions and abatement policies in the United States: a city-pair analysis. Transportation Research Part D: Transport and Environment, 9(4): 295-317.

Jardine C N. 2009. Calculating the Carbon Dioxide Emissions of Flights. Final Report by the Environmental Change Institute.

Kalivoda M T. 1997. Development of a comprehensive methodology for estimating air pollutant emissions from air traffic within the MEET project. WIT Transactions on Ecology and the Environment.

Kollmuss A, Lane J. 2008. Carbon Offsetting & Air Travel, Part 1: CO_2-Emissions Calculations. Stockholm: Stockholm Environment Institute.

Loo B P Y, Li L, Psaraki V, et al. 2014. CO_2 emissions associated with hubbing activities in air transport: an international comparison. Journal of transport geography, 34(1): 185-193.

Lu C, Morrell P. 2001. Evaluation and implications of environmental charges on commercial flights. Transport Reviews, 21(3): 377-395.

Lu C, Morrell P. 2006. Determination and applications of environmental costs at different sized airports–aircraft noise and engine emissions. Transportation, 33(1): 45-61.

Masiol M, Harrison R M. 2014. Aircraft engine exhaust emissions and other airport-related contributions to ambient air pollution: a review. Atmospheric Environment, 95(14): 409-455.

Michaelowa A. 1998. Impact of interest groups on EU climate policy. European Environment, 8(5): 152-160.

Miyoshi C. 2014. Assessing the equity impact of the European Union Emission Trading Scheme on an African airline. Transport Policy, 33(3): 56-64.

Miyoshi C, Mason K J. 2009. The carbon emissions of selected airlines and aircraft types in three geographic markets. Journal of Air Transport Management, 15(3): 138-147.

Miyoshi C, Mason K J. 2013. The damage cost of carbon dioxide emissions produced by passengers on airport surface access: the case of Manchester Airport. Journal of Transport Geography, 21(4): 137-143.

Mohammadian I, Abareshi A, Abbasi B, et al. 2019. Airline capacity decisions under supply-demand equilibrium of Australia's domestic aviation market. Transportation Research Part A: Policy and Practice, 119(1): 108-121.

Morrell P. 2009. The potential for European aviation CO_2 emissions reduction through the use of larger jet aircraft. Journal of Air Transport Management, 15(4): 151-157.

Morrell P, Lu C. 2007. The environmental cost implication of hub-hub versus hub by-pass flight networks. Transportation Research Part D: Transport and Environment, 12(3): 143-157.

Nero G. 1999. A note on the competitive advantage of large hub-and-spoke networks. Transportation Research Part E: Logistics and Transportation Review, 35(4): 225-239.

O'Kelly M E. 1998. A geographer's analysis of hub-and-spoke networks. Journal of transport Geography, 6(3): 171-186.

Pearce B, Pearce D. 2000. Setting Environmental Taxes for Aircraft: A Case Study of the UK. Norwich: Centre for Social and Economic Research on the Global Environment.

Pitfield D E, Caves R E, Quddus M A. 2010. Airline strategies for aircraft size and airline frequency with changing demand and competition: a simultaneous-equations approach for traffic on the north Atlantic. Journal of Air Transport Management, 16(3): 151-158.

Schulte P, Schlager H, Ziereis H, et al. 1997. NO_x emission indices of subsonic long-range jet aircraft at cruise altitude: in situ measurements and predictions. Journal of Geophysical Research, 102(17): 431-442.

Sgouridis S, Bonnefoy P A, Hansman R J. 2011. Air transportation in a carbon constrained world: long-term dynamics of policies and strategies for mitigating the carbon footprint of commercial a viation. Transportation Research Part A: Policy and Practice, 45(10): 1077-1091.

Wei W, Hansen M. 2003. Cost economics of aircraft size. Journal of Transport Economics and Policy(JTEP), 37(2): 279-296.

Wit J G D, Zuidberg J. 2012. The growth limits of the low cost carrier model. Journal of Air Transport Management, 21(4): 17-23.